獣医学教育モデル・コア・カリキュラム準拠

コアカリ 獣医内科学 I

内科学総論・呼吸循環器病学・消化器病学

コアカリ獣医内科学編集委員会　編

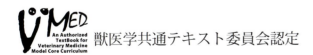

獣医学共通テキスト委員会認定

＊モデル・コア・カリキュラム内の各到達目標は，すべての獣医学生が卒業時までに必ず習得しなければならない学習項目を明示したものですが，【アドバンスト】と記載されている項目は，CBTによってその学習到達度を測る必要がないもの，またはその後の学習の進行の中で学んでも良いものを示します．

表紙写真：michaeljung（shutterstock）

編集者〔コアカリ獣医内科学I編集委員会〕

(五十音順・敬称略，＊は編集委員長)

奥田　優	山口大学共同獣医学部
片本　宏	九州保健福祉大学薬学部
北川　均	岡山理科大学獣医学部
佐藤れえ子	岩手大学名誉教授
＊滝口満喜	北海道大学大学院獣医学研究院

執筆者および科目責任者 (五十音順・敬称略，＊は科目責任者)

内科学総論

片本　宏	九州保健福祉大学薬学部
＊北川　均	岡山理科大学獣医学部
佐藤れえ子	岩手大学名誉教授
滝口満喜	北海道大学大学院獣医学研究院

呼吸循環器病学

＊北川　均	岡山理科大学獣医学部
小山秀一	日本獣医生命科学大学獣医学部
日笠喜朗	鳥取大学農学部
藤井洋子	麻布大学獣医学部
山谷吉樹	日本大学生物資源科学部

消化器病学

遠藤泰之	鹿児島大学共同獣医学部
大野耕一	アニマルケアセンター PECO
＊滝口満喜	北海道大学大学院獣医学研究院
鳥巣至道	酪農学園大学獣医学部

目　次

内科学総論 ……………………………………………………………………………………… 1

第1章　説明と同意 ……………………………………………………（北川　均）… 3

1-1　疾患の診断およびその根拠の説明 …………………………………………… 3

1-2　治療計画と予後の見通しの説明 ……………………………………………… 3

1-3　治療の進め方およびその選択肢の説明 ……………………………………… 4

1-4　飼い主による治療方針の選択および同意 …………………………………… 4

第2章　問　診 ……………………………………………………（佐藤れえ子）… 6

2-1　問診の位置づけ ………………………………………………………………… 6

　　1．定　義 ……………………………………………………………………… 6

　　2．診療の流れ ………………………………………………………………… 6

2-2　問診の方法1－個体識別，飼育環境，給与食物，給水－ ………………… 7

　　1．個体識別 …………………………………………………………………… 7

　　2．飼育環境 …………………………………………………………………… 8

　　3．食物と給水 ………………………………………………………………… 8

2-3　問診の方法2－既往症，家族歴，予防歴－ ………………………………… 9

　　1．既往歴 ……………………………………………………………………… 9

　　2．家族歴 ……………………………………………………………………… 9

　　3．予防歴 ……………………………………………………………………… 9

2-4　問診の方法3－現病歴－ ……………………………………………………… 10

　　1．主　訴 ……………………………………………………………………… 10

　　2．身体各部の病歴 …………………………………………………………… 10

第3章　身体検査 ………………………………………………………（片本　宏）… 14

3-1　全身的な観察 …………………………………………………………………… 14

3-2　バイタルサイン，体重，ボディコンディションスコア …………………… 14

3-3　頭部，眼，口腔，鼻，頚部 …………………………………………………… 17

　　1．頭　部 ……………………………………………………………………… 17

　　2．眼 …………………………………………………………………………… 17

　　3．口　腔 ……………………………………………………………………… 18

　　4．鼻 …………………………………………………………………………… 18

　　5．頚　部 ……………………………………………………………………… 18

3-4　体表リンパ節，皮膚および皮下，胸部，腹部 ……………………………… 19

　　1．体表リンパ節 ……………………………………………………………… 19

　　2．皮膚および皮下 …………………………………………………………… 20

　　3．胸　部 ……………………………………………………………………… 20

　　4．腹　部 ……………………………………………………………………… 21

目 次　　v

3-5　外部生殖器，筋肉・骨・関節，神経系 ……………………………………… 22
　1.　外部生殖器 ……………………………………………………………………… 22
　2.　筋・骨格・関節 ………………………………………………………………… 22
　3.　神経系 …………………………………………………………………………… 22

第4章　診療記録 ………………………………………………（滝口満喜）… 25
4-1　記載項目 ………………………………………………………………………… 25
4-2　問題志向型システムと問題志向型診療記録 ………………………………… 25
　1.　基礎データ ……………………………………………………………………… 25
　2.　問題リスト ……………………………………………………………………… 25
　3.　初期計画 ………………………………………………………………………… 26
　4.　経過記録 ………………………………………………………………………… 26

第5章　臨床検査 ………………………………………………（滝口満喜）… 27
5-1　血液検査 ………………………………………………………………………… 27
　1.　全血球算定 ……………………………………………………………………… 27
　2.　血液生化学検査 ………………………………………………………………… 27
5-2　尿検査 …………………………………………………………………………… 27
　1.　採尿方法 ………………………………………………………………………… 27
　2.　理化学的検査 …………………………………………………………………… 28
　3.　尿沈渣 …………………………………………………………………………… 28
5-3　糞便検査 ………………………………………………………………………… 28
　1.　一般性状検査 …………………………………………………………………… 28
　2.　化学的検査 ……………………………………………………………………… 28
　3.　顕微鏡検査 ……………………………………………………………………… 28
5-4　体腔液検査 ……………………………………………………………………… 29
　1.　一般性状検査 …………………………………………………………………… 29
　2.　細胞診 …………………………………………………………………………… 29
5-5　生　検 …………………………………………………………………………… 29
　1.　スタンプ ………………………………………………………………………… 29
　2.　細針吸引 ………………………………………………………………………… 29
　3.　コアニードル生検 ……………………………………………………………… 30
5-6　微生物検査 ……………………………………………………………………… 30

呼吸循環器病学 ………………………………………………………………… 31
第1章　呼吸器の構造と機能，呼吸器疾患の症状 ……………（日笠喜朗）… 33
1-1　呼吸器の構造 …………………………………………………………………… 33
　1.　基本構造 ………………………………………………………………………… 33
　2.　微細構造 ………………………………………………………………………… 34

vi 目　次

　　3.　肺循環と気管支循環 ……………………………………………………… 35
　1-2　呼吸器の機能 ……………………………………………………………… 36
　　1.　呼吸筋と呼吸運動 ……………………………………………………… 36
　　2.　肺の換気量 ……………………………………………………………… 36
　　3.　肺・胸郭系の圧と容積関係（コンプライアンス）………………… 36
　　4.　肺胞におけるガス交換 ………………………………………………… 36
　　5.　肺の換気と動脈血液ガス・酸−塩基平衡 …………………………… 37
　　6.　呼吸運動の調節 ………………………………………………………… 37
　　7.　血液による酸素と二酸化炭素の運搬 ………………………………… 38
　1-3　呼吸器疾患の症状と検査法 …………………………………………… 38
　　1.　気道と肺の防御機構 …………………………………………………… 38
　　2.　気道と肺の代謝機能 …………………………………………………… 39
　　3.　鼻　漏 …………………………………………………………………… 39
　　4.　咳　嗽 …………………………………………………………………… 40
　　5.　呼吸様式 ………………………………………………………………… 40
　　6.　呼吸困難 ………………………………………………………………… 41
　　7.　正常呼吸音と異常呼吸音（副雑音）………………………………… 41
　　8.　胸部打診 ………………………………………………………………… 41

第2章　上部気道疾患【アドバンスト】………………………………（山谷吉樹）…43
　2-1　上部気道の感染性疾患 …………………………………………………… 43
　　1.　猫のウイルス性上部気道感染症 ……………………………………… 43
　　2.　細菌性鼻炎 ……………………………………………………………… 43
　　3.　真菌性鼻炎 ……………………………………………………………… 44
　2-2　上部気道の非感染性疾患 ………………………………………………… 45
　　1.　短頭種気道症候群 ……………………………………………………… 45
　　2.　アレルギー性鼻炎 ……………………………………………………… 45
　　3.　鼻腔内腫瘍 ……………………………………………………………… 46
　　4.　鼻腔内異物による鼻炎 ………………………………………………… 46
　　5.　喉頭麻痺 ………………………………………………………………… 47

第3章　気管と気管支の疾患【アドバンスト】……………………（日笠喜朗）…49
　3-1　気管・気管支炎 …………………………………………………………… 49
　　1.　気管・気管支炎（犬伝染性気管気管支炎）………………………… 49
　　2.　犬の慢性気管支炎 ……………………………………………………… 49
　3-2　アレルギー性疾患 ………………………………………………………… 50
　　1.　猫喘息 …………………………………………………………………… 50
　3-3　気管虚脱と気管支拡張症 ………………………………………………… 51
　　1.　気管虚脱 ………………………………………………………………… 51

目　次　　vii

　　2．気管支拡張症 ……………………………………………………………………… 52

第4章　肺の疾患【アドバンスト】 ……………………………………（山谷吉樹）…53

4-1　肺　炎 ………………………………………………………………………………… 53

　　1．肺炎の分類について ……………………………………………………………… 53

4-2　肺炎以外の肺疾患 …………………………………………………………………… 56

　　1．肺水腫 ……………………………………………………………………………… 56

　　2．肺気腫 ……………………………………………………………………………… 57

　　3．肺血栓塞栓症 ……………………………………………………………………… 58

第5章　胸腔と縦隔の疾患【アドバンスト】 ……………………………（日笠喜朗）…60

5-1　胸膜滲出と気胸 ……………………………………………………………………… 60

　　1．胸膜滲出（胸水） ………………………………………………………………… 60

　　2．気　胸 ……………………………………………………………………………… 61

5-2　縦隔腫瘍と縦隔気腫 ………………………………………………………………… 62

　　1．縦隔腫瘍 …………………………………………………………………………… 62

　　2．縦隔気腫 …………………………………………………………………………… 63

第6章　循環器の構造と機能，循環器疾患の症状 ……………………（小山秀一）…65

6-1　循環器の構造と機能 ………………………………………………………………… 65

　　1．心臓の構造 ………………………………………………………………………… 65

　　2．心筋細胞の微細構造と機能 ……………………………………………………… 65

　　3．心臓の刺激伝導系 ………………………………………………………………… 65

　　4．心臓に分布する血管と神経 ……………………………………………………… 66

　　5．心周期に伴う血行動態 …………………………………………………………… 66

　　6．心機能曲線と心拍出量の調節機序 ……………………………………………… 67

6-2　特徴的な循環器疾患の症状 ………………………………………………………… 67

　　1．咳 …………………………………………………………………………………… 67

　　2．頻呼吸・呼吸困難 ………………………………………………………………… 67

　　3．運動不耐性 ………………………………………………………………………… 68

　　4．頚静脈怒張 ………………………………………………………………………… 68

　　5．腹水・胸水 ………………………………………………………………………… 68

　　6．チアノーゼ ………………………………………………………………………… 68

　　7．失　神 ……………………………………………………………………………… 69

第7章　循環器疾患の診断法 ……………………………………………（北川　均）…70

7-1　聴　診 ………………………………………………………………………………… 70

　　1．聴診方法 …………………………………………………………………………… 70

　　2．心音の発生 ………………………………………………………………………… 70

viii 目 次

	3. 心音異常 ………………………………………………………………	70
7-2	生理学的検査 ………………………………………………………………	73
	1. 心電図 ………………………………………………………………	73
	2. 心音図 ………………………………………………………………	73
	3. 心カテーテル検査 ………………………………………………………	73
7-3	画像診断 ………………………………………………………………	74
	1. 胸部X線検査 ………………………………………………………	74
	2. 断層心エコー図 ………………………………………………………	77

第8章　心不全【アドバンスト】 ……………………………………（藤井洋子）…78

第9章　不整脈【アドバンスト】 ……………………………………（藤井洋子）…84

9-1	洞調律 ………………………………………………………………	84
9-2	異所性刺激生成異常 ………………………………………………………	84
	1. 補充収縮，補充調律 ………………………………………………	84
	2. 期外収縮 ………………………………………………………………	85
	3. 上室頻拍，心室頻拍 ………………………………………………	86
	4. 心房粗動，心房細動 ………………………………………………	87
	5. 心室粗動，心室細動 ………………………………………………	88
9-3	刺激伝導異常 ………………………………………………………………	88
	1. 洞房ブロック ………………………………………………………	88
	2. 房室ブロック ………………………………………………………	89
	3. 脚ブロック ………………………………………………………………	89
9-4	刺激生成異常および伝導異常の合併による不整脈 ……………………	89
	1. 心室早期興奮症候群 ………………………………………………	89
	2. 洞不全症候群 ………………………………………………………	90
9-5	不整脈に対する治療 ………………………………………………………	90

第10章　先天性心疾患【アドバンスト】 …………………………（藤井洋子）… 91

10-1	動脈管開存 ………………………………………………………………	91
10-2	肺動脈狭窄 ………………………………………………………………	92
10-3	大動脈狭窄 ………………………………………………………………	94
10-4	心室中隔欠損 ………………………………………………………………	95
10-5	心房中隔欠損 ………………………………………………………………	96
10-6	ファロー四徴症 ………………………………………………………………	97
10-7	三尖弁異形成 ………………………………………………………………	97
10-8	僧帽弁異形成 ………………………………………………………………	98
10-9	アイゼンメンガー症候群 ………………………………………………	98
10-10	血管輪異常 ………………………………………………………………	98

目 次　ix

第11章　後天性弁膜疾患【アドバンスト】････････････････････････････(小山秀一)･･･100

　11-1　犬の僧帽弁閉鎖不全 ･･100

第12章　心筋・心膜疾患【アドバンスト】････････････････････････････(小山秀一)･･･105

　12-1　心筋症 ･･105

　　1.　心筋症の分類と病態 ･･･105

　12-2　心筋炎 ･･108

　　1.　二次性心筋疾患 ･･･108

　　2.　心筋炎 ･･108

　12-3　心タンポナーデ ･･･109

　　1.　心膜液貯留 ･･109

　　2.　心タンポナーデ ･･･109

第13章　犬糸状虫症【アドバンスト】････････････････････････････････(北川　均)･･･112

　13-1　病態生理および診断 ･･112

　　1.　病態生理 ･･112

　　2.　診　断 ･･113

　13-2　治療および予後 ･･･114

　　1.　成虫駆除 ･･114

　　2.　ミクロフィラリア駆除 ･･115

　　3.　対症療法 ･･115

　　4.　予防法 ･･115

消化器病学 ･･･117

第1章　消化器の構造と機能，消化器疾患の症状 ･･････････････････(大野耕一)･･･119

　1-1　消化管（食道，胃，小腸，大腸）の構造と機能 ･････････････････119

　　1.　口　腔 ･･119

　　2.　食　道 ･･119

　　3.　胃 ･･120

　　4.　小腸と大腸 ･･120

　　5.　肝胆道系 ･･121

　　6.　膵　臓 ･･121

　1-2　食欲不振，多食，流涎，嚥下困難・障害，吐出，嘔吐 ･･････････122

　　1.　食欲不振 ･･122

　　2.　多　食 ･･122

　　3.　流　涎 ･･123

　　4.　嚥下困難（障害）･･123

5. 吐　出	123
6. 嘔　吐	124
1-3 下痢, メレナ, 血便・血様下痢, 便秘, しぶり, 排便困難, 便失禁	124
1. 下　痢	124
2. メレナ	125
3. 血便・血様下痢	125
4. 便　秘	125
5. しぶり, 排便困難	126
6. 便失禁	126
1-4 鼓脹, 腹鳴, 腹部膨満, 腹水, 黄疸	126
1. 鼓腸, 腹鳴	126
2. 腹部膨満	127
3. 腹　水	127
4. 黄　疸	127

第2章　消化器疾患の診断法 （遠藤泰之）…129

2-1 糞便検査	129
1. 一般性状	129
2. 寄生虫および原虫	129
3. 細　菌	129
4. その他	129
2-2 臨床病理学的検査	130
1. 血液検査	130
2. 尿検査	130
3. 体腔液の検査	130
2-3 画像検査	130
1. X線検査	130
2. 超音波検査	131
3. 内視鏡検査	131
4. 生　検	131

第3章　口腔・歯科疾患【アドバンスト】 （遠藤泰之）…132

3-1 歯周疾患	132
3-2 根尖周囲病巣	132
3-3 口腔鼻腔瘻	132
3-4 乳歯晩期残存（乳歯遺残）	132
3-5 破歯細胞性吸収病巣（歯質吸収病巣）	133
3-6 猫の歯肉口内炎・咽頭炎	133
3-7 歯原性嚢胞	133

目　次　　xi

3-8　エナメル質低形成 ………………………………………………………………133

3-9　咬　耗 ……………………………………………………………………………133

3-10　唾液粘液囊胞（唾液腺囊胞・唾液粘液瘤） ……………………………………133

3-11　軟口蓋過長症 ……………………………………………………………………134

3-12　口腔内腫瘍 ………………………………………………………………………134

3-13　口蓋裂 ……………………………………………………………………………134

3-14　咽頭の機能不全 …………………………………………………………………134

第4章　食道の疾患【アドバンスト】 ………………………………（大野耕一）…136

4-1　食道炎，食道狭窄，血管輪異常 ………………………………………………136

　　1．食道炎 ……………………………………………………………………………136

　　2．食道狭窄 …………………………………………………………………………137

　　3．血管輪異常 ………………………………………………………………………137

4-2　巨大食道症，食道裂孔ヘルニア ………………………………………………138

　　1．巨大食道症 ………………………………………………………………………138

　　2．食道裂孔ヘルニア ………………………………………………………………139

第5章　胃の疾患【アドバンスト】 …………………………………（大野耕一）…141

5-1　急性胃炎，慢性胃炎，胃排出障害，胃のびらん・潰瘍 ……………………141

　　1．急性胃炎 …………………………………………………………………………141

　　2．慢性胃炎 …………………………………………………………………………142

　　3．胃排出障害 ………………………………………………………………………143

　　4．胃のびらん・潰瘍 ………………………………………………………………143

5-2　胃内異物，胃拡張捻転症候群，胃の腫瘍 ……………………………………144

　　1．胃内異物 …………………………………………………………………………144

　　2．胃拡張捻転症候群 ………………………………………………………………145

　　3．胃の腫瘍 …………………………………………………………………………146

第6章　腸の疾患【アドバンスト】 …………………………………（大野耕一）…148

6-1　感染性腸疾患 ……………………………………………………………………148

　　1．ウイルス性腸炎 …………………………………………………………………148

　　2．細菌性腸炎 ………………………………………………………………………149

　　3．寄生虫性腸疾患 …………………………………………………………………150

6-2　吸収不良性，炎症性腸疾患 ……………………………………………………151

　　1．食餌反応性腸症と繊維反応性大腸性下痢 ……………………………………151

　　2．抗菌薬反応性腸症 ………………………………………………………………152

　　3．炎症性腸疾患 ……………………………………………………………………153

6-3　蛋白喪失性腸症 …………………………………………………………………154

　　1．蛋白喪失の原因疾患 ……………………………………………………………154

2. 腸リンパ管拡張症 ··· 154

6-4 閉塞性腸疾患 ··· 155

　　1. 腸閉塞 ··· 155

　　2. 腸重積 ··· 156

　　3. 腸内異物（特に線状異物） ··· 156

6-5 腫瘍性腸疾患 ··· 157

　　1. 消化器型リンパ腫 ··· 157

　　2. 腸腺癌 ··· 157

6-6 便秘，直腸・肛門周囲疾患 ··· 158

　　1. 便秘と巨大結腸症 ··· 158

　　2. 直腸ポリープ ··· 158

　　3. 直腸脱 ··· 159

　　4. 肛門周囲瘻（肛門周囲フィステル）··· 159

　　5. 肛門嚢炎 ··· 160

第7章　腹膜の疾患【アドバンスト】 ···································（鳥巣至道）···162

7-1 化膿性腹膜炎 ··· 162

7-2 癌性腹膜炎 ··· 163

第8章　肝・胆道系の疾患【アドバンスト】 ·····························（鳥巣至道）···164

8-1 肝炎およびその他の肝疾患 ··· 164

　　1. 肝炎 ··· 164

　　2. その他の肝疾患 ··· 165

8-2 胆管炎，胆嚢炎，胆石症，胆嚢粘液嚢腫 ··· 165

　　1. 胆管炎 ··· 165

　　2. 胆嚢炎 ··· 166

　　3. 胆石症 ··· 166

　　4. 胆嚢粘液嚢腫 ··· 166

8-3 先天性および後天性門脈体循環シャント ··· 167

　　1. 先天性門脈体循環シャント ··· 167

　　2. 後天性門脈体循環シャント ··· 167

8-4 猫の肝リピドーシス ··· 168

8-5 肝臓腫瘍，結節性過形成 ··· 169

　　1. 肝臓腫瘍 ··· 169

　　2. 結節性過形成 ··· 170

第9章　膵外分泌の疾患【アドバンスト】 ·······························（大野耕一）···172

9-1 膵炎 ··· 172

9-2 膵外分泌不全症 ··· 173

参考図書……………………………………………………………………………175
正答と解説……………………………………………………………………………177
索　引…………………………………………………………………………………185

内科学総論

全体目標

　内科診療の進め方の全体像を理解する．その中で，説明と同意，問診，身体検査，診療記録，臨床検査といった項目に関する基本的な概念を理解した上で，それらを論理的に組み立てて診療を進めるための実際的な考え方と知識を修得する．

第1章　説明と同意

一般目標：獣医療における説明と同意（インフォームド・コンセント）に関する基礎知識を修得する.

獣医療においてもインフォームド・コンセントは必須となっている．インフォームド・コンセントは，診断・治療を開始する前に医療担当者がそれらの内容について，「この診断または治療が必要な理由」，「必要な期間」，「診断の意味および治療の効果」，「診断・治療にかかる費用」等をわかりやすく説明し，そのうえで患者が同意することをいう.

1-1　疾患の診断およびその根拠の説明

到達目標：疾患の診断およびその根拠の説明に関する考え方と方法を説明できる.
キーワード：飼育者，科学的根拠，インフォームド・コンセント

疾患についての説明は，獣医学の専門家ではない飼育者が理解できるように行う必要がある．診断のための検査を行うに当たって，科学的根拠に基づいているということのみならず，飼育者の価値観，社会状況，理解力に配慮した説明が必要である．また，難解な専門用語は可能な限り使わないようにする.

説明と同意：英語の "informed consent" の日本語訳．最近はインフォームド・コンセントとカタカナで表記されることが多い．「患者が正しい情報を伝えられたうえで合意すること」の意味．医学では，医師が患者に対して，診断・治療を開始する前にそれらの内容について，「この診断または治療が必要な理由」，「治療が必要な期間」，「診断の意味および治療の効果」，「診断・治療にかかる費用」等を患者にわかりやすく説明し，そのうえで患者が同意することをいう．獣医療では，獣医師による説明とそれに対する飼育者の理解と同意をもって診療を行うことを意味する．飼育者が文書に署名することによって同意することが望ましい.

1-2　治療計画と予後の見通しの説明

到達目標：治療計画と予後の見通しの説明に関する考え方と方法を説明できる.
キーワード：科学的根拠，治療計画，EBM

獣医師は科学的根拠に基づいた合理的な治療計画を飼育者に提示しなければならない．飼育者がメリット・デメリットを理解したうえで，獣医師と飼育者の合意に基づいて検査と治療を決める．「予後」は，「今後病状がどのように変化していくかという見通し」という意味であり，病気の進行，治療効果，生存確率，必要経費等を含めて説明する必要がある.

Evidence-based medicine（EBM）：実証に基づいた医学（獣医学）のこと．獣医師の経験や伝聞に基づいた疾患の診断と治療ではなく，公表されている事実，すなわち信頼のおける臨床試験の結果がエビデンスとして採用され，これに基づいた診療をすることが一般的になってきている.

4　第 1 章　説明と同意

表 1-1　臨床試験の種類と試験の信頼性

エビデンスレベル分類

レベル	内　容
1a	ランダム化比較試験のメタアナリシス
1b	少なくとも一つのランダム化比較試験
2a	ランダム割付を伴わない同時コントロールを伴うコホート研究（前向き研究，prospective study，concurrent cohort study 等）
2b	ランダム割付を伴わない過去のコントロールを伴うコホート研究（historical cohort study，retrospective cohort study 等）
3	症例対照研究（ケースコントロール，後ろ向き研究）
4	処置前後の比較等の前後比較，対照群を伴わない研究
5	症例報告，ケースシリーズ
6	専門家個人の意見（専門家委員会報告を含む）

Minds 診療ガイドライン選定部会，2007

1-3　治療の進め方およびその選択肢の説明

> 到達目標：治療の進め方およびその選択肢の説明に関する考え方と方法を説明できる．
> キーワード：治療計画

　治療計画に基づいて，具体的な治療方法と選択肢をていねいに説明する．提示する治療法の長所と短所を整理して説明し，セカンドオピニオンの選択肢もあること等，飼い主が選択できるようにする．

1-4　飼い主による治療方針の選択および同意

> 到達目標：飼い主による治療方針の選択および同意に関する考え方と方法を説明できる．
> キーワード：治療方針，選択，決定

　治療方針を選択し，決定するのは飼い主であり，獣医師はその決定を尊重する必要がある．同意は説明者である獣医師と飼い主が文書に署名することによって行われることが望ましい．可能であれば複数の説明者と飼い主および同席者の複数の署名が望ましい．

《演習問題》（「正答と解説」は 176 頁）

問 1．飼い主へ診断や治療について説明する場合に正しい方法はどれか．
　a．飼い主に説明する時は，専門的な知識を科学的に詳細に説明する．
　b．治療方法は，動物の受けるメリットを強調する．
　c．説明は，男女や年齢に関係なく平等に行う．
　d．自分の病院の経営状態を反映した説明を行う．
　e．飼い主に確認をとりながら説明し，同意は文書に署名をしてもらうことが望ましい．

問 2．インフォームド・コンセントと直接関係ないものはどれか．

a．適切な説明と情報提供

b．選択肢の提示

c．理解と納得

d．プライバシー保護

e．必要経費の説明

問 3. 獣医師の診療上の倫理として<u>適切でない</u>ものはどれか．

a．診療内容に関するていねいな説明

b．診療内容の記録と保管

c．獣医師自身の健康管理

d．飼育者の要求の優先

e．診療者の治療方針の優先

第2章　問　診

一般目標：診療方針の方向づけの基礎となる問診の考え方とその方法に関する基礎知識を修得する.

2-1　問診の位置づけ

到達目標：診療の進め方に関する全体像を理解し，その中における問診の位置づけを説明できる.
キーワード：病歴，主訴，問診，診断，経過，治療，予後，検査

　診療は，飼い主からの病歴や主訴の聞き取りから始まる. すなわち，飼い主とのコミュニケーションからスタートする.

　問診は直接飼い主から来院した経緯や既往症，飼育環境等を聞き出し，主訴を把握するとともに，獣医師と飼い主の信頼関係を築くうえでの第一歩となる診療行為である. 医学界では，視診とともに臨床医学の技術の出発点と認識されている. 獣医学における問診は，飼い主を介した情報収集となるために，直接患者からの聞取りを実施する医学とは異なり，飼い主の考え方や感じ方が情報量の多寡に影響してくる. また，動物の飼育目的や飼い主の動物に対する関心の程度，動物とのコミュニケーションの深さの程度により，問診における情報量と正確性は異なってくることを認識しておかなければならない. いずれにしても，問診は次に行われる身体検査や臨床検査のための第一ステップであり，ここで得られた情報が直接的あるいは間接的に診断に結びついていく.

1. 定　義

　問診は医学では診療行為の一つで，医療面接と同義語として扱われる. 獣医学では必ず飼い主を介した情報収集となる点が医学と異なる. 問診では個体識別，来院の目的と主訴や発病の経過等の疾病と関わる項目の把握の他に，飼育環境や予防歴，血縁動物に関する疾病の情報収集（家族歴）等も含まれる. 問診を十分行うことがそれ以降の検査の選択や治療に役立つ情報を得るのにつながるが，決して診断や予後に対して予断を持ってはいけない.

2. 診療の流れ

　診療は，下記に示すような手順で実施される. しかし，いつも左から右への一方通行ではなく，必要に応じて臨床検査から身体検査へ，あるいは問診へというように繰り返し往き来しながら最終的な診断へと向かっていく. 最終診断に至る前に仮診断が行われ，必要な検査が選択される. また，早期に改善しなければならない症状がある場合には，診療行為と検査は並行して行われる.

　呼吸困難や発作，ショック状態等の直接生命に関わる重篤な症状を示す救急症例に対しては，下記の手順ではなく救命のための救急獣医療が速やかに行われる.

初診
（再診）　受付 → 問診 → 身体検査 → 臨床検査 → 診断と予後判定 → 治療・予防

2-2　問診の方法 1 −個体識別，飼育環境，給与食物，給水−

到達目標：個体識別，飼育環境，給与食物，給水に関する問診の方法を説明できる．
キーワード：個体名，種，品種，年齢，性別，用途，避妊，去勢，飼育環境，地域，単頭・多頭飼育，
　　　　　　感染性要因，ペットフード，手作り食，給水

1.　個体識別

　問診の第一歩は，個体識別から始まる．個体識別に対して，英語のシグナルメントという言葉を用いることもある．基本的情報として動物の**個体名**，**種**，**品種**，**年齢**，**性別**，飼育目的（**用途**）等を聞き取る．

1）個体名

　近年医学領域では患者の氏名を検査や治療の様々な場面で重ねて確認する作業が行われているが，獣医療においても名前の確認は重要であり，特に繁殖用に**多頭飼育**している場合には個体識別が重要である．一般家庭で飼育されている場合でも，複数の個体で飼育されている場合は名前の確認が重要であり，診療記録簿（カルテ）も必ず個別に作成する．

2）産業動物の個体識別

　産業動物の場合は名前ではなく登録番号や飼育者独自の番号が使用されるので，区別して記録する．牛では耳標についている 10 桁の個体識別番号を確認する．この番号を家畜改良センターのホームページで入力すると，その家畜の個体情報が得られる．また，同一の品種の家畜を多頭飼育している場合は，家畜の個体識別のために別徴を記録する必要がある．別徴は被毛の色や旋毛の場所，鼻紋等を指し，個体を識別するために使用するものである．ホルスタイン種牛では被毛の白色と黒色の割合や，その模様自体が個体識別に使用され，馬では体表の毛色と，たてがみや尾の長毛部分の毛色の違いによって「栗毛」や「鹿毛」等の独特な用語が使われる．また，四肢の白色部分や顔面の白斑の分布による個体識別も行われる．

3）性別と年齢

　性別に関しては雄・雌の区別の他に，**避妊**と**去勢**の情報も必要である．また，避妊手術に関しては卵巣摘出のみであるのか，子宮も摘出しているのかという情報も，子宮蓄膿症等の診断に必要になることがある．雌の動物では産歴等の繁殖経歴に関する情報と，発情の状態や最終発情の時期についても聞き取る．**年齢**は可能な限り正確に知るようにすることが大事で，可能であれば生年月日を記録する．牛の場合は産歴，最終発情の時期，泌乳量等が重要となってくる．

4）品種と飼育目的

　それぞれの**品種**に好発する疾患に注意する．個体識別の際には品種に関する情報も聞き逃さない．純粋品種だけでなく，異なる品種を掛け合わせた動物に関しては，それぞれの品種名を知るようにする．飼育目的（**用途**）に関しては，犬の場合は使役動物（猟犬，盲導犬，警察犬，介助犬等）であるのかどうか，競技用の動物（アスリート犬等）であるかを記録する．これらの動物では一般の飼育動物と異なる栄養要求量や，飼育用途の種類に基づくいろいろな障害を示すことがある．また，動物を繁殖目的で飼育しているのかどうか知ることも重要である．産業動物では肉用や乳用，繁殖用等のように，飼育目的による区別がある．

2. 飼育環境

　獣医療においては，動物が飼育されている環境について知ることはきわめて重要である．動物がどの地域に住んでいるのか，あるいは住んでいたのかを聞き取る．地域に特有な疾病や，感染症を判断する時に必要な情報となる．また，小動物では室内飼育か室外飼育かを明確にする．過去に室外で飼育されていたかどうか，あるいは違う環境で飼育されていたかどうか，他の動物との接触の有無も確認する．「動物が単独で飼育されているか」（単頭飼育），「多数で飼育されているか」（多頭飼育）も必要な情報である．動物の示す症状によっては，動物が常時いる場所や，寝床の状況等も確認する必要が出てくる．動物を散歩に連れ出す習慣がある場合は，その状況を確認し運動に対する動物の意欲に変化がないかどうかを知る．動物の示す症状によっては，動物の活動範囲内に有毒植物等の中毒誘発因子がないかどうか，また，動物がゴミあさりが可能かどうかを確かめる．

　また，様々な病原体による人獣共通感染症があることから，感染性要因の観点からヒトと動物の密着度の程度や，飼育方法についても知る必要がある．

　産業動物では，畜舎環境と飼育形態の聞取りはきわめて重要である．畜舎内の衛生状態や換気状況，床の状況等を確かめ，舎外飼育している場合は，その形態と動物のいる場所の衛生状況を確認する．放牧している場合は，草地の状況と植物相を確かめる．また，初回放牧かどうかも確認する．

3. 食物と給水

（1）食　物

　動物は飼い主が与える限られた食物のみを摂取しているので，動物に給与している食物の種類と量，給与の形態に対する聞取りが重要となってくる．また，小動物では市販のペットフードが給与される場合が多いので，どの製品を選択しているのか，ドライタイプかウエットタイプか，あるいは手作り食（ホームメイド食）と一緒に与えているのか，そうであれば割合はいくらか，という情報が必要になる．また，主食とは別におやつ等を与えていないかどうか，与えていれば内容と量についても把握する．獣医療では食事療法が有効な疾病も多いので，給与されている食物の成分や食事の回数，給与の方法に関する情報は重要である．

（2）給　水

　給水に関する情報も必要で，1日の飲水量，水道水を使用しているのか，井戸水か，あるいは外の溜まり水や池の水を飲んでいないかどうかを詳しく聞き取る．これらの情報は，細菌等の病原微生物や寄生虫感染を疑う場合や，結晶尿や尿石症の場合に特に重要である．また，給水様式も把握しておく必要があり，容器の種類や大きさ，置き水か新鮮水か，給水器を使用しているか等を確認する．給水器によっては動物に必要な十分量を動物が舐め取れない場合もあるので，注意が必要である．飲水量については，飼い主になるべく正確に思い出してもらい，過去と比べて変化があったかどうかを確認する．

（3）産業動物の飼料と給水

　産業動物の場合も，給与飼料の内容と量，給与形態と給与回数（時間帯）を確認する．搾乳牛では給餌の時間帯と搾乳の時間との関連が乳量に影響を与えることがある．また，飼料内容の変更があったかどうかを聞き取る．給水は水道水を使用しているのか，自家水なのか，また給水器の作動状態を確認する．

2-3　問診の方法 2 －既往症, 家族歴, 予防歴－

> 到達目標：既往症, 家族歴, 予防歴に関する問診の方法を説明できる.
> キーワード：既往歴, 投薬歴, 手術歴, 輸血歴, 家族歴, 遺伝的要因, ワクチン, 予防歴

1. 既往歴

　問診の中で過去に罹患した疾病に関する情報を得ることは, 現在の病状の判断や治療法選択, 診断のために重要である. 罹患の時期, その時に受けた治療内容と投薬歴, それに対する動物の反応についても詳細に聞き取る. 特に投薬歴を知ることは重要で, 投与されていた薬剤によっては長期間臨床検査の測定値に影響を及ぼすものもあるので, 投薬時期と投薬期間を把握しておく. コルチコステロイド（糖質コルチコイド）の長期投与は, 免疫系の検査に影響を及ぼす可能性がある. 既往歴の中で現在示している症状と同じ症状を過去に示していた場合には, 特に注意する. しかし, 同じ症状を示していても, これから実施する診断に対して予断をもつべきではない.

　また, 手術歴や麻酔に対する反応性, 輸血歴等も, 引き続き行われる診療にとって貴重な情報となる.

2. 家族歴

　家族歴は, 症例と血縁関係のある動物が罹患した疾病についての病歴を指している. 動物の遺伝的要因の関与が疑われる遺伝性疾患や, 家族性疾患, 体質性素因が関連している疾病では特に重要である. これらの疾病の中には遺伝様式と責任遺伝子が明確なものもあれば, そうでないものもある. 遺伝様式が不明な場合には, 血縁動物における発症が特に有効な情報となる. 産業動物では責任遺伝子が明らかな遺伝性疾患が多いので, 血統に関する聞取りが重要となってくる.

3. 予防歴

　動物がこれまでに受けてきたワクチン等の予防歴を知ることも, 問診の中の重要な項目の一つである. 日本で流行していて感染する可能性の高い感染性疾患として, 犬のジステンパー, パルボウイルス感染症, アデノウイルス感染症, レプトスピラ症が, 猫では猫パルボウイルス感染症, ヘルペスウイルス感染症, カリシウイルス感染症, 猫白血病ウイルス感染症があり, それぞれのワクチンがあるので, その接種歴を確認する. 狂犬病に対する犬のワクチン接種は法令で義務づけられているものであり, 定期的に接種しているか確認する. ワクチンの接種時に, アナフィラキシー等の有害事象があったかどうかも確かめておく. 犬糸状虫症の予防歴の確認も重要で, 毎年処方通りに定期的に投薬していたかどうかも確認しておく. また, その他の寄生虫の駆虫歴も, 大動物, 小動物を問わず重要である.

　馬では馬伝染性貧血の定期的検査が義務づけられており, これを確認する. また, 馬インフルエンザワクチンの接種の有無も重要で, 馬を移動・搬入させる際にはこの証明が必要となる. 日本脳炎は人獣共通感染症であり, このワクチン接種の有無も重要となってくる. 牛では, 牛ウイルス性下痢に対するワクチン接種の有無を確認する. また, 感染症の多発地域ではその他のウイルスや細菌感染症に対するワクチンや, プロバイオティクスの飼料添加が行われる場合があるので, その情報も聞き取る.

10 第2章 問　診

2-4　問診の方法 3 −現病歴−

> 到達目標：現病歴に関する問診の方法を説明できる.
> キーワード：主訴，身体各部の病歴

1. 主　訴

　医学では主訴とは患者の病苦についての訴えのうち主要なものと定義されており，必ずしも一つではない. 全てを明確にすることは，問診の中ではきわめて重要なことである. 獣医療では動物の症状は飼い主から説明されるため，第一歩として飼い主に来院の目的を平易な言葉を用いて尋ねて全てを聞き取る. 来院の理由と動物が実際に示している症状や問題が一致しない場合もある. 獣医師からの質問は，できるだけ専門用語を避け，わかりやすい会話を心がける. 基本的には，飼い主の訴えをそのまま診療記録簿に記載することが求められる. 獣医師はそれに加えて飼い主の話の中から，来院の目的と動物の抱えている問題点を抽出して整理し，それを診療記録簿に主訴として記録する.

　症状として飼い主に認識されるものは「この頃食欲がない」とか「あまり散歩をしなくなった」とか「寝てばかりいる」等というものが多い. このようなさまざまな疾患に共通する非特異的な訴えの中から，飼い主の話を注意深く聞き，関連する事柄や症状が始まった時期と期間，またその現れ方や症状の程度等について質問して，主訴となる症状を明らかにし，それが急性あるいは慢性の症状なのか，進行性かどうか，また重症度を判断して全体的な現病歴を把握する.

　現在の疾患についてすでに治療を受けている場合は，治療歴と投薬歴についても情報を得る. また，その治療に対する反応性も把握する.

2. 身体各部の病歴

　全体的な現病歴を聞いたあとは，問題となっている症状と関連する身体各部位に関する病歴を聞き取る.

1）頭頚部

　頭や顔の左右対称性の確認と，腫脹した部位の存在と斜頚の有無を聞く. また，症状がある場合は，いつからどのようにして始まったのか詳細を把握する. 目に関しては視力の確認と眼振等の症状がないかどうか，眼脂の有無と，ある場合はその性状，両側性か片側かについて聞く. 斜頚や眼振がある場合には，重度になると動物自体が回転することもあるので確かめる.

　聴力についても同じように確認するとともに，耳の汚れやかゆみについて聞く. 外耳道の炎症や感染がある場合には，動物は耳や頭を振る仕草を見せるので確認し，耳掃除の状況を知る. また，痛みの有無について聞く.

　鼻汁が出るかどうか，出ているのは両側性か片側性か，また鼻汁の性状を確かめる. 鼻閉の有無や，呼吸の状態についても聞く. くしゃみがある場合は，その頻度と出る時のタイミングや，特定の場所で出るのかについて確かめる. また，歯に関する情報と流涎の有無，咀嚼状態等を聞く. 動物は歯牙疾患がなくても，口腔粘膜に炎症が存在すると流涎や痛みを示し，食欲不振となる. このような症状がないか確かめる. 嚥下と飲水に関する聞取りを実施し，水を飲む時にむせることがある場合には，それがい

つも起きるのか，むせる時の状況を確認する．また，咽喉頭の病変が疑われる時には，声がかすれないか，のどの腫れや腫瘤病変がないか確認する．

2）循環器・呼吸器

循環器系疾患が疑われる場合には，動物の運動性や安静時の発咳の有無，腹囲膨満（腹水），呼吸困難の症状があるかどうかを確かめる．胸水や肺水腫の時には，咳や鼻汁，呼吸困難が現れ，重度の時は横臥することが不可能となるので，この点を確認する．循環不全では浮腫も症状の一つとして現れることがあるが，目につきやすい場所としては，犬では肢端や顔面，下顎，牛では胸垂や下腹部の乳静脈の周囲があげられ，この有無を確かめる．心疾患をもつ動物では，運動時や興奮時に突然意識消失を起こすことがあり，これには循環血液量の不足による脳の虚血が関与している．この発作の経験があるかどうかも聞く．

呼吸器系疾患では，呼吸困難と発咳の有無を確かめる．軽度の呼吸困難は見落とされることが多いが，安静時でも荒い呼吸をしていないかどうかを確かめる．重度の呼吸困難では横臥することが困難であり，猫では開口呼吸がみられ，犬では前足を広げた状態で首を高く上げて犬座姿勢を示すか，あるいは立ったままでいる．また，呼吸に合わせて腹部の筋が動いたり，肛門が呼吸と一緒に動いたりして努力性呼吸となるので，この症状があるかどうかを確認する．咳に関しては，大きな咳か小さな咳かを確かめる．気管虚脱等の上部気道に原因がある場合の咳は大きな咳で，肺炎等の深部気道に問題がある場合の咳は小さく聞こえる．また，重度の気管虚脱では咳が連続して発作性に起きるので，その状態がないか聞き取る．咳の中に分泌物が混じる時には湿性の咳となるので，これを確かめる．

3）消化器

消化器系疾患では，食欲不振・亢進，嘔吐，吐出，嚥下困難，流涎，吐血，下痢，しぶり，血便，メレナ等の症状が認められる．どの症状でも，始まった経緯と経過について確認するとともに，その程度を知る．食事の摂取量についても把握する．また，中毒や誤嚥等に関する情報を聞くとともに，飼育環境や食事・水に対する情報も整理する．嘔吐では摂食のタイミングとの関連性についても確かめておく．食べてすぐ吐く場合では，吐出や胃の疾患が疑われる．吐物の内容に関しても，ていねいに聞き取る．胆汁色を示す嘔吐物の排泄は，上部小腸の閉塞が疑われる．また，食後にいつも元気がなくなったり，震えと沈うつを示す等の症状を示す場合には，肝性脳症等の肝不全を示す疾患が疑われる．消化器系疾患では，体重の減少があるかどうか，あるいは異嗜を示すかどうかも確かめる．犬の急性膵炎では，嘔吐と激しい痛みを示す場合があり，腹部をかばうような姿勢をとる．このような症状があるかどうかも，必要な場合は聞いておく．

牛では飼料摂取量と内容に変化があるかどうか，また反芻の状況についても確かめる．過去の第四胃変位の罹患歴や手術歴についても把握する．第四胃変位では最終分娩の時期や血統に関する情報，ケトーシスや乳熱等の消化器系以外の合併症の情報が有用である場合もある．

4）泌尿生殖器

腎泌尿器系疾患では，排尿の状態と飲水の状況について詳細に聞き取る必要がある．排尿困難や失禁の症状がないかどうか，もしあるとすればいつ頃から続いているのか確認する．また，再発性であるかどうかも確かめる．尿石症では，食餌の内容に関する問診の結果と合わせながら情報を整理する．猫の特発性膀胱炎では症状の発現にストレスの影響が疑われているため，同居猫の状況や外来者の有無，トイレの形態と掃除のタイミングについても確かめる．

生殖器に関しては，去勢をした雄の犬では潜在精巣を除外するために，去勢前に精巣が両側あったか

どうか確認する．雌では最終発情の時期と状況，期間を確認し，外陰部からの分泌物がないかどうか聞く．また，偽妊娠を疑う場合には子供を抱いたり巣作りする動作を示さないかどうか，交配していないのに腹部の膨満や乳腺の腫脹・乳汁分泌がなかったかどうかを聞く．雌の動物では，過去に流産があったかどうかを確認する．

搾乳している牛では，産歴，搾乳および搾乳機の状況や乳量，これまでの乳房炎の罹患歴，同居牛の乳房炎の罹患状況等を聞く．また，発情回帰の状況や人工受精の状況，空胎期間についても確認する．牛では妊娠や泌乳と給与されている飼料との関連性が重要視されているので，これらの情報も把握しておく．

5）皮　膚

皮膚の症状で来院した場合には，その症状が身体の部分に限局しているのか，全身性なのか，両側対称性なのか，皮膚の異常として脱毛があるか，発赤の有無，病変部は乾燥しているか湿潤か，フケ（落屑）があるかどうか，かゆみの有無等について，その程度と経過を聞く．また，動物の換毛の状態を確かめる．皮膚の異常が初発であるのか，また過去にも同じ症状が出たことがあるかどうかも重要な情報である．犬のアトピー性皮膚炎は若齢時から症状が出現するので，異常の現れた時期についても聞く．また，季節性があるかどうかも確かめる．シャンプーに関する聞取りも皮膚疾患の場合は重要で，シャンプーの頻度とシャンプー剤，シャンプーのやり方等を聞いておく．

内分泌疾患や性ホルモンが関連して皮膚の異常が出る場合もあるので，皮膚以外の多飲・多尿等の症状や，性周期に関する情報も貴重である．また，その他にノミアレルギー性皮膚炎ではノミの駆除の状況や，寝床の状況を確かめる．その他，投薬歴や家族歴，給与されている食物に関する情報も必要な場合がある．

6）神経系

神経系に関しては行動や性質の変化のような全体的な動物の異常の把握の他に，痙攣発作や麻痺，姿勢の保持の変化や歩様の異常等，病的な変化について確かめる．そして，発症の時期と程度，ならびにその経過について詳しく聞く．動物の意識や知性についての評価は飼い主にとっても困難なことが多いが，「しつけ」に対する動物の反応性や，覚えたことが持続できるかどうか，攻撃性の増加や無関心等の性格の変化，外界や散歩に対する興味喪失がないか等の具体的な項目について尋ねて情報を得る．

7）運動器

跛行や歩様の異常，痛みの有無とその程度について把握しておく必要がある．骨格や関節，筋肉に対する症状について確かめる．動物の痛みについては飼い主も分かりにくい場合が多いので，なるべく具体的に聞いていく．痛みの出るタイミングや，持続時間，痛みのある場所を特定できるかどうか，また，散歩に対する興味と内容の変化等，動物の運動性についも聞く．筋肉の疾患では，犬の重症筋無力症の全身性病型のように歩様だけではなく吐出等の他の臓器の症状も現れる場合もあるので留意する．

《演習問題》（「正答と解説」は 177 頁）

問 1．次の文章のうち，正しいものはどれか．

　a．一家庭内で多くの子犬を飼育している場合は，問診の内容を一個体分の記録簿にまとめて書いてもよい．

　b．一農家で乳用にホルスタイン牛を多数飼育している場合は，品種と用途が同じなので個体の区別はしなくてもよい．

c．問診は限られた時間内に行わなければならず，その症例に関する情報だけを聞き取り，血縁動物の情報は不要である．

　d．飼育環境に対する問診では，室内飼育・室外飼育の他に寝床等に対する具体的な情報も必要である．

　e．牛の個体識別は，四肢端の白色毛の有無で行われる．

問2．次の文章のうち，正しいものはどれか．
　a．主訴は一つだけにしぼって記載する．
　b．食物の問診では内容を把握すれば給餌の時間帯や回数はあまり重要ではない．
　c．給水に関する問診では飲水量の他に給水器の情報も聞く．
　d．予防歴に関してはワクチン接種に限って確かめる．
　e．皮膚病の問診では，皮膚に限った症状について確かめる．

第3章　身体検査

一般目標：一般的な身体検査法および問診から重要と考えられる部位の身体検査法に関する基礎知識を修得する.

3-1　全身的な観察

到達目標：全身的な観察による身体検査法を説明できる.
キーワード：エマージェンシー，視診，全身状態

　来院時より動物の観察を行い，極度の衰弱や呼吸困難等の**エマージェンシー**（emergency）の状態で来院した動物は，優先的に診察を始める．動物をできるだけ自然な状態で観察するため，恐怖感を与えないようリラックスさせることが重要である.

　視診（inspection, 望診）を行う際には，動物に触れる前にある程度の距離をおいて，**全身状態**（general condition；体格，体型，栄養状態，被毛の状態），行動の様子，態度，姿勢，歩様，呼吸状態，性格等を観察する.

　体格と発育は，動物の種類，品種，系統，年（月）齢を考慮して，体格の大・小，発育の良・不良を判断する．栄養状態は削痩または肥満の程度で表現する.

　姿勢の異常は，内臓に疼痛がある場合の背弯姿勢，代謝性骨疾患による O 脚や X 脚，起立困難による伏臥姿勢，中枢神経系の異常による斜頚，開脚姿勢，後躯麻痺等を観察する．歩様は運動失調の有無，随意運動能（麻痺，不全麻痺），跛行の有無等をみる.

3-2　バイタルサイン，体重，ボディコンディションスコア

到達目標：バイタルサイン，体重，ボディコンディションスコアの測定方法を説明できる.
キーワード：体温，心拍数，呼吸数，水和状態，体重，ボディコンディションスコア

　バイタルサイン（vital sign）とは生命徴候を意味し，通常は**体温**（body temperature），**心拍数**（heart rate），**呼吸数**（respiratory rate）および**水和状態**（hydration state）等を指す．バイタルサインと**体重**（body weight）の測定は身体検査の最初に行われる.

　体温は従来水銀体温計や電子体温計を直腸内に挿入して測定されてきたが，最近では動物専用に開発された耳式体温計も使用される．体温の正常値は動物の種類，年齢等によって多少異なるが，おおむね 37.8 〜 39.2℃の範囲にある．来院したばかりの時，興奮時，運動後，長時間高温環境下にいた場合には本来の体温よりも高く測定されるため，そのような要因が考えられる場合には，動物の状態が落ち着くのを待って再度測定を行う.

　心拍数は安静時に心臓の心拍最強点（通常は僧帽弁の部位）を聴診して測定を行い，それと同時に大

腿動脈の脈拍の検査を行う．脈圧は不整脈によって低下または欠損するため，不整脈が生じている症例では，心拍数と脈拍数が一致しない場合がある．心拍数が正常よりも増加する状態を頻脈といい，興奮，疼痛疾患，血圧低下，熱性疾患，心疾患，重度の貧血等の際に生じる．一方，心拍数が正常よりも少ない状態を徐脈といい，迷走神経の興奮，ある種の不整脈，脳圧亢進等の際に生じる．動物種ごとの心拍数（回／分）は，小型犬 80 ～ 180，大型犬 60 ～ 140，子犬 110 ～ 220，猫 120 ～ 240，成牛 60 ～ 72，子牛 80 ～ 120，成豚 60 ～ 90，子豚 100 ～ 120，成馬 28 ～ 46，子馬 40 ～ 60（1 週齢未満は 60 ～ 120）と報告されている．

呼吸数も安静時に胸郭や腹壁の動きを観察して測定を行う．呼吸数は熱性疾患，呼吸器疾患，肺の弾力性低下，呼吸時の疼痛による反射性呼吸促迫等が原因で増加する．また，呼吸数は各種疾患による意識レベルの低下，呼吸中枢の機能低下，麻酔剤や鎮静剤の投与等により減少する．異常呼吸にはチェーン・ストーク呼吸，ビオー呼吸，クスマウル呼吸等があり，中枢神経系の異常，中毒，尿毒症，糖尿病の際にみられる．呼吸困難は吸気性，呼気性および混合性（両側性）に分けられる．呼吸困難を示す動物は，早急な原因の特定と緊急処置が必要となる．動物種ごとの呼吸数（回／分）は，小型犬 24 ～ 36，大型犬 18 ～ 30，子犬 20 ～ 30，猫 20 ～ 30，成牛 20 ～ 30，子牛 24 ～ 36，成豚 10 ～ 20，子豚 24 ～ 36，成馬 8 ～ 16，子馬 10 ～ 25（1 週齢未満は 20 ～ 40）と報告されている．

水和状態の重要な臨床所見は，皮膚の弾力性，皮温，毛細血管再充満時間（capillary refilling time,

BCS	1	2	3	4	5
	削 痩	体重不足	理想体重	体重過剰	肥 満
	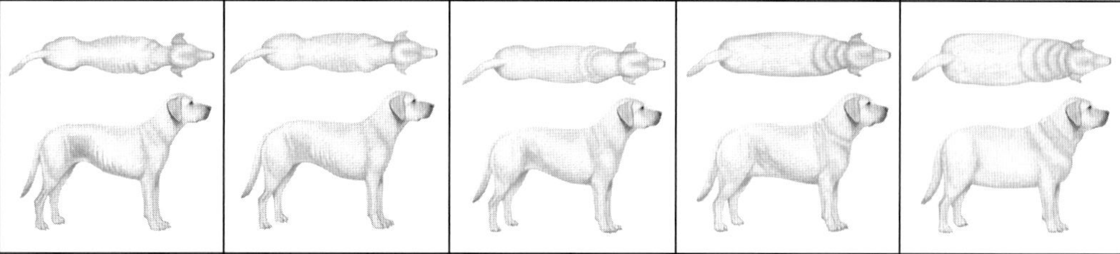				
理想体重 (%)	≦ 85	86 ～ 94	95 ～ 106	107 ～ 122	123 ≦
体脂肪 (%)	≦ 5	6 ～ 14	15 ～ 24	25 ～ 34	35 ≦
肋 骨	脂肪におおわれず，容易に触ることができる	ごく薄い脂肪におおわれ，容易に触ることができる	薄い脂肪におおわれ，触ることができる	脂肪におおわれ，触ることは難しい	厚い脂肪におおわれ，触ることは非常に難しい
腰 部	脂肪がなく，骨格が浮き出ている	脂肪はわずかで，骨格が浮き出ている	薄い脂肪におおわれ，なだらかな輪郭をしており，骨格は触ることができる	やや厚みがあり，骨格はかろうじて触ることができる	厚みがあり，骨格に触ることは非常に難しい
体 型	横から見ると腹部のへこみは深く，上から見ると極端な砂時計型をしている	横から見ると腹部にへこみがあり，上から見ると顕著な砂時計型をしている	横から見ると腹部にへこみがあり，上から見ると腰に適度なくびれがある	横から見た腹部のへこみや，上から見た腰のくびれはほとんどなく，背面はわずかに横に広がっている	腹部は張り出してたれさがり，上から見た腰のくびれはなく，背面は顕著に広がっている

図 3-1 犬のボディコンディションスコアの評価法
（提供：日本ヒルズ・コルゲート株式会社）

CRT），眼球陥没の状態である．皮膚の弾力性は頚部～胸部背側の皮膚を指で摘み上げ，その弾力性を調べるとともに，手を離したあとに元に戻る時間をみる．通常，1～2秒で元に戻るが，脱水状態に比例して延長する．脱水による血液循環の障害により，皮温の低下をきたす．毛細血管再充満時間は粘膜を指で圧迫して白くなった部位が，圧迫の解除により元の正常な色調に戻るまでの時間で，正常は1～2秒であるが，脱水の進行により延長する．また，脱水時には眼球周囲組織の脱水により眼は落ち窪み，口腔粘膜や眼瞼結膜の乾燥感が強まる．

体重はできる限り診察ごとに測定を行う．体重は発育や栄養状態を反映するばかりでなく，経時的に測定を行うことにより，胸水および腹水の貯留や浮腫の発生を知る目安となる．体重過剰か体重不足の鑑別は，品種ごとの適正体重との比較により行う．

ボディコンディションスコア（body condition score, BCS）は動物の栄養状態を判定する基準であり，犬および猫では，触診による「肋骨の触れ具合」と視診による「腰部のくびれ」が主な観察ポイントになる．5段階評価法では，1が削痩，3が理想体形，5が肥満を示す（図3-1）．9段階評価法では1～3がやせ，4～6が理想体形，7～9が肥満とされる．乳牛のBCSは，著しい削痩を示す1から著しい肥満を示す5までを0.25区切り，すなわち1.00，1.25，…，4.75，5.00の17段階で示す方式が多くとられる（図3-2）．肉用牛繁殖雌牛の場合は，全国和牛登録協会の栄養度として9区分に判定され，骨格を

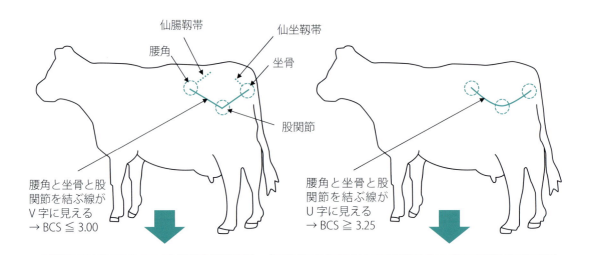

図 3-2 乳牛のボディコンディションスコアの評価法
（柏村文郎，古村圭子，増子孝義 監修：乳牛管理の基礎と応用 2012年改訂版，デーリィ・ジャパン社，2012を参考にして作成）

触診できる背骨および肋骨，き甲，腰角および臀部，尾根部の4部位の脂肪蓄積状態により，1～3が「やせている」，4～6が「適正」，7～9が「太っている」を示す．馬のBCSは9段階評価法がよく用いられ，5.0が普通である．

3-3　頭部，眼，口腔，鼻，頚部

到達目標：頭部，眼，口腔，鼻，頚部の身体検査法を説明できる．
キーワード：分泌物，可視粘膜，頚静脈の拍動

　最初にどの症例にも共通した一般的な検査を行い，次に問診で聴取された異常の原因を探る精査に移る．検査は見落としのないように，頭側から尾側に向かって行い，両側に存在する器官は必ず左右を比較する．

1. 頭　部

　頭部は左右対称性，局所の腫脹の有無について視診と触診により検査する．脳疾患が疑われる若齢の動物で泉門が開口している場合は，頭蓋内の超音波検査が可能である．また，頭部の腹側への屈曲についても観察する．

　耳介および外耳道の入口については，皮膚病変，脱毛，紅斑，腫脹，分泌物（secreted material），臭いについて調べる．耳道の内部および鼓膜は耳鏡を用いて観察を行い，発赤や潰瘍，腫瘤性病変，異物，分泌物，寄生虫（耳ダニ）の有無，鼓膜の色調と形状，中耳炎の存在等を確認する．

2. 眼

　眼の身体検査においては，眼自体の異常によって認められる所見と全身疾患の合併症として認められる所見の両方があり，多くの情報が得られる．眼の外貌の観察を行ったのち，眼瞼，結膜，瞬膜，強膜，角膜，前眼房，虹彩，水晶体，眼底の順に検査を進め，視覚について調べる．

　外貌検査では，眼球や瞳孔の大きさと左右の対称性を調べ，眼球陥没，眼球突出，斜視の有無を観察する．眼球瘻，小眼球では眼球は正常より小さくなり，慢性緑内障（牛眼）では大きくなる．眼球陥没は眼窩脂肪の減少，ホルネル症候群，脱水等の際にみられる．眼球突出は眼窩内病変（腫瘍，膿瘍），牛眼等による．

　眼の表面の検査においては，まず眼瞼結膜の色調を観察し，貧血による蒼白，充血による紅潮，黄疸による黄染の有無を調べる．下眼瞼は正常でも赤みを帯びているため，充血の判定には上眼瞼が適する．また，眼瞼の睫毛重生，眼瞼内反，眼瞼外反について調べる．眼球結膜やその下にある強膜は，正常では白色であるため，眼瞼結膜等の可視粘膜（visible mucous membrane）よりも黄疸の有無を観察するのに適した部位である．また，瞬膜が突出していないかを調べる．角膜については，混濁，潰瘍，色素沈着，血管新生等がないかどうか観察する．眼の分泌物（眼漏）がある場合は，漿液性，粘液性，膿性の鑑別を行う．眼瞼結膜や強膜には腫瘤性病変がみられることがあり，注意して観察を行う．

　前（眼）房については，前房混濁，前房出血，前房蓄膿，腫瘤性病変等を調べる．眼の斜め（約45度）から光源を当てて正面から観察する．房水フレアの確認には，スリットランプ（細隙灯）を使った観察が適する．虹彩については，色調，充血，粗造さ，腫脹，癒着，腫瘤性病変等について調べる．水晶体

については，核硬化症，白内障，水晶体脱臼等の有無を観察する．水晶体や眼底の観察は，短時間作用型の散瞳剤（通常，0.5％トロピカミド，0.5％フェニレフリンの合剤）の点眼を行い，十分に散瞳したあとに実施する．

　眼底の観察は，単眼倒像検査法（光源と非球面レンズ），双眼倒像検査法（双眼倒像鏡と非球面レンズ），直像鏡やパンオプティック（PanOptic）検眼鏡を用いた直像検査法により行われる．網膜および脈絡膜については，色素変化，血管分布，出血，剥離，タペタム領域の光反射性について検査する．視神経乳頭については，色，大きさ，血管分布，欠損症について調べる．

　視覚の検査のためには，障害物を置き歩行させる，威嚇試験，綿球を眼前で揺らす，瞳孔の対光反射，視覚踏み直り反射等の方法を用いる．

3. 口　腔

　犬や猫では，動物が落ち着いた状態か興奮状態か，また協力的な性格か否かによって口腔の検査がどの程度できるかが異なる．詳しい検査が必要な場合は，鎮静処置が必要となる．牛や馬の口腔内の観察には，それぞれの動物用開口器が用いられるが，舌を左または右に交互に引き出し，それぞれ右または左の口腔を検査することもできる．全身状態を評価するために，口腔粘膜と舌の観察が重要となる．口腔粘膜については，蒼白，紅潮，黄染，チアノーゼ等の色調，湿潤の程度，毛細血管再充満時間を調べる．粘膜の色素が薄い個体では，口腔粘膜がその色調の観察に適している．また，口腔粘膜は水和状態を評価するために好適な部位であり，正常では滑らかで湿潤な状態であるが，脱水の進行とともに表面の粘性が高まり，重度の脱水では乾燥感が認められる．舌の色調もまた赤血球数，血色素濃度，動脈血の酸素飽和度を反映しており，貧血，赤血球増加症，チアノーゼの評価に適している．

　歯と歯肉については，歯石や歯肉炎の程度を観察する．馬では歯の検査は重要であり，採食中の様子を観察することにより歯牙疾患の有無を判定できる．また，馬の両頬に手を当てて歯に沿って指で触診することで，腫脹，熱感および疼痛の有無を確認する．口腔粘膜全体については，びらんや潰瘍，腫瘍性病変，口蓋裂，軟口蓋過長の有無について調べる．咽頭については，炎症や外傷，腫瘍性病変の有無を，扁桃については，腫脹がないか確認する．

4. 鼻

　外貌検査では，非対称性，腫脹について調べ，異常があれば，触診によって硬さや波動感の有無を確認する．鼻汁が出ている場合は，片側か両側か，性状が漿液性，粘液性，膿性かを評価し，鼻出血についても注意する．鼻閉があるかどうかを調べる場合，中型〜大型犬であれば鼻孔の前に手をかざすことで確認できるが，小型犬や猫の場合にはこの方法では難しいため，鼻孔の前に冷却したスライドグラスや細い糸をかざすことにより判定する．

5. 頚　部

　気管虚脱が疑われる場合には，喉頭から胸部入口まで気管を触診し，虚脱や扁平化を調べる．また，圧に対する気管の感受性は，第一気管輪，頚部気管中央部，胸部入口の3ヵ所を軽く圧迫することで検査する．咳が出れば，気管虚脱か気管気管支炎が示唆される．気管の左右にある甲状腺は，正常では触知されないが，甲状腺機能亢進症や甲状腺癌では，触知されたり腫瘍性病変として認められることがある．右心不全では，頚静脈の怒張や拍動が認められることがある．牛や馬では，静脈うっ滞試験（頚

の中央で頸静脈を圧迫し，圧迫している指より心臓側の静脈で，うっ滞が持続するものを陽性，消失するものを陰性）の陽性所見，頸静脈の拍動（jugular venous pulsation）および怒張所見から，三尖弁閉鎖不全や創傷性心膜炎（牛）等を疑う．巨大食道症や食道内異物等の食道に異常がある場合は，食道が触知されることがある．

3-4　体表リンパ節，皮膚および皮下，胸部，腹部

> 到達目標：体表リンパ節，皮膚および皮下，胸部，腹部の身体検査法を説明できる．
> キーワード：触診，発疹，聴診，呼吸音，打診，心濁音界，腸管蠕動音

1．体表リンパ節

　全身の体表リンパ節の触診（palpation）を行う．犬および猫において触診できる可能性のある体表リンパ節は，下顎リンパ節，浅頸リンパ節，腋窩リンパ節，浅鼠径リンパ節および膝窩リンパ節である．健常な犬および猫においては，左右の下顎リンパ節と膝窩リンパ節は触知されるが，浅頸，腋窩，浅鼠径リンパ節は触知されないことが多い．犬や猫等の肉食類では腸骨下リンパ節を欠く（図3-3）．腫大が認められる場合には，大きさを3方向で測定し診療記録に記載する．体表リンパ節の腫大が全身的にみられる場合は，全身性感染症，免疫介在性疾患，腫瘍等が，局所的にみられる場合は局所感染症（膿瘍）が示唆される．また，牛白血病の場合には，体表リンパ節のすべてが腫大することが多い．下顎リンパ節は下顎骨の角において，犬で通常2個，猫で2個認める．その尾側に唾液腺の下顎腺があり，下顎リンパ節との識別に習熟を要するが，リンパ節は表面が平滑でやや硬く卵型であるのに対し，唾液腺の

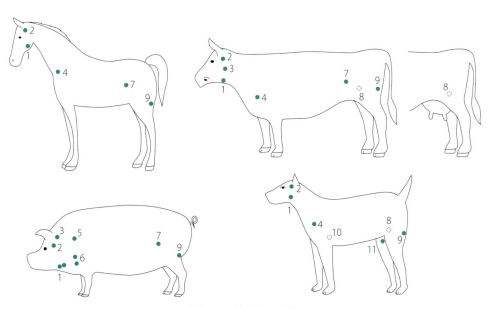

図3-3　体表リンパ節
1：下顎リンパ節，2：耳下腺リンパ節，3：外側咽頭後リンパ節，4：浅頸リンパ節，5：背側浅頸リンパ節，6：腹側浅頸リンパ節，7：腸骨下リンパ節，8：浅鼠径リンパ節（雄：陰嚢リンパ節，雌：乳房リンパ節），9：膝窩リンパ節，10：腋窩リンパ節，11：大腿リンパ節．

表面には微細な凹凸があり，リンパ節よりも軟らかい．

2. 皮膚および皮下

　全身の被毛の量や光沢，皮膚の色，つや，厚さ，清潔度，温度等は健康状態を反映しており，全身状態の観察において重要である．皮膚病変（発疹，exanthema）が認められる場合は，特定の疾患の好発部位に留意しながら，全身における病変の分布および発疹の種類を原発疹（斑，丘疹，結節，水疱，膿疱，蕁麻疹），続発疹（鱗屑，びらん，表皮剥離，痂皮，潰瘍），特有の性状を示す皮疹（表皮小環，面皰，苔癬化）に分けて診療記録に記載する．また，外部寄生虫やノミの糞の有無を調べる．皮膚および皮下に腫瘤性病変が認められる場合には，その位置，大きさ，硬さ，周囲のリンパ節腫大の有無等に注意して触診を行う．また，腫瘤が表皮，真皮，皮下織のどの部位に存在するのか，可動性であるか，下の筋肉，筋膜，骨との付着についても調べる．

3. 胸　部

　落ち着いた状態にして，胸部の動きから呼吸の様子を観察し，呼吸数の記録を行い，呼吸促迫，あえぎ呼吸（パンティング），呼吸困難の有無を判断する．次に，胸部を触診して肋骨や胸骨の異常，皮下気腫，腫瘤性病変を調べ，第四肋間から第六肋間を左右から触診して，心尖拍動とスリルの有無を調べる．

　聴診（auscultation）は静かな環境下で，飼い主の協力を得て動物がリラックスした状態で行う．心臓が正常な位置になるように四肢で立たせた状態にして，獣医師は動物の横または後ろに位置し，パンティング音が大きい場合は口を軽く閉じた状態で聴診する．初めに心拍の最強点上を聴診し，第1音と第2音を確認し，心臓のリズム，心音の強さを評価する．次いで過剰心音および心雑音の有無を調べ，心雑音が聴取される場合は，その出現時期が収縮期，拡張期またはその両者かを判別し，最強点，音量を評価する．肺の聴診では，正常な呼吸音（respiratory sound）として肺胞呼吸音と気管支呼吸音が聴取され，病的呼吸音として肺胞音の減弱と消失，肺胞音の増強，断続性呼吸音，振盪音，胸膜摩擦音，ラッセル音を判別する．ラッセル音は湿性ラッセル音，乾性ラッセル音，捻髪音の評価を行う．

　打診（percussion）においては，指または打診槌を用いて胸壁の肋間を叩打し，それによって聞こえる音の高低と反響によって胸腔内の状態を評価する．正常な肺に空気が入った状態では高い音が反響する（満音）が，無気肺，肺炎，肺腫瘍，胸水貯留がある場合には，反響の少ない低い音（濁音）が聞こえる．また，気胸がある場合には，反響の強い高い音（鼓音）が聞こえる．

　牛における心臓の打診は左側胸部で行い，上腕三頭筋の後縁に沿って上から下へ，次に後腹方向，後方向，後背方向へと順に行って濁音界の範囲を確かめる．健常な成牛の心濁音界（area of cardiac dullness）は，手のひらほどの大きさである．心膜腔内に液体（漿液性，膿性あるいは化膿線維素性）が貯留していると，心濁音界は拡大し濁音ははっきりしてくる．一方，肺気腫や気胸の場合には，心濁音界は縮小ないしは消失する．また，打診による疼痛の有無にも注意し，呻吟ないし忌避動作を示す場合には，心臓部の外傷性または炎症性病変を疑う必要がある．肺打診界は，腸骨外角（第Ⅰ線），坐骨結節（第Ⅱ線）および肩端（第Ⅲ線）からそれぞれ水平線を引き，それらと肋骨が交差する点を結ぶ線を，おおむねその動物の肺打診界の後縁とする．牛での肺打診ははじめに右側で行う．健常な牛の肺打診界の後縁は，第Ⅰ線と第十一肋骨が交差する点と，第Ⅲ線と第八肋骨が交差する点とを結んだ線である．肺打診界の後方拡大は，肺気腫や気胸によって起こる．一方，肺打診界の縮小は，前胃の食滞（牛），肝臓の肥大，第四胃の右方変位（牛），盲腸の重度の拡張と変位，腹水あるいは羊膜水腫によって起こる．

4. 腹　部

　腹部全体を最初に観察し，腹部膨満や非対称性について調べる．腹部膨満が認められる場合は，肥満，妊娠，腹壁筋の菲薄化，腹腔内臓器の腫大，腹水貯留，消化管内のガス貯留等が考えられ，触診によってその原因を推定する．触診は動物を立たせた状態にして，頭側から尾側に向かって進める．

　肝臓：正常な動物では触診できない．肝腫大がある場合，最後肋骨を超えて触知できることがあり，触診により大きさ，形，硬さ，表面の形状等を評価する．

　脾臓：犬では腫大がある場合に触知されることがあり，その大きさや形等を評価できる．猫では腹壁が柔軟なため，正常でも腹部左側〜中央部の腹壁に接する部位で脾臓を触知できることが多く，腫大がある場合は触診によって全体の形と大きさを判定できる．

　腎臓：犬では通常，左腎の尾側縁のみが触診可能である．腫瘍，嚢胞腎または水腎症により腫大した場合，触診で確認できるのが普通である．猫では，左右の腎臓ともに通常は触診可能であり，大きさ，形，硬さ，表面の形状を調べる．左腎は可動性があり，異常な腫瘤と誤ることがある．

　胃：正常な場合触診できないが，大量の食物や水が胃の中にある場合には，その尾側が触知されることがある．

　小腸：腸壁が肥厚した場合は小腸ループが触知しやすく，結腸は糞便が多く貯留している時には触知しやすい．腸壁の肥厚，ガス，液体，異物，腫瘍性病変の存在を調べる．腸間膜リンパ節は正常では触知されないが，腫大している場合は触知することがある．

　膀胱：犬と猫ともに触診可能である．充満程度，膀胱壁の厚さを調べる．さらに注意して深部を触診すると膀胱結石を触知することがある．

　前立腺：膀胱の尾側に位置し，著しく腫大した場合は後腹部で触知されることがあるが，直腸検査により直腸の腹側に触知することができる．

　子宮：通常は触診できないが，妊娠後期や子宮蓄膿症等の腫脹した状態では触知できることが多い．

　その他の腹腔内臓器（膵臓，副腎，卵巣等）：正常では触知できないが，腫大等の異常がある場合に触知されることがある．

　牛では，左膁部を静かに圧診すると，第一胃の収縮運動を感じる．正常では圧診すると表面に指圧痕が残るが，指圧痕が残らなかったり（第一胃食滞），弾力性の緊張感（第一胃鼓脹症）がある場合には病的となる．馬においても両側腹部の触診は大切であり，特に圧痛の有無は腹部消化管の異常（疝痛）を調べるために必ず行う．腹部の聴診では，腸管の蠕動音（intestinal peristaltic sound）および腹腔内の摩擦音等を聴取し，腸管運動の異常について調べる．蠕動は胃腸カタルで亢進し，便秘，腸閉塞および腸管の変位で減弱または停止する．牛の第一胃音は，左膁部の陥凹部を中心として，少なくとも2〜3分間は聴診する．第一胃音の回数は5分間で7〜12回（1分間に1〜2回）で，粗飼料の摂取直後と反芻の間に多く，かつ強く起こる．また，第四胃が左方あるいは右方に変位した際には，腹壁の中間部から上方にかけて聴診しながら指頭打診を行うと，金属性反響音（いわゆるピング音）が聴取され，診断に役立つ．

　牛や馬では，直腸検査により消化器，泌尿器，生殖器の触診と，血管，腹膜および骨盤腔内の構造等の触診が可能である．また，2〜3産以上の経産豚では直腸検査が可能であり，それによって生殖器の疾患と下部消化管の異常を診断できる．牛では，第一胃食滞や第四胃捻転等によって拡張した第一胃や第四胃を触知し，アミロイドーシスや腎盂腎炎等によって腫大した左腎を触知する．牛白血病では，骨

22   第3章　身体検査

盤腔内のリンパ節腫大の有無が診断に重要であり，脂肪壊死症の脂肪塊との鑑別が必要となる．

3-5　外部生殖器，筋肉・骨・関節，神経系

到達目標：外部生殖器，筋肉・骨・関節，神経系の身体検査法を説明できる．
キーワード：姿勢，意識状態，知性，行動，歩様，不随意運動，姿勢反応，脊髄反射，脳神経
　　　　　　機能検査，知覚，排尿機能

1. 外部生殖器

　雌では，外陰部の形状，腫脹，分泌物の有無を調べる．分泌物がある場合は，その色調や臭いの他，
漿液性，粘液性，膿性，出血性の鑑別を行う．必要に応じて，腟鏡を用い腟粘膜や外尿道口等の観察を
行う．外陰部粘膜は，貧血，チアノーゼ，黄疸，点状出血，潰瘍形成について調べる．乳腺についても
視診および触診を行い，腫脹，硬結，熱感，腫瘤性病変，乳汁分泌等について調べ，腫瘤性病変が認め
られる場合はその大きさを測定し，周辺への広がりや所属リンパ節の腫大の有無を調べる．

　雄では，包皮，陰茎，陰嚢，精巣（去勢していない場合）の検査を行う．包皮および陰茎については
粘膜の色調を観察し，尿石症等による尿路閉塞がある場合は，陰茎の変色や結石についても調べる．未
去勢の雄では，陰嚢内の精巣を触診し，大きさ，硬さ，熱感，左右対称性を調べる．片側もしくは両側
の精巣が陰嚢内に触知できない場合は，鼠径部または腹腔内に停留する精巣を触診し，それらが腫瘤性
病変を形成していないかを調べる．

2. 筋・骨格・関節

　動物を歩かせて姿勢（posture）と跛行の状態を観察し，異常がある場合はその肢および他の肢を体
系的に調べる．四肢の検査を行う場合は，動物を側臥位に保定し，肢端から近位に向かって視診と触診
を行う．関節については，腫脹，疼痛，熱感の有無を，また屈曲・伸展時における疼痛，異常音の有無
を確認する．

3. 神経系

　一般的な身体検査と病歴の聴取によって神経学的な異常が想定される場合は，体系的な神経学的検査
を行う．神経学的検査の目的は，神経疾患であるかどうかの判断，病変の位置決め（局所診断），病変
部位の機能的重篤度の評価である．神経学的検査は以下の項目からなる．

1）観　察

意識状態（mental status）：獣医学では正常，傾眠（眠りがちである），昏迷（強い刺激で覚醒するが，
刺激を止めると眠り込む），昏睡（強い刺激によっても覚醒しない）の四つに分類することが多い．意
識状態の異常は，脳幹もしくは比較的広範な前脳障害を示唆する．

　知性（intelligence）・行動（behavior）：周囲の環境に適切に反応しているかにより評価する．知性・
行動の異常は，前脳の特に大脳皮質の機能低下を示唆する．

　姿勢：静止時の重力に対する頭部，体幹，四肢の位置関係を評価する．代表的な異常姿勢として，捻
転斜頚（地面の水平面に対する頭部の左右どちらかへの傾き，下に傾いた側の前庭障害を示唆する），

頭位回旋（鼻先を左右どちらかの体幹部へ向けた状態，前脳障害を示唆する），側弯（脊柱が側方向へ弯曲），頚部過伸展，開脚起立等がある．

歩様（gait）：代表的な歩様異常として，運動失調（感覚機能の異常により生じた歩様の協調不全，障害部位により，固有位置感覚性，小脳性，前庭性に大別される），麻痺・不全麻痺（随意運動が完全に消失した状態が麻痺，多少なりとも残っている状態が不全麻痺），旋回（前脳あるいは前庭系の障害を示唆し，ほとんどの場合病変側は旋回方向と一致する）がある．

不随意運動（involuntary movement）の有無：意思とは無関係に起こる体の動きをさすが，真に不随意であるかどうかの判別は難しい．振戦（主動筋と拮抗筋の収縮と弛緩が交互に生じるために起こる規則的・律動的なふるえ），ミオクローヌス（突然生じる短時間の単一もしくは筋群単位の収縮であり，規則性は様々）がある．

2）触　診

筋萎縮の有無を確認し，次に筋の緊張度について評価する．

3）姿勢反応

直立姿勢を保つ機能を評価する検査法である．姿勢反応（postural reactions）の異常から障害部位の特定はできないが，神経系の異常の有無を検出する感度は高い．固有位置感覚，踏み直り反応，跳び直り反応，立ち直り反応，手押し車反応，姿勢性伸筋突伸反応の検査を行う．

4）脊髄反射

脊髄反射弓は，感覚神経，感覚神経と運動神経がシナプスを形成する脊髄分節，運動神経，筋肉から構成される．脊髄にある運動神経からの軸索は，脊髄腹側から脊髄を出て筋肉まで達する．この運動神経を下位運動ニューロン（lower motor neuron，LMN）という．また，LMN の細胞体は末梢からだけでなく，上位の神経からも随意的あるいは不随意的なコントロールを受けている．これら上位の神経を上位運動ニューロン（upper motor neuron，UMN）という．一般に脊髄反射（spinal reflexes）は UMN により抑制的な支配を受けている．LMN が障害を受けると，上位からの命令を受けることができなくなり，随意的な運動ができなくなるとともに，脊髄反射は低下または消失する．このような徴候を，下位運動ニューロン徴候（LMN サイン）という．一方，UMN が障害されると，上位からの随意的な運動は消失するものの，脊髄反射経路は障害されていないため，脊髄反射は正常か，上位からの抑制が解かれる結果，亢進することが多い．このような徴候を，上位運動ニューロン徴候（UMN サイン）という．よって，脊髄反射は神経学的異常部位の診断に有用である．膝蓋腱反射，前脛骨筋反射，腓腹筋反射，橈側手根伸筋反射，二頭筋反射，三頭筋反射，屈曲反射，交叉伸展反射，会陰反射，皮筋反射について検査を行う．

5）脳神経機能検査

脳神経機能検査（cranial nerve examination）は 12 対の脳神経について行われる検査であり，病変の局在については他の神経学的検査と組み合わせて，末梢性（頭蓋外病変）であるか，中枢性（頭蓋内病変）であるかに留意して検査を進めることが必要である．顔面の対称性，眼瞼反射，角膜反射，威嚇まばたき反射，瞳孔の対称性，斜視，眼振，生理的眼振，対光反射，顔面知覚，開口時の筋緊張，舌の動き・位置・対称性，飲み込み，僧帽筋・胸骨上腕頭筋の対称性，綿球落下テスト，嗅覚について検査を行う．

6）知覚検査

知覚検査は，病変の位置決めのみならず重篤度の評価にも役立つ．知覚（sensation）は最終的に大

24   第3章 身体検査

脳皮質で認識される．表在痛覚，深部痛覚，知覚過敏について検査を行う．

7）排尿機能

UMN または LMN を障害するような神経病変では排尿障害をきたすため，排尿機能（urinary function）の評価が必要となる．

《演習問題》（「正答と解説」は 177 頁）

問 1. 水和状態の重要な臨床所見でないものは，次のうちどれか．
   ａ．可視粘膜の色調
   ｂ．皮膚の弾力性
   ｃ．皮温
   ｄ．毛細血管再充満時間
   ｅ．眼球陥没の状態

問 2. 牛で頚静脈の怒張および拍動が認められる疾患は，次のうちどれか．
   ａ．熱射病
   ｂ．腎盂腎炎
   ｃ．アミロイドーシス
   ｄ．第四胃捻転
   ｅ．創傷性心膜炎

問 3. 牛，馬，豚には存在するが，犬や猫では存在しない体表リンパ節はどれか．
   ａ．下顎リンパ節
   ｂ．耳下腺リンパ節
   ｃ．浅頚リンパ節
   ｄ．腸骨下リンパ節
   ｅ．膝窩リンパ節

第4章　診療記録

一般目標：診療記録の意義とその記載法に関する基礎知識を習得する.

4-1　記載項目

到達目標：個体識別，問診から得られた情報，身体検査所見に関する記載法を説明できる.
キーワード：診療記録

　診療記録（診療簿またはカルテ）は獣医師法で定める獣医師が診療内容，経過等を記載する文書であり，広義には診療に関する諸記録を含むもので，犬，猫では3年間の保存義務がある. 獣医師法施行規則第11条で規定されている診療記録の記載項目は以下の6点である.
- ・診療の年月日
- ・診療した動物の種類，性，年齢（不明の時は推定年齢），名号，頭羽数及び特徴
- ・診療した動物の所有者又は管理者の氏名又は名称及び住所
- ・病名及び主要症状
- ・りん告
- ・治療方法（処方及び処置）

4-2　問題志向型システムと問題志向型診療記録

到達目標：診断計画と診断，治療計画と治療，経過，診療評価に関する記載法を説明できる.
キーワード：問題志向型診療記録，POMR，鑑別診断，除外診断，診断計画，治療計画

　問題志向型システムとは，患者の抱える問題（problem）を中心に据えて（oriented），それを解決するための一連の作業や考え方のことである. 問題志向型診療記録（problem-oriented medical record, POMR）はPOSに沿って検査から診断，治療までの過程を記載する方法で，以下に示す四つの基本的要素からなる.

1.　基礎データ

　動物の個体識別，飼育環境，食物・水，予防歴，家族歴，既往歴，現病歴，診察所見，検査所見が含まれる.

2.　問題リスト

　基礎データをもとに動物が抱えている問題点をリストアップする.

3. 初期計画

　問題を解決するため，鑑別診断リストを作成し，除外診断に必要な検査を考える．問題ごとに診断計画，治療計画を立案する．

4. 経過記録

　それぞれの問題ごとに経過を記録する．記載は以下の SOAP 形式で行う．
- ・S：Subjective…主に飼い主から得られた情報
- ・O：Objective…獣医師が把握した客観的情報
- ・A：Assessment…獣医師の評価，判断
- ・P：Plan…診断，治療，指導の方針

　経過記録には．SOAP だけでなく，治療の詳細や説明の内容等も記録する．

《演習問題》（「正答と解説」は 178 頁）

問 1. 獣医師法で定める犬，猫の診療記録の保存義務期間は次のうちどれか．
- a．1 年間
- b．2 年間
- c．3 年間
- d．4 年間
- e．5 年間

第5章　臨床検査

一般目標：診断および経過観察に必要な臨床検査の項目とその選択法に関する基礎知識を習得する.

5-1　血液検査

> **到達目標**：血液検査の概要とその意義を説明できる.
> **キーワード**：全血球算定（CBC），血液生化学検査

1. 全血球算定

　全血球算定（CBC）用の抗凝固剤としては血球の形態の保存性にすぐれた EDTA が最も適している. CBC の検査項目には，赤血球数，ヘマトクリット値，ヘモグロビン濃度，赤血球指数（MCV，MCH，MCHC），白血球数（WBC），血小板数，網状赤血球数が含まれる.

2. 血液生化学検査

　血液生化学検査に用いる検体は血清あるいは血漿である. 抗凝固剤としてはヘパリンが用いられる. 必要な検査項目は検査の目的により異なるが，健康診断や麻酔前検査あるいは全般的なデータが必要な場合は，主要臓器の異常を検出できるスクリーニング検査が行われる. 一般的にスクリーニング検査には，総蛋白（TP），アルブミン（Alb），血液尿素窒素（BUN），クレアチニン（Cr），グルコース（Glu），アラニンアミノトランスフェラーゼ（ALT），アスパラギン酸アミノトランスフェラーゼ（AST），アルカリホスファターゼ（ALP），γ-グルタミルトランスフェラーゼ（GGT），総コレステロール（T-Chol），総ビリルビン（T-Bil），アミラーゼ（Amy），リパーゼ（Lip），クレアチンキナーゼ（CK），ナトリウム（Na），カリウム（K），クロール（Cl），カルシウム（Ca）等が含まれる. これらの測定項目の正常値は動物種，測定に用いる測定機器やキットによって異なるので，解釈には注意を要する.

5-2　尿検査

> **到達目標**：尿検査の概要とその意義を説明できる.
> **キーワード**：尿検査

1. 採尿方法

　採尿方法により結果が異なることがあるので採尿方法は必ず記載する. 一般的に採尿方法には，自然排尿，圧迫排尿，カテーテル採尿，膀胱穿刺がある. 自然排尿は非侵襲的で動物に負担をかけない利点があるが，生殖器や被毛による汚染，花粉等の混入が問題となる. 圧迫排尿は医原性に膀胱を損傷させて出血をきたす恐れがあるので推奨されない. カテーテル採尿では尿道および膀胱の損傷に加えて医原

28　　第 5 章　臨床検査

性の尿路感染の可能性がある．膀胱穿刺は無菌的に採尿できるので，尿の細菌培養同定検査に適している．

2．理化学的検査

理学的検査には色調，混濁度，比重，におい等が含まれる．尿比重から尿濃縮・希釈能を簡便に知ることができるが，動物の脱水の有無とともに評価する必要がある．

化学的検査には複数の項目が一度に評価できるディップスティック尿試験紙が用いられる．測定項目は，蛋白，糖，潜血，ビリルビン，ケトン体，ウロビリノゲンが一般的である．

3．尿沈渣

尿を 400 〜 500 × g で 5 分間遠心分離後，上清を捨て，適宜，染色液を用いて沈渣の顕微鏡検査を行う．沈査中にみられる有形成分には結晶，円柱，細胞がある．

結晶は健康な動物にもみられる可能性があり，必ずしも異常と結びつくわけではない．リン酸アンモニウム・マグネシウム結晶，シュウ酸カルシウム結晶，炭酸カルシウム結晶，尿酸アンモニウム結晶，ビリルビン結晶等が観察される．

円柱は蛋白質や細胞成分が尿細管内で固まったもので，硝子様円柱，顆粒円柱，蝋様円柱，上皮円柱，赤血球円柱，白血球円柱等がある．尿円柱が多量に観察されれば腎障害が示唆される．

尿沈渣中に観察される細胞成分には赤血球，白血球，上皮細胞，腫瘍細胞がある．ごく少量の血球細胞は健康な動物の尿中にも観察されることがある．

5-3　糞便検査

> 到達目標：糞便検査の概要とその意義を説明できる．
> キーワード：糞便検査

1．一般性状検査

便の量，形状，硬度，色調，におい，異物や血液の混入について調べる．黒色便は上部消化管出血，灰白色便は胆汁排泄障害が示唆される．

2．化学的検査

消化吸収不良を疑う場合に，X 線フィルム消化テストや脂肪滴の検出を目的としたズダン染色が行われることがある．

3．顕微鏡検査

糞便中の筋線維，脂肪滴，でんぷん粒の出現は消化吸収不良が示唆される．消化管内寄生虫や虫卵の検出も顕微鏡検査の主要な目的である．

5-4　体腔液検査

> 到達目標：体腔液検査の概要とその意義を説明できる．
> キーワード：体腔液検査

　体腔液の貯留部位としては，胸腔，腹腔，心囊，関節，皮下組織，リンパ節等がある．体腔液の検査には一般性状検査と細胞診が含まれる．感染が疑われる場合には，培養および感受性試験が必要になる．

1.　一般性状検査

　色調，混濁度，粘稠度，比重，総蛋白濃度（TP）を調べる．貯留液は比重，TP，細胞数により，漏出液，変性漏出液，滲出液に分けられる（表5-1）．

表 5-1　貯留液の分類

	漏出液	変性漏出液	滲出液
比重	< 1.017	1.017 ~ 1.025	> 1.025
TP（g/dl）	< 2.5	2.5 ~ 5.0	> 3.0
細胞数（/μl）	< 1,000	< 5,000	> 5,000

2.　細胞診

　細胞の種類や異型性を評価する．細菌感染に起因する化膿性滲出液では，多数の変性した好中球や細菌を貪食した好中球が認められる．

5-5　生　検

> 到達目標：生検の概要とその意義を説明できる．
> キーワード：細針吸引，FNA，コアニードル生検

　生検の目的は，炎症性病変と腫瘍性病変の鑑別，腫瘍の良悪性鑑別，ならびに組織診による確定診断である．スタンプ，細針吸引（fine-needle aspiration，FNA），コアニードル生検等が含まれる．

1.　スタンプ

　皮膚あるいは外科的に摘出された材料を用いてスタンプ標本を作製する．

2.　細針吸引

　通常23Gの注射針を用い，シリンジで吸引して細胞を採取する．太い針を用いると出血のリスクが増すとともに，検体に血液が混入して評価が困難になる．リンパ節等では吸引することなく，方向を変えて数回針を刺すだけで十分な量の細胞を採取することができる．腹腔内腫瘤や実質臓器の腫瘍性病変に対しては，病変部位に確実に針を刺入するために超音波ガイド下生検が行われる．

3. コアニードル生検

確定診断を目的に組織を切断・回収して病理検査に供する．太い針を穿刺するので局所麻酔が必要になる．出血が予想される場合は血液凝固系の評価を事前に行う必要がある．

5-6　微生物検査

到達目標：微生物検査の概要とその意義を説明できる．
キーワード：遺伝子検査，抗原検出，抗体検出

微生物検査は，病気と病原微生物の因果関係を明らかにするために行われる．基本的には病原微生物の分離・同定および血清・免疫学的診断に分けられるが，分子生物学的手法を用いた遺伝子検査も行われるようになった．検査材料は通常，病変部位から採取されるが，全身感染症では血液が用いられる．細菌や真菌の場合，検査材料の直接塗抹でその存在を確認することができるが，菌の分離・同定は専門の検査機関に依頼する．犬バベシア症と猫ヘモプラズマ症は供血動物の適性検査に必要であり，それぞれ遺伝子検査が可能となっている．

ウイルス検査については，抗原検出を目的とした猫白血病ウイルスや犬パルボウイルス，抗体検出を目的とした猫免疫不全ウイルスの検査キットが診断に利用可能である．その他のウイルスは血清学的検査により中和抗体の存在や抗体価，ペア血清を用いた抗体価上昇確認等により診断されるが，検査結果の解釈が難しいこともある．

《演習問題》（「正答と解説」は 178 頁）

問 1. 尿の細菌培養固定検査に最も適した採尿法はどれか．
　a．自然排尿
　b．圧迫排尿
　c．カテーテル採尿
　d．膀胱穿刺
　e．24 時間蓄尿

呼吸循環器病学

全体目標

　獣医学が対象とする動物（主に犬，猫）の呼吸器系および循環器系の構造と機能を理解し，主な呼吸器疾患と循環器疾患の原因，病態生理，症状，診断法と治療法を学ぶ.

第1章　呼吸器の構造と機能，呼吸器疾患の症状

一般目標：上部気道および下部気道の構造と機能を理解し，呼吸器疾患で観察される症状と発現機序の基礎知識を習得する．

1-1　呼吸器の構造

到達目標：上部気道および下部気道の基本構造を理解できる．
キーワード：鼻腔，咽頭，喉頭，下部気道，縦隔，胸膜腔，肺循環

1．基本構造

呼吸器系は鼻孔から肺までの気道とガス交換器の肺に分けられる．気道は鼻腔，副鼻腔，咽頭，喉頭からなる上部気道と気管，気管支，細気管支からなる下部気道に分けられる．肺は肺胞管，肺胞嚢，肺胞より構成される．縦隔は胸腔内の中央に位置し，前は胸骨，後ろは胸椎，左右は胸膜腔で囲まれた部分をいう．

1）鼻　腔

鼻腔は鼻中隔により左右に分かれ，甲介により背鼻道，中鼻道，副鼻道の三つの鼻道とそれらの合流部である総鼻道に分けられる．左右の鼻腔は後方で合流して咽頭へ連絡される（図1-1）．鼻腔の周囲には副鼻腔があり，犬と猫では前頭洞，上顎陥凹，蝶形骨洞がある．

2）咽頭，喉頭

咽頭は鼻腔から連絡する咽頭鼻部，口腔から連絡する咽頭口部および両方の合流する咽頭喉頭部からなる．咽頭鼻部と咽頭口部の間には軟口蓋が位置する．咽頭鼻部には三つの開口部（後鼻腔，咽頭内口，

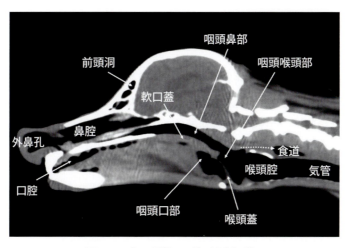

図1-1　犬の頭部CT傍正中断面像．

耳管咽頭口）が存在する．咽頭後頭部からは食物の通路である背側側の食道と空気の通路である腹側側の喉頭へ交通する（図 1-1）．

喉頭は気管の入口で，喉頭蓋軟骨，甲状軟骨，輪状軟骨および披裂軟骨により形成される．喉頭は気道としての役割に加え，声帯の収縮と声帯への空気の通過を介した発声器としての役割をもつ．喉頭蓋は嚥下の際に喉頭入口をおおうことで誤嚥を防止する．声帯は喉頭腔を閉じることで誤嚥防止にも関与する．

3）気管と気管支

気管は頚部の上部では食道の腹側に位置し，頚部下方への走行に伴い食道の右側に偏位し，胸郭内では再び食道の腹側に位置する．気管は心基底部背側で左右の気管支に分かれる．気管支は肺内に入り，導管部である葉気管支，区域気管支，再気管支と分岐し，終末再気管支となる．さらに末梢に進むと，ガス交換部である呼吸再気管支，肺胞道と分岐し，最後は肺胞につながる．気管は U 字型の気管軟骨部と背側の膜性壁で構築され，気管軟骨は圧迫による変形を防ぎ，気管筋は気管の径を調節する．

4）肺

肺は左右に分かれる．左肺は前葉前部，前葉後部および後葉，右肺は前葉，中葉，後葉および副葉の総計 7 葉に分かれる．各葉の間には深い葉間裂があり，肺葉捻転が起こる要因となる．左右の肺後葉には肺間膜があり，後葉は縦隔に固定されている．右肺は左肺より大きいため，吸引が強く，右気管支へ異物が侵入しやすい．気管，肺動脈，肺静脈が肺に入る部分を肺門といい，その周囲には気管気管支リンパ節が存在する．肺は食道や心臓等の臓器をおおっているが，心臓の一部は肺の腹側縁にある心切痕から直接胸壁に接する（第四〜五肋間の腹側）ため，心膜穿刺の部位に使用される．

5）縦隔，胸膜腔

縦隔には，肺を除く胸腔内臓器の心臓，大血管，気管，食道等が入っている．気管，気管支や肺胞の損傷による空気の漏れは縦隔気腫の要因となる．胸膜腔とは，肺をおおう臓側胸膜と胸壁内側をおおう壁側胸膜の間をいい，胸膜からの分泌液は周囲の摩擦を軽減している．しかし，肺炎や肺のうっ血により胸膜腔に胸水が過剰に貯留すると，肺は圧迫され，呼吸不全に陥る．

2．微細構造

1）鼻　腔

鼻腔は内側から粘膜上皮および下層の粘膜固有層からなり，粘膜固有層には鼻腺（混合腺）と静脈叢が存在する．鼻腺は異物の排泄に関与し，静脈叢が損傷を受けると鼻出血が起こる．

2）咽頭，喉頭

喉頭は内側から粘膜，粘膜固有層，筋肉，軟骨および結合組織により構成される．喉頭蓋，披裂喉頭蓋襞および声帯襞の粘膜は重層扁平上皮，その他は偽重層円柱上皮でおおわれている．粘膜固有層には結合組織内に弾性線維があり，弾性線維性の靱帯（室靱帯，声帯靱帯）は発声の調節に関与する．その下層は喉頭筋，声帯筋（横紋筋），喉頭軟骨および疎線維性結合組織の外膜で構成されている．

3）気管，気管支，細気管支

気管は，軟骨部では内腔から粘膜上皮，粘膜固有層，粘膜下組織，線維筋軟骨層（気管軟骨）および外膜の順に構成されている．膜性壁では軟骨を欠き，粘膜，粘膜下組織および気管平滑筋からなる．

気管支は分岐に伴い軟骨，筋および腺が減少していくが，区域気管支までは組織構成の基本が備わっている．気管と気管支の粘膜上皮は偽重層線毛円柱上皮であり，線毛細胞，杯細胞，微絨毛上皮細胞，

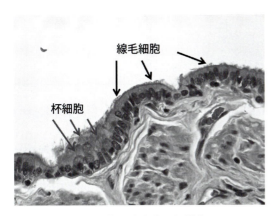
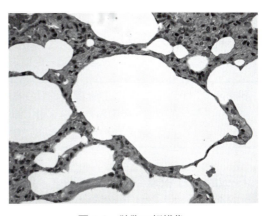

図 1-2　気管支上皮の組織像.　　　　　　　　図 1-3　肺胞の組織像.

小顆粒細胞および基底細胞が存在する（図 1-2）．粘膜固有層にはリンパ小節とリンパ球が存在し，アレルギー反応に関与する．粘膜下組織には気管腺および気管支腺（混合腺）が存在する．

　細気管支では粘膜の縦走襞が発達し，クララ細胞が出現する．粘膜固有層は豊富な弾性線維からなり，粘膜下組織では腺がなく，気管支軟骨も欠く．終末細気管支では粘膜上皮は単層線毛細胞と無線毛細胞からなり，呼吸細気管支の移行部では無線毛細胞であるクララ細胞はサーファクタント（表面活性物質）を分泌する．

4）肺　胞

　肺胞の構造は嚢状で，肺胞壁は肺胞中隔，肺胞孔，毛細血管，肺胞上皮等から構成される（図 1-3）．肺胞上皮細胞は扁平肺胞上皮細胞（1 型肺胞上皮細胞）と大肺胞上皮細胞（2 型肺胞上皮細胞）の 2 種類からなる．ガス交換は毛細血管の内皮細胞と 1 型肺胞上皮細胞の間で両細胞の基底膜（血液 - 空気関門）を介して行われる．2 型肺胞上皮細胞は表面活性剤を分泌して表面張力を低下させ，肺の拡張に関与している．肺胞大食細胞（塵埃細胞）は空気中の粉塵を貪食する．

3．肺循環と気管支循環

　肺の血流は肺動脈と静脈の肺循環系および気管支動脈と静脈の気管支循環系の二つの循環系からなり，肺循環は肺毛細血管を灌流してガス交換に関与し，気管支循環は気道と肺への血流を供給する役割がある．

1）肺循環

　右室流出路を出た主肺動脈は左右に分岐し，肺胞周囲の毛細血管網に静脈血を送る．この毛細血管網はガス交換とアンジオテンシン I から II への変換酵素の産生に関与する．ガス交換後の酸素の豊富な動脈血は，肺静脈を介して左心房へ送られる．肺門部では気管支の頭外側に肺動脈，尾内側に肺静脈が走行する．

2）気管支循環

　気管支食道動脈から分岐した気管支動脈は気管支に沿って走行し，肺組織に入った後，組織に酸素と栄養を供給する．気管支動脈の血液は肺胞周囲の毛細血管網で肺動脈と合流し，肺静脈へ流入する．気管支静脈は肺門部周辺からの静脈血を奇静脈と肋間静脈へ送る．

36　　第 1 章　呼吸器の構造と機能，呼吸器疾患の症状

1-2　呼吸器の機能

> 到達目標：呼吸器のガス交換と呼吸調節の機構を説明できる．
> キーワード：呼吸筋，呼吸運動，換気量，肺容積，肺胞内圧，肺コンプライアンス，ガス交換，
> 　　　　　　換気調節，動脈血血液ガス，呼吸運動，酸素，二酸化炭素

1.　呼吸筋と呼吸運動

　呼吸運動は骨格筋で随意筋である肋間筋（内肋間筋と外肋間筋）と横隔膜（胸腔と腹腔を隔てる筋と膜）の運動による．安静時では一般に吸入は能動的に，呼出は受動的に行われる．運動中や呼吸器疾患時には能動的な呼出が起こる．主要な吸息筋は横隔膜神経により支配される横隔膜であり，その他，外肋間筋，胸骨と頭部を結合する筋肉群や外転筋が含まれる．呼息筋には腹筋群と内肋間筋が含まれる．吸気時には横隔膜が収縮して後方へ下がり，外肋間筋が収縮して胸郭を広げることにより，肺が拡張する．呼気時には横隔膜と外肋間筋が弛緩し，肺が収縮する．強い呼出の際には内肋間筋の収縮も起こる．このため，長期の呼気性呼吸困難では肋間筋が発達し，肋間の筋肉隆起がみられる．

2.　肺の換気量

　肺の換気量は 1 回換気量と呼吸数により決められる．正常動物の 1 回換気量は約 10 〜 20 mL/kg であり，総分時換気量は 200（170 〜 350）mL/kg/ 分である．呼吸数は犬で 10 〜 30 回 / 分，猫で 12 〜 40 回 / 分である．正常状態では呼吸数が少なくても 1 回換気量が十分であれば，逆に 1 回換気量が少なくても呼吸数が多く総分時換気量が確保されていれば，問題にならない．ただし，気道には「死腔」と呼ばれるガス交換に関与しない部分がある．肺胞換気量は 1 回換気量から死腔気量を引いた量である．病的状態での浅速呼吸は深呼吸に比べ，総分時換気量が同様でも肺胞分時換気量が低下するため，換気が不十分となる．

3.　肺・胸郭系の圧と容積関係（コンプライアンス）

　胸腔内圧は吸気と呼気時のいずれも大気圧より低く保持されている．胸腔内陰圧は呼気時に−2 〜 −4 cmH$_2$O 程度で，吸気時に胸腔が拡大すると−4 〜−10 cmH$_2$O と強まる．吸気では肺が膨張し，肺容積を増すと肺胞内圧が陰圧になる．呼気では肺が収縮し，肺容積を減少し，肺胞内圧が陽圧になる．肺には弾性収縮力があるが，筋肉がないため自律的に肺を膨張できない．肺の換気は肺容積，肺弾性，肺コンプライアンス（伸展性），気流速度および気管抵抗に影響される．肺コンプライアンスは大型動物が小型動物に比べ小さく，成熟動物が新生子に比べ小さい．

4.　肺胞におけるガス交換

　呼吸器の主な機能は肺のガス交換である．肺胞は肺毛細血管に囲まれ，肺胞上皮と血管内皮の薄い組織間を介して拡散により代謝に必要な酸素（O$_2$）を取り入れ，代謝により生じた二酸化炭素（CO$_2$）を排泄する．肺胞内の酸素分圧は約 100 mmHg である．肺胞におけるガス交換後の肺静脈血の酸素分圧は約 95 mmHg であり，肺胞酸素分圧より低い．これはガス交換に関与しない肺毛細血管が一部あるた

めで，肺循環における右−左短絡（シャント）と呼ばれる生理的な現象である．長時間にわたりガス交換がなされない肺胞領域がある場合には，肺胞が萎縮し，肺胞虚脱が起こり，換気 - 血流比不均衡の原因となる．吸気と呼気のガス分圧は，吸気がおおよそ O_2 159 mmHg，CO_2 0.3 mmHg，呼気が O_2 116 mmHg，CO_2 32 mmHg，肺胞気が O_2 100 mmHg，CO_2 40 mmHg であり，呼気は気道内の空気混合のため肺胞気に比べ高 O_2・低 CO_2 となっている．肺のガス交換は代謝率により変化し，酸素消費量は激しい運動時には数十倍に増加する．

5. 肺の換気と動脈血液ガス・酸−塩基平衡

1）換気と血液ガス

肺の換気調節は，二酸化炭素分圧の変動に対して速やかに応答するため，CO_2 量の変化が重要な因子となる．重炭酸 - 炭酸緩衝系は Henderson-Hasselbalch の式により，$pH = 6.1 + \log([NaHCO_3^-]/[CO_2])$ の関係式で成り立っている．PCO_2 と pH を測定すれば $[HCO_3^-]$ が算出され，酸 - 塩基平衡の指標になる．動脈血 CO_2 分圧（$PaCO_2$）は肺胞の換気を直接的に反映する．$PaCO_2$ が正常値より高い場合は低換気による CO_2 の排泄低下が主因であり，逆に $PaCO_2$ が低い時は過換気が主因である．換気不全では CO_2 が蓄積し，H^+ 濃度の増加が起こり，逆に過換気は CO_2 排泄を促進し，H^+ 濃度の低下が起こる．動脈血酸素分圧（PaO_2）は低換気により減少するが，酸−塩基平衡には関与しない．健康動物の動脈血ガス分圧は犬で PaO_2 90（85 〜 100）mmHg，$PaCO_2$ 35（30 〜 40）mmHg，猫で PaO_2 106（85 〜 126）mmHg，$PaCO_2$ 33（29 〜 37）mmHg であり，犬の静脈血ガス分圧は PvO_2 46 〜 50 mmHg，$PvCO_2$ 37 〜 44 mmHg 程度である．犬の動脈血 pH は 7.37（7.31 〜 7.42）である．

2）換気と酸−塩基平衡異常

酸−塩基平衡の一次性異常は呼吸性アシドーシス，呼吸性アルカローシス，代謝性アシドーシスおよび代謝性アルカローシスの四つに分類される．二つ以上の一次性異常が同時に起こることもある（混合性酸 - 塩基異常）．肺の換気異常が原因で血中 CO_2 の増減を一次性因子とする場合は呼吸性といい，種々の原因で血中 HCO_3^- の増減が一次性因子となる場合には代謝性という．この一次性異常に対して，生体は pH の恒常性維持のために代償性変化を起こす．一般には一次性要因が呼吸性の場合は代謝性代償が働き，代謝性の場合は呼吸性代償が働く．呼吸性異常の診断には動脈血血液ガスの測定が必要である．①呼吸性アシドーシスは肺胞換気の低下が原因で起こり，$PaCO_2$ が上昇，血液 pHa が低下する．代謝性代償では腎臓での H^+ 排泄と HCO_3^- の再吸収が促進され，Cl^- が排泄される．CO_2 過剰は昏睡，発作，振戦，ミオクローヌス等を誘発しやすくする．②呼吸性アルカローシスは疼痛，興奮，ストレスのような中枢神経系の刺激，低酸素血症または代謝性アシドーシスに対する代償が原因で換気が亢進し，$PaCO_2$ が低下，血液 pHa が上昇する．代謝性代償では腎臓から HCO_3^- が排泄されるが，Cl^- は電気的中性を維持するために腎臓で保持されるため，血漿 Cl^- は上昇し，HCO_3^- は低下する．重度の呼吸性アルカローシスでは脳血流減少，血液酸素運搬能の低下，心拍出量減少，低血圧，頻拍，不整脈，失神，発作および知覚異常を起こす．

6. 呼吸運動の調節

1）呼吸中枢

呼吸リズムは主に延髄と橋により無意識的に制御されており，大脳や末梢受容器からの信号により調節される．

38   第 1 章　呼吸器の構造と機能，呼吸器疾患の症状

2）自律神経

交感神経刺激は気管平滑筋を弛緩させ，換気を促進する．副交感神経刺激は気管平滑筋を収縮させ，換気を低下させる．

3）化学的呼吸調節

肺胞換気による血液ガス分圧（O_2，CO_2）と pH の変化は中枢および末梢化学受容器（頸動脈小体，大動脈体）を介して肺の伸展を調節し，気道や肺血管の変化は機械受容器（肺伸展受容器，刺激受容器，傍毛細血管受容器）を介して換気を調節する．二酸化炭素の増加，アシドーシス，低酸素，発熱および運動は換気を促進する．

7. 血液による酸素と二酸化炭素の運搬

1）酸　素

肺胞からの拡散により血液に入った酸素は，赤血球内でヘモグロビン（Hb）と結合して HbO_2 となる．HbO_2 の O_2 は組織で放出され，Hb^- は H^+ と結合して緩衝される．$PaCO_2$ 上昇，pH 低下，PaO_2 低下および体温上昇は酸素解離を促進する（酸素解離曲線を右方へ移動する）．

2）二酸化炭素

組織からの CO_2 は拡散により赤血球内に入り，血液中 CO_2 の大部分は $CO_2 + H_2O \rightleftarrows H_2CO_3 \rightleftarrows H^+ + HCO_3^-$ の反応系により，炭酸脱水素酵素の作用で炭酸となり，次いで速やかに H^+ と HCO_3^- になる．HCO_3^- は赤血球内で飽和すれば血漿中に移動する．肺では CO_2 と H_2O になり，肺胞より CO_2 が排出される．

1-3　呼吸器疾患の症状と検査法

到達目標：呼吸器疾患の症状と検査法（聴診，打診）を説明できる．
キーワード：熱交換機能，加湿機能，除塵機能，気道径，C 線維，肺表面活性物質，鼻漏，咳嗽，
　　　　　　呼吸様式，呼吸困難，正常呼吸音，異常呼吸音，副雑音，胸部打診

1. 気道と肺の防御機構

呼吸器系はガス交換のほかに，体温調節，内因性・外因性物質の代謝，吸入物質（ガス・粉塵）および感染に対する生体防御の機能をもつ．

1）熱交換機能

上部気道，特に鼻腔は鼻中隔と甲介により狭くて細い空間の鼻道を形成し，その粘膜には毛細血管網が発達しているため，熱交換機能の役割をもつ．体温より低い外気温は吸気時に鼻腔を通過する間に粘膜から熱を受け，体温に近くなる．外気温が高温の場合でも鼻腔を通過する間に吸気が体温に近くなる．この機構は正常な肺の機能維持や体温調節に役立っている．

2）加湿機能

吸気が気道を通過する際には加湿が行われ，気道と肺の乾燥を防いでいるとともに，細菌感染に対する抵抗力にも役立っている．

3）除塵機能

気道粘膜表面は鼻腺，気管腺，気管支腺，杯細胞から分泌された粘液物質でおおわれており，気道粘膜の線毛上皮細胞は波動運動により咽頭部へ粘液を移動させ，痰として排出する．吸気中の塵粒子は，気道粘膜に捕捉され，線毛上皮細胞の波動運動により移動し，排泄される．

4）肺の免疫機構

肺胞には粘液線毛系がないため，肺胞内異物はマクロファージにより貪食され，リンパ管や血液中に入り肺から除去されるか，細気管支に移動し，粘液線毛系を介して排泄される．好中球にも食作用がある．マクロファージはリソソーム中の酵素により細菌を破壊する．マクロファージに貪食された毒性粒子や大粒子は肺に蓄積し，塵肺や肺線維症の要因となる．また，好中球より産生される活性酸素，好酸球より産生されるコラゲナーゼやエラスターゼ等は組織傷害の因子となる．

2. 気道と肺の代謝機能

1）気道径の調節

気管・気管支から肺胞管には平滑筋が存在し，平滑筋刺激に反応して気道径が調節される．副交感神経のコリン作動性神経刺激は放出されたアセチルコリンが細胞膜のムスカリン受容体への結合を介して平滑筋を収縮させ，気道を狭窄させる．逆に，交感神経のアドレナリン作動性神経刺激はノルアドレナリンが β_2 受容体への結合を介してサイクリック AMP とプロテインキナーゼ A 産生を増加させ，気道平滑筋を拡張させる．

2）C線維

気管支と肺胞壁には C 線維が多く分布している．知覚神経の C 線維の刺激は軸索反射を介して神経終末から神経ペプチド（サブスタンス P，カルシトニン遺伝子関連ペプチド，ニューロキニン A 等）を放出し，平滑筋収縮による気管支収縮，血管拡張，血管透過性亢進による浮腫と粘膜腫脹，気道粘液分泌亢進，肥満細胞活性化によるヒスタミン遊離等の作用を示す．気道過敏症では C 線維の感受性が亢進している．

3）表面活性物質

肺胞の内面は肺胞 II 型上皮細胞から分泌される肺表面活性物質（サーファクタント）でおおわれており，この物質が肺の表面張力を減少させ，肺胞の拡張を容易にしている．この表面活性物質は約 90 % のリン脂質（ジパミルトイルホスファチジルコリン等）と約 10 % の蛋白質で構成されている．何らかの原因により肺表面活性物質の産生が抑制されると，肺のガス交換が広範囲に障害され，著しい呼吸困難が起こる．新生子呼吸窮迫症候群はその一つとして知られる．

4）アンジオテンシン変換酵素（ACE）

ACE は生理的に肺の血管内皮細胞で産生・放出され，血圧調節に関与している．ACE はアンジオテンシン I をアンジオテンシン II に変換するとともに，ブラジキニンの不活性化に関与する．血清 ACE 活性の低値は呼吸器疾患における肺血管床の減少や機能不全を示唆する．

3. 鼻　漏

鼻漏とは鼻腔内から鼻汁が鼻腔外に排泄される状態をいう．鼻漏が片側性か両側性かの観察，鼻汁の色調（無色透明，白色，灰白色，黄赤色，褐色），性状（粘稠性，泡沫性，偽膜性，化膿性，出血性）および排泄量の検査は，疾患の診断と鑑別に重要である．両側性で無色透明の非粘稠性（漿液性）鼻汁

40 第1章 呼吸器の構造と機能，呼吸器疾患の症状

はウイルス性，真菌性，寄生虫性，アレルギー性鼻炎等の気道の急性炎症の初期によくみられる．その後，炎症による粘液性鼻漏や細菌感染による化膿性鼻漏となる．粘液性鼻漏は鼻粘膜の杯細胞からの粘液分泌によるため蛋白質が豊富である．片側性で白色の粘稠な鼻漏は鼻腔および副鼻腔の蓄膿症にみられる．血様性鼻漏は腫瘍，真菌・細菌性鼻炎，異物，歯牙疾患等により起こる．診断には細胞診，生検，血液凝固系・血清学的検査，培養と感受性検査，内視鏡・気管支鏡検査，X線・CT・MRI検査等を実施する．

4. 咳 嗽

咳は気道内異物や分泌物を除去するための生体防御反応の一つである．

1) 咳嗽反射

気道（気管・気管支，咽喉頭，鼻腔・副鼻腔），胸膜，心膜，縦隔，横隔膜等に存在する咳受容体への刺激は求心性神経を介して延髄の咳中枢に伝達される．肺実質と呼吸細気管支には咳受容体がない．咳中枢からは遠心性神経を介して声帯，肋間筋，横隔膜，腹筋等へ刺激が伝えられ，声門閉鎖と呼吸筋収縮により胸腔内圧が上昇，肺内空気が急激に呼出され，咳が発生する．原因には，①機械的刺激（咽喉頭，気管，気管分岐部，気管支，葉気管支への塵，埃，異物による刺激および心拡大，縦隔腫瘍，肺腫瘍等による気管・気管支への圧迫刺激），②化学的刺激（刺激性ガスの吸引による主に葉気管支より末梢の気管支への刺激），③温度刺激（主に冷気の吸入刺激），④炎症性刺激（気道粘膜の充血，浮腫等による刺激）がある．

2) 咳のタイプ

咳は乾性咳嗽（から咳）と湿性咳嗽に分けられる．①乾性咳嗽は気道分泌物を伴わない乾いた咳をいい，急性気道炎，気管虚脱，刺激ガス吸引，左房拡大等でみられる．②湿性咳嗽は気道分泌物を伴う湿った咳をいい，慢性気管支炎，気管支肺炎，肺水腫等でみられる．

3) 咳嗽の検査

咳の頻度，強さ，疼痛の有無および喀痰の性状と細胞等を調べる．

5. 呼吸様式

1) 胸式呼吸と腹式呼吸

呼吸は肋間筋と横隔膜の運動により行われ，生理的には胸式呼吸（肋間筋による胸郭運動）と腹式呼吸（横隔膜の運動）の両方で行われる．胸部疾患時には腹式呼吸が強くなり，腹部疾患時には胸式呼吸が強くなる．正常な犬と猫の吸気と呼気時間はほぼ等しいか，若干呼気時間が長い．

2) 呼吸数の異常

呼吸数と1回換気量（深さ）の違いにより，頻呼吸（呼吸促拍），徐呼吸（呼吸遅徐），浅速呼吸および深呼吸に分けられる．

3) 異常呼吸

チェーン・ストーク型呼吸，ビオー型呼吸，クスマウル型呼吸等があり，中枢神経系疾患，中毒，尿毒症，糖尿病の際によくみられる．①チェーン・ストーク型は呼吸中枢の低酸素症もしくは低酸素血症が起こり，動脈血 $PaCO_2$ の変化による呼吸深度の変動によるもので，周期的に呼吸と無呼吸を繰り返す．脳出血・脳梗塞・うっ血性心不全・重度肺炎等でみられる．②ビオー型はチェーンストーク呼吸と同様に周期的に呼吸と無呼吸を繰り返すが，一過性である．中毒，髄膜炎等でみられる．③クスマウル型は規則的に深い呼吸が連続する呼吸様式であり，糖尿病性ケトアシドーシス，尿毒症等にみられる．

6. 呼吸困難

呼吸困難は閉塞性と拘束性の二つのタイプに分類される.

閉塞性は，さらに吸気性，呼気性および吸気と呼気の混合性に分けられる．①吸気性は気道狭窄（鼻咽頭狭窄，軟口蓋過長症，喉頭麻痺，気管虚脱等），気管支炎，肺炎等で起こり，呼吸数の増加，吸気時の努力性延長，強い胸式呼吸，頭頚部伸長，鼻孔開大，開口呼吸，前肢開張姿勢，チアノーゼ等の症状がみられる．②呼気性は慢性の気管支・肺疾患，特に慢性の肺気腫等で起こり，二段呼吸を特徴とする．二段呼吸が長期にわたると肋間筋の発達により筋肉隆起がみられる．③混合性は各種呼吸器疾患で最も一般的にみられる呼吸困難であり，上記の混合性の臨床徴候がみられる.

拘束性は，胸腔疾患や肺水腫のような肺実質性疾患で起こり，浅呼吸や頻呼吸を特徴とする.

7. 正常呼吸音と異常呼吸音（副雑音）

聴診により喉頭，気管，気管支および肺胞音を聴取する.

1）正常呼吸音

正常な呼吸音としては，気管支呼吸音（CHの発音に似る）と肺胞性呼吸音（Fの発音に似る）が聴取される.

2）異常呼吸音

病的呼吸音としては，病態や疾患により以下のような異常音が聴取される．ラッセル音や胸膜摩擦音は副雑音と呼ばれる.

①肺音の減弱と消失：気管支狭窄・閉塞，肺気腫，胸水貯留，胸膜炎，胸壁の浮腫等で起こる.

②肺音の増強：呼吸困難，代償性肺胞呼吸，気道副音混合，肺充血，肺炎等で起こる.

③断続性呼吸音：急性胸膜炎，気管支肺炎等で起こることがある.

④振盪音（拍水音，振水音）：含気胸水や心囊水の貯留で聴取されることがある.

⑤ラッセル音：ラッセルは気管支炎や各種肺疾患に認められ，診断上重要である．その性状により以下に分けられる.

・湿性ラッセル：水泡音とも呼ばれ，気管支内分泌物の振動と気泡の破裂音による.

・乾性ラッセル：気管支内に付着もしくは遊離した粘稠塊状物の振動性有響音であり，音質により類鼾音，蜂鳴音，笛声音等がある.

・捻髪音：粘稠な分泌物が膠着した気管支壁が拡張する時に生じる音である.

⑥胸膜摩擦音：線維素性胸膜炎のように線維素性滲出物が肺胸膜と胸郭胸膜の両面に付着し，その摩擦により生じる.

8. 胸部打診

胸部の打診は病変部位の特定や性質を推察するのに役立ち，以下のような音が聴取される.

清音は，正常な肺野で空気が正常に満たされた時の共鳴音であり，「トントン」と聴かれる.

鼓音は，気胸，重度の肺気腫，肺空洞および気管支拡張では鼓を叩く音に類似した「ポンポン」という過共鳴音が聴かれる.

濁音は，無気肺，胸水貯留，肺腫瘍，重度肺水腫，横隔膜ヘルニア等では共鳴音が減少し，「ドンドン」と聴かれる．胸水貯留の場合には立位で水平濁音界が聴かれる.

《演習問題》（「正答と解説」は 178 頁）

問 1. 肺表面活性物質を分泌する細胞はどれか.

　　a．基底細胞

　　b．Ⅰ型肺胞上皮細胞

　　c．Ⅱ型肺胞上皮細胞

　　d．線毛細胞

　　e．杯細胞

問 2. 肺の換気を促進する要因はどれか.

　　a．動脈血二酸化炭素分圧の増加

　　b．動脈血酸素分圧の増加

　　c．血液のアルカローシス

　　d．体温の低下

　　e．代謝の低下

問 3. 咳受容体がないのはどれか.

　　a．鼻腔

　　b．咽喉頭

　　c．気管

　　d．気管支

　　e．呼吸細気管支

問 4. 湿性ラッセル音の内容として正しいのはどれか.

　　a．含気胸水や心嚢水の貯留で聴取される音である

　　b．水泡音とも呼ばれ，気管支内分泌物の振動と気泡の破裂による音である

　　c．気管支内に付着した粘稠塊状物の振動性有響音であり，音質により蜂鳴音，笛声音がある

　　d．粘稠な分泌物が膠着した気管支壁が拡張する時に生じる音である

　　e．線維素性滲出物が肺胸膜と胸郭胸膜の両面に付着し，その摩擦により生じる音である

第2章　上部気道疾患【アドバンスト】

一般目標：鼻・咽喉頭の疾患の原因，発生機序，症状，診断法と治療法を修得する．

2-1　上部気道の感染性疾患

到達目標：上部気道の感染性疾患の原因，症状，診断法と治療法を修得する．
キーワード：猫のウイルス性上部気道感染症，細菌性鼻炎，犬の鼻腔内アスペルギルス症

1. 猫のウイルス性上部気道感染症

【原　因】

猫のウイルス性上部気道感染症（feline viral upper respiratory disease）の原因として，猫カリシウイルス（feline calicivirus，FCV）と猫伝染性鼻気管炎ウイルス（FRV）と呼ばれている猫ヘルペスウイルス（feline herpes-virus，FHV）が知られている．幼猫でよく発症し，さらに集合飼育等によるストレス等が発症に起因していると考えられている．

【症　状】

FCV の主な症状は，口腔内，特に舌や口唇，鼻の潰瘍である．また，くしゃみ，結膜炎，鼻汁，眼脂等がみられる．幼若猫では跛行を示す場合もある．口腔内の痛みは流涎の原因となり，食欲にも影響する．一方，FHV でもくしゃみ，食欲減退，発熱，眼脂，鼻汁，流涎等が認められるが，これらの症状は明らかに FCV よりも重い．

【診　断】

基本的には症状をもとに診断する．鼻汁やくしゃみ等の呼吸器症状は FCV の方が FHV より軽い．FCV は1週間程度で改善に向かうが，FHV では2～3週間は症状が持続する．

咽頭あるいは結膜からのスワブを培養することによりウイルスを検出することができる．最近は PCRによる検出も可能となっている．

【治　療】

現在，効果的な治療法はなく，二次感染に対する抗菌薬の使用と支持療法が推奨されている．食欲を促進するためにジアゼパムを投与する方法もあり，他に経鼻胃カテーテルや PEG カテーテルの設置による栄養療法を考慮する．

2. 細菌性鼻炎

【原　因】

何らかの原因により細菌が鼻腔内に留まり感染し，炎症ならびに鼻腔内構造を侵食する疾患である．

【症　状】

粘液性あるいは膿性の鼻汁を外鼻孔から排出し，くしゃみや眼脂を伴うこともある．また，鼻腔の閉

44   第 2 章　上部気道疾患

鎖あるいは鼻甲介の破壊により嗅覚に影響が及ぶと食欲不振となる.

【診　断】

外鼻孔から排出する鼻汁の培養検査または PCR により，特定の細菌を同定することが可能ではあるが，例えば日和見感染のような場合では，その結果の臨床的価値については疑問がある．広域スペクトルを用いた経験的抗菌療法にて症状が改善されない場合は，基礎疾患を鑑別するために X 線，CT，MRI および内視鏡による画像検査ならびに組織病理学的検査が必要となる.

【治　療】

アンピシリン，セファロスポリン等，βラクタム系の抗菌薬やニューキノロン系抗菌薬のような広域スペクトルの抗菌薬を経口，鼻腔内または吸入投与する．*Bordetella* あるいは *Mycoplasma* が検出された場合，ミノサイクリン，ドキシサイクリン，クロラムフェニコール等が有効である．また，長期治療として滅菌生理食塩水，N-アセチルシステインのような粘液溶解剤を吸入させる．歯牙疾患による鼻炎では，罹患した歯牙を抜去することで早期の治癒につながる．食欲不振に対する栄養管理も重要である．再発することが多く，継続的な治療のための飼い主への説明が必要である.

3. 真菌性鼻炎

【原　因】

犬にみられる鼻腔内真菌症の主な原因菌として，国内では *Aspergillus* 属が最も多い．また，*Cryptococcus neoformans* の感染によるクリプトコックス症でも鼻炎がみられるが，犬ではまれで，主に猫に感染する．猫のクリプトコックス症は，多くが猫白血病ウイルス感染症，猫免疫不全ウイルス感染症による免疫機能低下の結果として感染すると考えられている．ここでは犬の鼻腔内アスペルギルス症について解説する.

【症　状】

犬の鼻腔内アスペルギルス症は若齢から中年齢の長頭種での発症が多く，その症状は膿性の鼻汁排泄，くしゃみ，逆くしゃみ等である．これらの症状が半年以上の長期にわたり持続し，悪化して鼻出血を呈する．さらに，アスペルギルスの感染が篩骨甲介を超えて頭蓋内に及び脳神経系を侵襲すると，発作や麻痺のような神経症状を示すようになる．これらの症状は鼻腔内アスペルギルス症に特有ではなく，他の鼻腔内疾患，例えば鼻腔内腫瘍でもみられる.

【診　断】

身体検査や血液検査に特異的所見はなく，好中球増加症や単球増加症，高グロブリン血症等の慢性感染症の所見が見られる．*Aspergillus* 属に対する免疫血清学的検査が可能であるが，結果が陰性でも本症を否定することはできない．また，犬の外鼻孔から採取した鼻汁スワブの培養によるアスペルギルスの検出率は 20％未満と低く，この種の微生物学的検査について臨床的な診断価値は高くない．一方，内視鏡によって鼻腔内の真菌塊を採取できたならば，その培養検査結果は確定診断として価値が高く，抗真菌薬の感受性試験にも使用できる.

【治　療】

治療には抗真菌薬を経口投与あるいは鼻腔内投与する.

第 2 章　上部気道疾患　　45

2-2　上部気道の非感染性疾患

到達目標：喉頭麻痺等の上部気道の非感染性疾患の原因，症状，診断法と治療法を説明できる．
キーワード：短頭種気道症候群，アレルギー性鼻炎，鼻腔内腫瘍，鼻腔内異物，喉頭麻痺

1.　短頭種気道症候群

【原　因】

短頭種気道（閉塞）症候群〔brachycephalic airway（obstructive）syndrome〕は犬と猫の短頭種に特徴的な外鼻孔から気管にわたる解剖学的な構造異常により，主に上部気道が閉塞する疾患である．犬ではイングリッシュ・ブルドック，パグ，ボストン・テリア，猫ではヒマラヤン，ペルシアンで好発する．

【症　状】

ガチョウの鳴声のような特徴的な呼吸音や上部気道の閉塞を疑わせる吸気性努力性呼吸が認められる．運動時あるいは興奮時には十分な換気量が得られなくなり，窒息し呼吸困難や失神を呈するようになる．また，上部気道は体温調節器官として機能することから，本症により熱中症になりやすい．さらに，吸気性努力性呼吸困難の状態が長くなると，胸腔内圧の過度の低下に起因する非心原性の肺水腫（negative-pressure pulmonary edema）を引き起こすこともある．

【診　断】

品種，鼻鏡部の外貌および呼吸異常の状態から診断する．他の上部気道疾患との鑑別診断あるいは合併症の有無を調べるために，頭部 CT あるいは MRI 検査，鼻腔内内視鏡検査が必要となる．

【治　療】

症状が軽い場合は鎮静，酸素吸入，冷却等の対症療法により一時的に症状の改善を得ることができるが，重症の動物では上部気道の外科的な矯正が必要である．若齢期に外鼻孔を拡大矯正することにより，この疾患を長期的に予防することができる．

2.　アレルギー性鼻炎

【原　因】

犬と猫の慢性鼻炎では，好酸球ではなくリンパ球あるいは形質細胞が鼻粘膜に浸潤しているため，アレルギー性鼻炎の定義については議論の余地がある．最近では，これらの病態をリンパ球形質細胞性鼻炎と呼んでいる．

【症　状】

くしゃみ，水様性または粘液，膿性の鼻汁の排出あるいは後鼻漏による咳嗽等である．

【診　断】

アレルギー性皮膚炎のような犬アトピー性皮膚炎あるいは食物アレルギー等を鑑別するための環境抗原誘発試験のような指針はない．ステロイド治療の反応や飼育環境の改善あるいは隔離により呼吸器症状が改善するか否かで診断する．

【治　療】

環境清浄の他，ステロイド治療あるいはロイコトリエン拮抗薬等の内服または吸入等で様子をみる．

呼吸循環器病学

再発を繰り返すならば，他の疾患との鑑別のために頭部 CT あるいは MRI 検査，鼻腔内内視鏡検査を考慮する．

3．鼻腔内腫瘍

【原　因】

鼻腔内に発生する腫瘍の多くが悪性腫瘍であり，犬では腺癌，扁平上皮癌，軟骨肉腫，線維肉腫が，猫では悪性リンパ腫が多い．

【症　状】

症状は腫瘍の大きさにより様々であるが，一般的に鼻汁やくしゃみ，逆くしゃみ等，慢性鼻炎の症状から始まり，その後，鼻出血，鼻閉，いびき等を呈するようになる．大きな腫瘍は鼻腔外へ増殖するため，鼻骨や眼窩等の骨破壊を起こし，顔面が腫脹あるいは変形し，眼球が突出または変位する．また，腫瘍が篩骨甲介を侵食すると，嗅神経の破壊により嗅覚が失われるため食欲が減退し，さらに進行すると頭蓋内へ腫瘍が浸潤し，最終的に発作や運動失調，痙攣等の神経症状を呈する．

【診　断】

頭部 X 線検査，CT あるいは MRI 検査，鼻腔内内視鏡検査により鼻腔内における軟部組織の増殖あるいは鼻腔内構造の破壊像を確認し，その病変部に対し外鼻孔からサイトブラシ，ストロー，内視鏡用鉗子，生理食塩水のフラッシュ，また鼻咽頭道から内視鏡を使用して得られた生検標本を細胞診あるいは組織診断する．

【治　療】

美容上の問題と十分なマージンを得るための外科的切除が難しいことから，鼻腔内腫瘍（nasal tumor）では鼻出血あるいは鼻閉等による症状の改善，延命を目的とした腫瘍の縮小手術，放射線療法あるいは化学療法が主体となっている．

4．鼻腔内異物による鼻炎

【原　因】

ノギや木の先端等を外鼻孔から吸入するか，口に入れた食物等を咳反射により鼻咽頭道内につまらせる等，鼻腔内異物（nasal foreign body）による炎症や感染症が原因で鼻炎を発症する．

【症　状】

異物の吸引直後は，鼻を擦り，連続性のくしゃみや鼻汁排泄を示すが，そのようなしぐさや症状の変化に気がつかない場合が多く，他の鼻炎と同じ症状となる．

【診　断】

問診によりしぐさや症状の変化がみられ始めた時における状況，例えば草むらの散歩中，何らかの異物を口にした等が把握できれば，本症を疑う．鑑別ならびに確定診断のためには，頭部 X 線検査，CT あるいは MRI 検査，鼻腔内内視鏡検査により，鼻腔あるいは鼻咽頭道に留まる異物を検出する．なお，X 線透過性物質や無機物，微小粒子，移動性のある異物の場合，これらの検査ではみつけられない場合がある．このような場合は診断と治療を目的に外科的な手段を用いる．

【治　療】

異物を確認できたならば，大きさにもよるが内視鏡下にて生検鉗子等で把持し排除するか，生理食塩水等で外鼻孔からフラッシュし，喉頭前まで押し出す．必要であれば外科的に異物を摘出する．

5. 喉頭麻痺

【原　因】

遺伝的素因，甲状腺機能低下症あるいはミオパチー，ニューロパチー等による喉頭神経の機能不全や喉頭筋へ分布する神経の遮断により生じると考えられている．披裂軟骨や声帯襞が吸気時に開かなくなり，麻痺が進むと気道内へ変位して気道が閉塞し，喘鳴を示す．

【症　状】

喘鳴や運動不耐性から始まり，気道が閉塞すると呼吸困難，チアノーゼ，失神，虚脱を呈する．喘鳴音の大きさは病態すなわち麻痺の程度には無関係で，むしろ喉頭の浮腫や炎症の悪化を示唆する．涎や食べ物をうまく飲み込めないと咳嗽を呈し，さらに誤嚥性肺炎の原因となる．

【診　断】

肉眼あるいは喉頭鏡により披裂軟骨および声帯ヒダが正常な位置で機能しているかを観察する．片側性麻痺の場合では呼吸周期に従い左右の披裂軟骨の外転運動の動きに差が認められる．両側性喉頭麻痺の場合は吸気時に気道内へ披裂軟骨が引き込まれ中央部へ移動し，開くはずの気道が逆に閉鎖する．犬の大きさにもよるが，これらの喉頭の運動を無麻酔下で超音波検査により評価する方法もある．また，呼吸抑制作用のある麻酔剤を使用して喉頭の動作を評価する場合は，呼吸促進剤である塩酸ドキサプラムの投与が必要である．

原因に対する鑑別診断は治療方針を決定するために重要であり，喉頭の他の神経や筋に症状が起きていないかをみる神経検査や筋電図検査を行う．胸部X線検査では筋無力症を診断するために前縦隔腫瘍，巨大食道症，誤嚥性肺炎を合併あるいは続発していないかを精査する．また，血液検査では甲状腺機能低下症，自己免疫疾患，糖尿病，中毒症を除外診断する．

【治　療】

症状によるが，軽度であれば姑息的治療あるいは原因に対する内科療法を考慮する．姑息的治療としては喉頭の浮腫ならびに炎症に対し，プレドニゾロンやデキサメタゾンを投与する．また，呼吸症状の悪化時には酸素吸入を行う．症状の改善が認められない場合や重篤な呼吸困難を呈している動物では喉頭形成術，部分的喉頭切除術，気管切開術が実施される．

《**演習問題**》（「正答と解説」は 178 頁）

問 1.　上部気道疾患の記述で正しいものはどれか．

a．猫のウイルス性上部気道感染症は，猫カリシウイルスが唯一の原因ウイルスである．

b．細菌性鼻炎に罹患した動物では無色透明な水様性の鼻汁が排出される．

c．アスペルギルスによる真菌性鼻炎では鼻腔内の構造物がなくなり空洞状態となる．

d．ケンネルコフすなわち伝染性気管気管支炎では喉頭炎は生じない．

e．短頭種気道（閉塞）症候群の発症原因の一つにジステンパーウイルスの感染がある．

問 2.　上部気道疾患の記述で正しいものはどれか．

a．短頭種気道（閉塞）症候群は犬の病気であり，猫では発症しない．

b．アレルギー性鼻炎では粘液性あるいは膿性の鼻汁が排出する．

c．犬の鼻腔内腫瘍では悪性リンパ腫の発生率が最も高い．

48 第2章 上部気道疾患

d．草や木の破片が鼻腔内に留まり鼻炎となることがある．

e．歯牙疾患により鼻炎となるが出血することはない．

第3章 　気管と気管支の疾患【アドバンスト】

一般目標：気管と気管支疾患の原因，発生機序，病態生理，症状，診断法と治療法を習得する．

3-1 　気管・気管支炎

到達目標：気管支炎を説明できる．
キーワード：気管・気管支炎，犬伝染性気管気管支炎，犬の慢性気管支炎

1. 気管・気管支炎（犬伝染性気管気管支炎）

【病態および原因】

各種ウイルス，細菌，マイコプラズマの感染で発生する．また，寒冷感作，塵，埃，エアロゾル，アレルゲンの吸入による気道刺激も原因となる．

犬伝染性気管気管支炎は，主に若齢犬において発症する急性で伝染性の強い呼吸器感染症であり，「ケンネルコフ」とも呼ばれている．犬伝染性気管気管支炎の発症は，犬パラインフルエンザウイルス，気管支敗血症菌（*Bordetella bronchiseptica*），アデノウイルス2型およびマイコプラズマの単独および複合感染が原因となる．伝染は鼻汁とくしゃみ等の飛沫感染による．

【症　状】

発咳を主徴とし，初期には乾性であり，漿液性鼻汁と微熱がみられることもある．二次感染や長期化すると湿性の発咳に変化する．重症化すると気管支肺炎に進行し，粘液性・膿性鼻漏と吸気性呼吸困難症状を呈する．

【診　断】

臨床徴候，ラッセル音の聴取，病勢，分泌物の性状により診断する．犬伝染性気管気管支炎では年齢，ワクチン歴，導入経路，感染犬との接触等の情報も診断の一助になる．X線検査では気管支パターン像を認めることがある．

【治療および予防】

適切な環境下で安静にし，難治性の場合には抗菌薬，気管支拡張薬，鎮咳薬を投与する．噴霧療法（抗菌薬と気管支拡張薬等を含有）も有効である．伝染性の場合には感染疑いの犬との接触を避ける．

2. 犬の慢性気管支炎

【病態および原因】

アデノウイルス2型，パラインフルエンザウイルス，マイコプラズマ，*Bordetella bronchiseptica*，*Escherichia coli*，*Pasteurella* spp.，*Streptococcus* spp.，*Staphylococcus* spp. 等の感染，塵，埃，エアロゾル等の吸入による気道刺激が原因となり，慢性化することによって気管支腺細胞の過形成，線毛上皮の扁平上皮化生，気管支粘膜の細胞浸潤，充血および肥厚等が起こり，気管気管支に粘調性のある粘液

膿性物質の過多を生じる．気道径は狭窄もしくは閉塞し，気道抵抗が増加することにより低酸素血症の悪化を招く．さらに進行すると，換気〜血流不均衡と低酸素による赤血球増加症，肺動脈血管収縮による肺高血圧症，次いで肺性心へと進行する．

【症　状】

慢性的な乾性または湿性の発咳を主徴とし，重症では頻呼吸，チアノーゼ，運動不耐性，失神等がみられる．吸気性呼吸困難の症状に加えて，慢性化による呼気性喘鳴音の聴取や呼気性努力呼吸がみられることもある．

【診　断】

臨床徴候，病勢，湿性ラッセル音の聴取，X線検査での気管支パターンおよび間質パターン像により診断する．追加検査として，気管支肺胞洗浄液検査による炎症性細胞（好中球）もしくは細菌の存在，気管支内視鏡検査による膿性粘液の存在，気道粘膜の充血・不整，浮腫，末梢気道の粘液栓と虚脱等の確認は有用である．細菌感染が疑われる時には気管支肺胞洗浄液を用いて菌の同定と細菌感受性試験を実施する．

【治　療】

気道閉塞と炎症の軽減，発咳の抑制および感染治療を目的として，去痰薬，抗炎症薬，気管支拡張薬および抗菌薬を選択して投与する．

3-2　アレルギー性疾患

到達目標：猫の喘息等のアレルギー性疾患を説明できる．
キーワード：猫喘息，アレルギー

1．猫喘息

【病態および原因】

気道へのアレルゲン（芳香剤，煙，スプレー，香水，花粉，ハウスダスト等）吸入により免疫細胞のアレルゲン特異的活性化が起こり，サイトカイン産生と特異的IgE産生が促進される．気道の上皮は肥厚，異形成，びらんを呈し，気管支粘膜と粘膜下織への炎症性細胞と好酸球浸潤および杯細胞と腺の肥大により，気道の感受性亢進，浮腫および粘液性物質の産生亢進が起こる．気管支平滑筋の攣縮が誘発され，発咳と呼吸困難が生じるとともに，気道径の狭窄は呼気の努力性呼出を起こす．慢性的な炎症と閉塞が重症化すると，肺の弾性支持構造の喪失により肺気腫，気管支拡張が起こる．本疾患は猫アレルギー性喘息，猫アレルギー性気管支炎，猫好酸球性気管支炎とも呼ばれる．

【症　状】

急性型と慢性持続型に分けられる．発作性の発咳，頻呼吸，呼気性喘鳴および呼吸困難が特徴的な症状である．生命に危険性のある急性型では喘息発作の重責が起こり，頚部伸長，開口呼吸，チアノーゼが顕著にみられる．

【診　断】

臨床徴候，病勢，X線検査での気管支パターン，間質パターン像および肺葉の虚脱像，血液検査での好酸球増加症，気管支肺胞洗浄液検査での好酸数増加により診断する．ただし，血中の好酸球増加症は

みられないこともあるため，総合的な評価が重要である．鑑別診断としては肺炎（感染性，誤嚥性），肺水腫，腫瘍，喉頭疾患，肺虫症，犬糸状虫症，慢性気管支炎があげられる．

【治　療】

急性期の緊急治療では，適切な環境下で安静にし，酸素吸入，気管支拡張薬のネブライザー噴霧・吸入または非経口投与およびグルココルチコイドの非経口投与を実施する．慢性持続型の長期治療では，原因となるアレルゲンを除去する環境の改善，気管支拡張薬およびグルココルチコイドの経口投与を行い，二次感染があれば抗菌薬を投与する．その他，免疫抑制剤のシクロスポリン，抗セロトニン薬のシプロヘプタジンもある程度の効果がある．

3-3　気管虚脱と気管支拡張症

到達目標：気管虚脱と気管支拡張症を説明できる．
キーワード：気管虚脱，気管支拡張症

1. 気管虚脱

【病態および原因】

明確な原因は不明であるが，軟骨生成の異常，軟骨変性，先天性慢性気道狭窄による二次的要因等により，気管の軟骨輪の硬さが減弱し，頚部では吸気時に動的虚脱，胸部では呼気時に動的虚脱が起こる．チワワ，ポメラニアン，トイ・プードル，マルチーズ，ヨークシャー・テリア，パグ等の小型犬種や短頭種で中年齢の肥満犬に多く発生する．気管虚脱は背腹型と側方型に分けられ，大部分は背腹型である．背腹型では背側の気管膜が弛緩し，気管内腔へ垂れ下がる．虚脱の部位により頚部，胸腔内および頚部と胸腔内両方の気管虚脱がみられる．気管虚脱の重症度はⅠ（気道腔の25％未満の狭小；症状を示さない），Ⅱ（気道腔の50％狭小；軽度の気管輪扁平化），Ⅲ（気道腔の75％狭小），Ⅳ型（気道腔の90％以上狭小；重度の気管輪扁平化）に分類される．

【症　状】

ガチョウの鳴き声に類似した荒々しく甲高い乾性の発咳を特徴とする．発咳は興奮，運動，暑さ，摂食により悪化する．重症度により，喘鳴音，運動不耐性，努力性呼吸，チアノーゼあるいは失神がみられる．

【診　断】

臨床徴候，X線検査，透視X線検査または気管内視鏡検査により確定診断する．X線検査では頚部と胸部の側面像で吸気時および呼気時の両方での撮影を行う．透視X線では発咳の誘発と気管虚脱の動きを観察，気管内視鏡では気管虚脱の重症度，発現部位，合併症と気管洗浄液の採取に有用である．頚部気管虚脱では吸気相に虚脱を認め，呼気相では拡張がみられる．胸部気管虚脱では吸気相は正常様の気管であり，呼気相で気管または気管支虚脱が認められる．

【治　療】

内科療法と外科療法がある．内科療法は重症度を緩和し，発咳の軽減と二次的な悪化要因を防ぐことにある．緊急治療では酸素吸入を行い，鎮静薬と鎮痛薬を使用することもある．長期治療では，鎮咳薬，抗炎症薬，気管支拡張薬を投与し，肥満犬では体重の減量も重要である．外科療法は気管外側からの人

工気管輪の装着術が行われる.

2. 気管支拡張症

【病態および原因】

気管支の先天性線毛機能不全,免疫機能不全,後天性の慢性炎症(慢性気管支炎,好酸球性気管支炎,気管支肺炎等),感染および腫瘍が原因で,炎症反応の促進による気管支上皮の障害が進行することにより,線毛上皮や粘膜下組織である弾性組織,平滑筋や軟骨組織の破壊が起こされ,不可逆性の気管支拡張が起こる.犬は猫より罹患が多く,アメリカン・コッカー・スパニエル,ミニチュア・プードル,シベリアン・ハスキー等は好発犬種である.

【症　状】

発咳,頻呼吸,呼吸困難および原因となる潜在性疾患の症状がみられる.

【診　断】

X線検査,CTまたは気管支鏡検査と気管支肺胞洗浄液検査により診断する.X線検査では円筒状に気管支が拡張することが多く,次に嚢状,嚢胞状になる.局所性,多病巣性,び漫がある.拡張した気管支は,努力性呼気時に虚脱することもある.

【治　療】

気管支拡張は不可逆性のため,治療は炎症の緩和,粘膜線毛クリアランスの増強,潜在性疾患の対処を目標とする.長期治療には環境の改善,ネブライザー噴霧,抗菌薬,抗炎症薬等の投与を行う.気管支拡張症が一つの肺葉でのみの場合には,外科的に肺葉切除術も考慮する.

《*演習問題*》(「正答と解説」は179頁)

問1. 猫喘息に関する記述として<u>誤っている</u>のはどれか.
　a.発作性の発咳がみられる.
　b.呼気の努力性呼出がみられる.
　c.慢性肺気腫が起こることがある.
　d.血中の好酸球増加症が常にみられる.
　e.治療にはグルココルチコイドが投与される.

問2. 胸部気管虚脱における気管の動態として正しいのはどれか.
　a.気管は吸気相と呼気相の両方で虚脱する.
　b.気管は吸気相で虚脱し,呼気相で拡張する.
　c.気管は吸気相で正常様を呈し,呼気相で虚脱する.
　d.気管は吸気相で虚脱し,呼気相で正常様を呈する.
　e.気管は吸気相と呼気相の両方で拡張する.

第4章　肺の疾患【アドバンスト】

> 一般目標：肺疾患の原因，発生機序および病態生理，症状，診断法と治療法を修得する．

4-1　肺　炎

> 到達目標：肺炎の原因，分類，病態，診断法と治療法を説明できる．
> キーワード：細菌性肺炎，ウイルス性肺炎，アレルギー性肺炎，吸引性肺炎

1. 肺炎の分類について

　肺炎は病原体（細菌性肺炎（bacterial pneumonia），ウイルス性肺炎（viral pneumonia），真菌性肺炎等），滲出物（化膿性肺炎，線維性肺炎等），形態（肉芽腫性肺炎，増殖性肺炎等），および病変の部位により分類される．以上の分類に相当しない吸引性あるいは誤嚥性肺炎もある．これらの中で小動物によくみられる肺炎は，細菌性肺炎，ウイルス性肺炎，アレルギー性肺炎（allergic pneumonia），吸引性肺炎（aspiration pneumonia）の四つである．

1）細菌性肺炎

【病　態】

　通常，気道内に吸い込まれた細菌は呼吸上皮の線毛や咳反射により気道から排泄される．このような生体防御機構の破綻，あるいは集合飼育等によるストレス等により免疫機能が低下すると，原因菌による一次性の細菌感染が成立する．また，誤嚥，異物，ウイルス感染，腫瘍等が誘因となり，細菌が気道内に停滞することで発症する二次性の細菌性肺炎もある．

【原　因】

　細菌感染による肺炎であり，原因菌としては *Bordetella bronchiseptica*，*Streprococcus zoopidemicus* や *Mycoplasma* が知られている．

【症　状】

　初期症状は，浅呼吸，多呼吸，食欲不振，発熱，湿性の咳嗽，鼻漏である．炎症が持続すると眼の症状（眼脂，結膜炎，ぶどう膜炎）も認められ，浮腫，脱水，その後はチアノーゼを呈するようになり呼吸困難に陥る．慢性化した場合，微熱の繰返し，体重減少，削痩，体毛の光沢の消失等が認められるようになる．

【診　断】

　呼吸器症状とともに聴診では水泡音や捻髪音が聴取される．血液検査では白血球，特に好中球の増加が認められ，CRP の上昇が併せて観察される．胸部 X 線検査では肺炎病変部は肺浸潤陰影や間質性陰影を示す．確定診断には気管洗浄液や気管支肺胞洗浄液の分析が必要で，その細胞分画において好中球が主体となる．また，これら洗浄液を用いた微生物培養検査と薬剤感受性試験は，治療方針を決めるために非常に有効である．また，動脈血ガス分析により低酸素あるいは高炭酸ガス血症の状態を把握し，

酸素療法や人工呼吸の開始について検討する必要がある.

【治　療】

　肺炎は発熱を伴う消耗性疾患であり，輸液による水和と栄養補給ならびに環境の清浄が必要である.
動物の状態によっては，確定診断に必要な気管洗浄液や気管支肺胞洗浄液を必ずしも回収できるわけで
はなく，またこれらの洗浄液を用いた薬剤感受性試験の結果が出るまでには時間を要するため，まずは
試験的な抗菌療法を行う. 抗菌薬としては抗菌スペクトルの広いテトラサイクリン系，呼吸器への分布
がよいマクロライド系やキノロン系を選択する. 投与方法には静脈内投与，筋肉内投与，経口投与，そ
して噴霧療法がある. 耐性菌を生まないためにも，使用書の投与期間を厳守し，効果判定を行いながら
治療を進める. 難治性の肺炎は，薬剤感受性試験の結果に基づいて抗菌薬を選択する必要がある. また，
抗菌療法に気管支拡張剤，去痰剤，ステロイド，あるいは非ステロイド系消炎鎮痛剤等を併用し，さら
に重症例では酸素療法や人工呼吸下での管理が必要となることがある.

2）ウイルス性肺炎

【病　態】

　初乳抗体やワクチン接種による抗体価の増幅が得られない場合に発症すると考えられている. また，
通常はウイルスによる単独感染では軽症で終焉するが，細菌等が二次感染して肺炎が重篤化することが
多い. つまり，呼吸器感染症ウイルスは呼吸上皮に侵入し細胞内で増殖，その拡散のために上皮細胞を
破壊するが，この間に宿主側では免疫応答が行われ抗体が産生されてウイルスの排除へ向かい，呼吸上
皮が再生される. しかし，これらの過程で細菌等による二次感染が生じると呼吸上皮の修復が遅れ，呼
吸症状を発現し，重篤化することになる.

【原　因】

　ウイルス性肺炎の原因は，犬ではジステンパーウイルス，犬アデノウイルス2型，犬パラインフル
エンザウイルス，猫ではカリシウイルスや猫伝染性腹膜炎（feline infectious peritonitis, FIP）ウイル
スが一般的である.

【症　状】

　細菌性肺炎と同等で，慢性の湿性咳嗽，呼気性あるいは混合性の努力呼吸，頻呼吸，発熱，頻脈，粘
液膿性鼻汁，食欲不振，元気消失等の全身症状を示す.

【診　断】

　聴診では肺野から捻髪音あるいは水泡音が聴取され，咳嗽誘発試験は陽性となる. 血液検査では，二
次性の細菌感染により白血球，特に好中球が増加し，CRP値やSAA値もまた上昇する.

　ウイルス性肺炎を確定診断するための特殊検査としてはウイルスの抗体価の測定，培養検査，PCR
が可能となっている. 群発するようならば，このような検査により原因となるウイルスを特定する必要
があり，再発防止，予防へつなげなければならない.

【治　療】

　ウイルス感染に対する効果的な治療法がないため，二次性の細菌性肺炎に対する治療を行う.

3）アレルギー性肺炎

【病態および原因】

　アレルギー性肺炎とは，動物では好酸球性肺浸潤（pulmonary infiltrates with eosinophils, PIE）症
候群に含まれる好酸球性肺炎のことを一般的に示し，好酸球が主にその病態に関与している. エアロア
レルゲンあるいは異物の吸引，寄生虫の感染あるいは迷入または特発性に気道ならびに肺実質内の好酸

球数が増加し，時に肉芽腫を形成する疾患である．

【症　状】

　4～6歳齢の若齢犬ならびに雌犬での発症が多く，犬種特異性はない．湿性で強い咳を何度も繰り返すことが主症状であり，この様子はあたかも消化器疾患による吐き気のようでもある．その他の症状として呼吸異常や運動不耐性がある．PIE症候群として鼻炎を併発している症例では漿液性～粘液性，粘液膿性の鼻汁が認められ，皮膚の瘙痒を示すことがある．聴診所見では呼吸音は正常から大きくなり，副雑音として喘鳴音や捻髪音が聴取される．

【診　断】

　血液検査の他，胸部X線検査，気管支鏡検査，気管支肺胞洗浄液の細胞診，気管支および肺生検標本から病理組織学的検査，そしてステロイド治療に対する反応の観察を組み合わせて行う．血液検査では30～50％の症例において白血球の増加が認められ，好酸球が50～60％を占めるようになる．その他の生化学検査においては正常範囲を示す．

　胸部X線検査では主にび漫性の肺浸潤陰影を示し，気管支壁の肥厚あるいは拡張所見や間質性陰影も認められることがある．気管支鏡検査では，黄～緑色の粘液，粘膜表面の充血，不整，ポリープ状の隆起が観察される．気管支肺胞洗浄液の細胞診は感染症との鑑別診断に重要な検査で，総細胞数（正常値：200～400 cells/μL）と好酸球の割合（正常値：5％以下）が増加する．病理組織学的検査では好酸球の浸潤の他に，粘膜の過形成，扁平上皮化生，潰瘍，微小出血，ヘモジデリンが沈着したマクロファージの出現，コラーゲン分解，線維化が観察される．

【治　療】

　原因となるアレルゲンの除去や寄生虫に対する駆虫剤の投与を試みる．寄生虫の感染が否定され，しかしながらアレルゲンが特定できない場合はステロイド剤を投与し，反応を観察する．ステロイド治療に反応する場合には予後は良いとされているが，難治性を示す場合は免疫抑制剤の投与を行うことになるが，このような症例では予後は悪いとされている．

4）吸引性肺炎

【病　態】

　吸引性肺炎はいくつかの段階を経て肺炎となるが，まず胃内内容物は胃酸を含んでおり，これが気道や肺を刺激し損傷させ炎症が惹起される．この気道あるいは肺の炎症では多くの炎症性のサイトカインが放出され，それらにより活性化した好中球が気道あるいは肺内に浸潤し，そして非心原性の肺水腫が生じる．この肺水腫の成分は高蛋白質であり，細菌が気道内あるいは肺内に留まり増殖しやすい環境となり，ここまで進行することで肺炎が難治化する．

【原　因】

　食道から十二指腸にかけての消化器疾患による逆流や誤嚥，麻酔後や筋神経疾患に伴う嚥下障害，あるいは口腔から喉頭にかけての形態・発生学的問題により，口腔内または胃内にある粒子状異物または液状物質を気道内に吸い込み，その結果，細菌性肺炎となる疾患である．

【症　状】

　細菌性肺炎と同じであり，誤嚥後の初期症状は浅呼吸，多呼吸，食欲不振，発熱，湿性の咳嗽，鼻漏である．その後は誤嚥した物質や量にもよるが，症状が軽快するものから呼吸困難やチアノーゼ等，重症化するものまで様々である．

【診　断】

　問診により呼吸に関する症状が出現する前の動物の様態や行動によって，また肺炎に併せて口蓋裂，巨大食道症，胃腸障害等の既往症があれば本症を疑う．触診や聴診では他の感染性肺炎と同じ所見を示す．誤嚥した物質の多くは左右の前葉および右中葉に侵入するため，これらの部位で水泡音や捻髪音等の異常な呼吸音が聴取される．また，胸部 X 線検査では同部位に肺硬化像やエアブロンコグラムが認められる．胸部 CT 検査や気管支内視鏡検査により，肺腫瘍や肺葉捻転等との鑑別診断が必要となることがある．

【治　療】

　軽症の場合は経過観察でよい．重症化する症例では細菌性肺炎や肺水腫に対する治療が必要である．また，再発を予防するために誤嚥を引きこす原因に対する治療が必要であり，誤嚥を繰り返す場合は症状が安定するまで補助療法として輸液療法，中心静脈内栄養法あるいは胃瘻チューブの設置等を行う．

4-2　肺炎以外の肺疾患

> 到達目標：肺水腫等の肺疾患の原因，分類，病態，診断法と治療法を説明できる．
> キーワード：肺水腫，肺気腫，肺血栓栓塞症

1．肺水腫

【病態および原因】

　何らかの原因により肺実質内に漿液性の液体が溜まる疾患である．正常な肺では，肺毛細血管から産生された水分が間質のリンパ管内に移動することで，肺間質液の産生と吸収のバランスが保たれている．肺間質液の産生側では肺毛細血管圧の上昇や透過性の亢進，血漿蛋白濃度の低下，吸収側ではリンパ流の障害のいずれかによるかまたはこれらが組み合わさって，肺間質液の産生と吸収のバランスが崩れると肺水腫（pulmonary edema）が生じる．

　肺毛細血管圧の上昇による肺水腫の代表的なものとして，心原性肺水腫がある．これは主としてうっ血性心不全や弁膜疾患により肺毛細血管圧が増加することによる．

　一方，肺毛細血管透過性の亢進による肺水腫は，内因性物質としてヒスタミン，ブラジキニン，プロスタグランジン等が，また外因性物質としては二酸化硫黄，窒素酸化物，オゾン，高圧酸素，アロキサン等により生じることが知られている．臨床においては，内毒素性ショック，薬の副作用，アナフィラキシー，煙の吸入，毒性物質，急性の上部気道閉塞による胸腔内の過度の陰圧状態により生じる．また，その他の原因による肺水腫として神経性肺水腫と高所性肺水腫がある．前者は中枢神経系の障害により末梢血管の収縮が生じ，それに伴って肺動脈圧が上昇するため，後者は高山等の低酸素下において肺細動脈が収縮し，その部位での肺動脈圧が上昇するためと考えられている．なお，このような心疾患によらない肺水腫により難治性の急性呼吸不全が起きている状態を動脈血ガス分析の PaO_2/F_IO_2 の値（P/F比とも呼ぶ）より，American-European Consensus Conference（AECC）の定義によれば 300 以下であれば急性肺損傷（ALI），さらに 200 以下では急性呼吸窮迫症候群（ARDS）と診断する．ALI/ARDS は致命的な状態でその予後は悪い．

第 4 章　肺の疾患　　57

【症　状】

　肺水腫の症状はその原因とその程度により異なるが，浅呼吸，多呼吸そしてチアノーゼ，呼吸困難が共通して認められる．肺水腫への病態の進行が亜急性または慢性的であると，余剰の肺間質液は間質内に留まり，主な呼吸症状は咳嗽であり興奮や運動のような負荷が生体に加わらないと顕著にはならない．一方，急性の場合では肺間質液が肺胞内へと滲出し重篤な呼吸症状を示す．動物は横臥を嫌がり，肘を外転させて犬座姿勢を好み，起坐呼吸となる．また，鼻や口から血漿様の淡赤色ないしピンク色の液体が流れ出てくることもある．

【診　断】

　肺の聴診では肺間質液が肺胞内へ滲出するだけでなく肺胞内に液体が貯留してくると，捻髪音や水泡音が聴取される．呼吸症状を呈する疾患との鑑別診断のため，全血球計算や胸部 X 線検査が必要である．全血球計算は肺炎との鑑別診断に必須であり，肺水腫では炎症所見を通常は認めない．胸部 X 線検査により肺浸潤陰影を認めるか否かで肺水腫の診断を行う．さらに，心拡大所見を評価することで，心原性肺水腫と非心原性肺水腫との鑑別診断ができる．肺水腫による肺浸潤陰影および間質性陰影は心原性肺水腫では肺門周囲に集中し，非心原性肺水腫では肺野全体に広がったび漫性の所見を示す．また，心原性肺水腫では症状と心疾患の因果関係を検討するため，心電図ならびに断層心エコー検査により心機能を評価することが必要である．

【治　療】

　基本的には肺水腫を起こしている基礎疾患の診断とそれに対応した治療が主体となる．例えば，心原性肺水腫であれば，心機能の改善のために強心剤や血管拡張剤を使用する．しかし，病態の緊急性を考慮すると，肺水腫の最優先される治療は肺間質液を減らすこと，そして肺機能の補助である．そのため利尿剤の投与，そして酸素療法が初期治療には不可欠である．これらの治療にもかかわらず呼吸症状や血液ガス分析等で低酸素状態が悪化するならば，鎮静または麻酔下での人工呼吸が必要となる．肺間質液のコントロールが行え，基礎疾患の治療に成功すれば予後は悪くない．

　一方，前述のように ALI/ARDS は予後不良の病態ではあるが，呼吸管理の他，薬物療法としては抗菌薬療法，グルココルチコイド療法，好中球エラスターゼ阻害薬，抗凝固療法等が用いられることがある．治療に反応し，呼吸不全から回復できれば予後は良いが，そのような回復そのもの自体が難しいことが多い．

2. 肺気腫

【病態および原因】

　何らかの原因により肺実質に空気が溜まり，ブラという肺胞が膨張して嚢胞化した病変およびブレブというブラが胸膜直下へ達する嚢胞を形成する疾患である．

　犬では慢性気管支炎，猫では慢性気管支疾患により，気管支や細気管支内に粘液栓が形成され，これが気道の不完全な閉塞すなわち一方向弁となり，吸入した空気が肺に残り呼息することができなくなって肺気腫（pulmonary emphysema）が生じる．

【症　状】

　急性では突然の呼吸困難が主症状であり，慢性では基礎疾患に伴った症状に加えて呼気性の努力呼吸が認められ，運動によりこれらの症状が顕著となる．

呼吸循環器病学

58 第4章 肺の疾患

【診 断】

聴診では基礎疾患による捻髪音や水泡音の副雑音が聴取される．また，胸部X線検査により肺野における透過度が過度に増している嚢胞性あるいは空洞性の領域を検出するか，CT検査ならびに胸腔鏡検査により確定診断を行う．

【治 療】

消炎剤や気管支拡張剤等による基礎疾患の内科療法を行い，これらの保存療法により症状の改善が認められない，または増悪するようならば気腫病変での肺の部分的または肺葉全体の外科的切除を行う．基礎疾患の治療に成功すれば予後は悪くないが，再発する可能性がある．

3. 肺血栓塞栓症

【病態および原因】

血栓物質が肺動脈あるいは細動脈を閉塞させることにより呼吸不全となる疾患である．

血栓物質には，血栓（血餅），細菌，異物（留置カテーテル），空気，脂肪，寄生虫等があり，これらの中で塞栓頻度の高い物質は血栓，すなわち血液の凝固塊である．血栓はうっ血あるいは血管内皮層の傷害，全身の凝固亢進状態の結果として形成される．血栓が形成される主たる原因は犬糸状虫症といわれているが，他に心筋症や弁膜症等の心疾患，腎疾患，免疫介在性貧血，腫瘍，敗血症，膵炎，副腎機能亢進症，播種性血管内擬固症候群がある．通常，血栓の多くは線溶系により溶解されるが，その血栓の形成と溶解のバランスが崩れ，血栓の形成が一方的に亢進すると血流の閉塞が始まる．その結果，換気血流比の不均等分布が生じ，肺胞レベルでの死腔ならびにシャント様効果の増大により，低酸素状態へ陥る．

【症 状】

病態は進行性で肺血管の閉塞によって生じる低酸素血症により，頻呼吸および呼吸困難，頻脈，また肺高血圧症により発咳または喀血を示し，呼吸音の増強が聴取される．

【診 断】

一般的な血液検査は正常値範囲であり，動脈血液ガス分析では低酸素血症および高炭酸ガス血症を示す．また，血栓による閉塞が肺だけでなく，他の臓器にも波及していると多臓器不全を示す所見となる．胸部X線画像上の変化はわずかであり，病態が進行すると肺水腫あるいは肺出血を疑う浸潤陰影あるいはすりガラス状の間質性陰影が胸膜下に広がる楔形として認められる．また，これらの所見に併せて右心負荷による心拡大，肺動脈の拡張が生じているかもしれない．血管造影により透視画像あるいはCT画像より塞栓部位を診断することができる．なお，肺血栓塞栓症（pulmonary thromboembolism）の生前診断は難しく，また死後の剖検においても死因としてこの疾患を診断するためには，できるだけ早い時間での解剖が必要とされる．

【治 療】

救急治療として心循環器系の補助ならびに酸素吸入を行い，またヘパリンやワルファリンによる抗凝固療法を合わせて実施する．しかしながら，このような治療に反応する症例は少なく，実際，予後は悪いことがほとんどである．

《演習問題》（「正答と解説」は179頁）

問1. 肺炎の記述について正しいものはどれか．

a．細菌性肺炎の治療では呼吸器に分布のよいペニシリン系が使用される．

b．ウイルス性肺炎では，ワクチン接種による治療を行う．

c．アレルギー性肺炎では気管支肺胞洗浄液中の好酸球が増加する．

d．吸引性肺炎とは誤嚥により発症し，再発を繰り返すことはない．

e．吸引性肺炎ではマクロファージにより肺実質内に液体が留まることはない．

問 2. 肺疾患の記述について正しいものはどれか．

a．肺水腫は心不全以外の原因で生じることはない．

b．肺水腫では暗赤色で血液様の液体が鼻や口から流れ出てくる．

c．肺気腫は肺胞が膨張して嚢胞化した病変のことで，特に呼吸症状は示さない．

d．肺気腫の原因として慢性の気管支疾患があり，気管支炎の治療が行われる．

e．肺血栓塞栓症では高炭酸ガス血症となる．

第5章　胸腔と縦隔の疾患【アドバンスト】

一般目標：胸腔と縦隔の疾患の原因，発生機序および病態生理，症状，診断法と治療法を習得する．

5-1　胸膜滲出と気胸

到達目標：胸膜滲出と気胸の原因，病態，症状，診断法と治療法を説明できる．
キーワード：胸膜滲出，胸水，気胸

1. 胸膜滲出（胸水）

【病態および原因】

　胸膜腔内には正常でも少量の液体が存在し，肺や心臓の運動の潤滑液として働いているが，その液体が異常に増加し，貯留した状態を胸膜滲出もしくは胸水貯留といい，胸水の性状により漏出液および滲出液に分けられる．病因と貯留液の種類は液体の産生機序により，水胸，膿胸，乳び胸および血胸に分類される．

　水胸：漏出液および変性漏出液が胸腔に貯留した状態である．静水圧の上昇（うっ血性心不全等の心疾患，胸腔内腫瘍，肺葉捻転，肺血栓塞栓症，大静脈症候群等の血管閉塞），血漿コロイド浸透圧の低下（慢性肝障害，糸球体腎炎，蛋白漏出性腸症，リンパ管拡張症等による低アルブミン血症），リンパ管閉塞（腫瘍，横隔膜ヘルニア等）に起因する．

　膿胸：細菌感染が原因で毛細血管透過性の亢進により敗血症性滲出液が胸膜腔に貯留した状態である．猫の発生が多い．肺炎，胸壁の外傷，食道損傷，気管損傷，感染巣からのリンパ行性または血行性を介した感染等である．

　乳び胸：胸管からリンパ液が胸膜腔に貯留した状態である．先天性心疾患，右心不全，犬糸状虫症，前大静脈血栓症，心基部腫瘍，縦隔腫瘍等が原因となり，前大静脈圧の上昇または胸管閉塞が起こり，胸膜腔へ漏出することによる．原因不明の特発性もある．

　血胸：胸壁，縦隔臓器，横隔膜または肺等の胸腔の隣接臓器から血液が胸膜破綻により胸膜腔へ貯留する状態である．原因は交通事故による外傷性が最も多く，凝固不全や犬糸状虫症による肺動脈血管の破綻によっても起こる．

　滲出液貯留疾患：滲出液は炎症性に血管透過性が亢進し，胸膜腔に貯留するものであり，化膿性および非化膿性に分けられる．化膿性滲出液は膿胸である．非化膿性滲出液は猫伝染性腹膜炎（FIP），横隔膜ヘルニア，腫瘍，慢性乳び胸，膵炎等が原因となる．

【症　状】

　臨床徴候は基礎要因と胸水量により異なるが，共通する症状は肺の拡張不全に伴う頻呼吸，起座呼吸，開口呼吸，吸気性呼吸困難，腹式呼吸およびチアノーゼがみられる．発咳が起こることもある．その他，水胸，膿胸，乳び胸，血胸および滲出液貯留のそれぞれ原因疾患に起因する特異的症状がみられる．例

えば，膿胸では発熱と疼痛，重症化により DIC および敗血症性ショック症状，乳び胸では体重減少と削痩，血胸では貧血と循環血液減少性ショック症状，滲出液貯留の FIP では発熱と脈絡網膜炎が生じることがある．

【診　断】

聴診，胸部 X 線検査，胸部超音波検査，血液検査および胸腔穿刺による胸膜液の性状検査により診断する．聴診では胸部腹側の肺音減弱，背側の肺音亢進が聴取される．胸膜液の性状検査では漏出液，滲出液，乳び，血液，細胞および細菌の有無等を調べる．膿胸では胸膜液の好気性および嫌気性培養検査と抗菌薬の感受性試験を実施する．原因の特定に CT や MRI を実施する．血胸では血液凝固系検査を実施し，乳び胸ではリンパ管造影を実施することがある．

漏出液：非炎症性で組織液とリンパ液が主体であり，淡黄色透明，比重 1.015 未満，総蛋白量 2.5 g/dL 未満，線維素と細胞数は少なく，有核細胞数 1,500/μL 未満で，細菌は陰性である．変性漏出液では比重 1.015 ～ 1.025，総蛋白量 2.5 ～ 5 g/dL である．

滲出液：炎症性であり，黄色混濁（血様または膿様），比重 1.025 以上，総蛋白量 4 g/dL 以上，線維素析出が多く，有核細胞数 7,000/μL 以上で，細菌は陽性のことがある．猫伝染性腹膜炎（FIP）ではグロブリン濃度が高い．

乳び胸：乳白色または桃色を帯びた乳白色を呈し，総蛋白量 2.5 g/dL 以上，有核細胞数 6,000 ～ 7,000/μL 程度であり，変性漏出液に類似する．初期にはリンパ球が主体であり，その後は持続的なリンパ球の喪失にかわって，好中球が主体となる．乳び胸の診断の追加検査として，胸膜液と血清のトリグリセリドおよびコレステロール濃度，胸膜液の脂肪滴確認（スダンⅢ染色）とエーテルクリアランス試験等がある．乳び胸の場合，トリグリセリド濃度は血清より胸膜液の方が高い．

血胸は，血液貯留により確認するが，胸膜液ヘマトクリット値が末梢血ヘマトクリット値の 50％以上の場合には血胸，50％未満の場合には出血性滲出液と診断される．

【治　療】

動物へのストレスを最小にし，緊急治療では酸素吸入と胸水の除去を行う．胸膜液貯留が外傷による場合には循環と呼吸補助を行う．その後は基礎疾患に応じた治療を実施する．低アルブミン血症，心疾患，脈管炎または免疫介在性疾患では基礎疾患の治療が必須である．胸水貯留の原因が腫瘍の場合には化学療法が必要である．

膿胸：胸腔チューブの設置あるいは開胸および胸腔洗浄と排液処置を行うとともに，抗菌薬の投与を実施する．

乳び胸：基礎疾患が特定できれば，原因に対する治療を行うが，不明確の場合には内科的保存治療を実施する．内科的保存治療では間欠的胸腔穿刺，低脂肪食の給餌またはルチンの経口投与が実施される．内科治療で維持が困難な場合や無反応の場合には外科的治療が適応される．外科手術には胸管結紮術，乳び槽切除術，部分的心膜切開術および大網設置術がある．

血胸：凝固異常，血小板減少症または外傷がなく，薬物治療の反応がない場合には，開胸手術も考慮する．

2. 気　胸

【病態および原因】

気胸は胸壁，食道，気管，気管支および肺から空気が漏出し，胸膜腔内に空気が貯留した状態である．

62　第5章　胸腔と縦隔の疾患

気胸の病因は外傷性，自然性，医原性および感染性に分けられる．外傷性気胸は最も多く，交通事故や創傷等が原因となる．医原性気胸は胸水除去のための胸腔穿刺，胸腔チューブの設置，胸腔内腫瘤の針生検，外科的肺実質の損傷等が原因となる．自然気胸は外傷や明確な医原性原因はないが，肺実質から空気が漏出するもので，多くはブラ（肺胞内嚢胞；肺胞の拡張または肺胞壁の破壊による肺実質内の空気貯留）やブレブ（肺胞性肺嚢胞；中皮性被膜および臓側胸膜の弾性線維と結合組織層内への空気貯留）の破裂による．ガス産生菌の感染による感染性気胸はきわめてまれである．

【症　状】

頻呼吸，呼吸困難，呼気時もしくは吸気時と呼気時の両方の努力呼吸が認められる．聴診と打診では病変部の呼吸音が減弱，気胸部では鼓音を呈する．気胸の量，速度および併発疾患により重症度が異なるが，一般には部分的肺虚脱を起こし，1回換気量低下と換気血流比の不均衡により低酸素症がみられる．空気漏出部位における一方向性の空気流入（吸気にのみ流入し，呼気時に閉鎖）は進行性に胸腔内圧を上昇させ，緊張性気胸（心臓や肺を圧迫）を招く．緊張性気胸が起こった場合はきわめて重症であり，心肺停止の危険性がある．

【診　断】

胸部X線検査は診断に必須であり，左側横臥位の方がわずかな空気貯留を検出することがより可能である．X線所見では肺の虚脱や退縮により，肺と胸壁の間に空気の間隙像が認められる．犬と猫では気胸が両側性に認められることが多い．X線検査では原因疾患についての評価も行うが，自然気胸ではCT検査が原因の特定に有効である．気胸が確認されたら，動脈血液ガス測定とパルスオキシメーターによる病態の評価を行う．緊急性を要する気胸の場合には，胸腔穿刺による空気排除を行い，循環と呼吸の安定を優先した後に，再度X線検査による病変観察を行う．

【治　療】

緊急治療としては酸素吸入と胸腔穿刺による胸腔内の空気排除を行う．酸素の補給は閉鎖した気胸の回復と空気の吸収も早める．外傷性気胸では，症状のない場合は監視し，症状を呈する場合は胸腔穿刺による空気排除もしくは胸腔チューブの設置を行う．自然気胸ではブラやブレブが疑われる場合は開胸手術も考慮する．医原性気胸では，症状のない場合は経過観察とし，症状がある場合は胸腔穿刺の繰り返しもしくは胸腔チューブの設置を行う．

5-2　縦隔腫瘍と縦隔気腫

> **到達目標**：縦隔腫瘍と縦隔気腫の原因，病態，症状，診断法と治療法を説明できる．
> **キーワード**：縦隔腫瘍，縦隔気腫

1．縦隔腫瘍

【病態および原因】

左右肺間の間隙である縦隔洞内に腫瘍が発生した状態をいい，原発性は前縦隔部に頻発する．最も多い腫瘍はリンパ腫であり，その他には胸腺腫，異所性の甲状腺腫と上皮小体腫瘍，非クロム親和性傍神経節腫瘍，肉芽腫等がある．病態や重症度は縦隔洞の腫瘍による周囲臓器（気管，肺，食道，血管，心臓等）への圧迫，浸潤および胸腔内占拠の大きさに依存する．

第 5 章　胸腔と縦隔の疾患　　63

【症　状】

　一般的に食欲不振と元気消失がみられる．特徴的な症状としては，気管と肺への圧迫による悪影響が最も多く，発咳，頻呼吸，呼吸困難および呼吸窮迫症状がみられる．食道への圧迫では嚥下困難と吐出が起こる．前大静脈とリンパ管への圧迫では，循環障害により頭側大静脈症候群（顔面，頚部，前肢の浮腫）と胸水貯留を生じる．その他，多尿症と多渇症（リンパ腫），喉頭麻痺（反回神経障害），ホルネル症候群（交感神経幹障害），巨大食道症と重症筋無力症の症状（胸腺腫による腫瘍随伴症候群）を認めることもある．

【診　断】

　診断は最初に胸部 X 線検査と超音波検査を実施する．X 線検査では背腹または腹背像における縦隔の拡張，側面像における気管の挙上等がみられる．胸水があり腫瘍が不明瞭な時には，胸水抜去後に再度の X 線検査が推奨される．超音波検査は腫瘍の確認と周囲組織との関係の評価および針吸引生検のガイドに有用である．より精密な腫瘍の確認には CT を行う．確定診断には腫瘍のコア生検または外科的生検を実施する．血液および血液生化学検査では，炎症があれば好中球増加症，胸腺腫では高カルシウム血症がみられることがある．猫白血病ウイルス（FeLV）検査はリンパ腫の診断に有用である．

【治　療】

　治療は，腫瘍の種類，病態および重症度に応じて外科手術，化学療法および放射線療法を単独または併用により実施する．

2. 縦隔気腫

【病態および原因】

　縦隔気腫は縦隔に空気が貯留した状態であり，医原性や外傷性に二次的に発生することが多い．原因は気管，気管支および食道の穿孔，剥離または裂傷，頚部の穿孔および肺胞破裂等による．医原性の具体例としては，気管洗浄，頚静脈穿刺，麻酔時の気管内チューブ挿入および陽圧換気法等である．自然性には肺胞破裂により空気が血管周囲，間質や胸膜下より漏出し，縦隔に貯留する．外傷性では気胸を合併することが多い．縦隔気腫の尾側への波及は後腹膜気腫，頭側への波及は皮下気腫を生じる．まれに，ガス産生菌の縦隔感染やパラコート中毒が縦隔気腫の原因となる．

【症　状】

　縦隔への空気貯留は軽度であれば影響が少なく，多くは軽症である．皮下気腫を主徴とすることもある．縦隔気腫から気胸に進行することも多く，その場合には聴診・打診により鼓音や反響音が聴取される．重篤な場合は呼吸困難を示し，頚静脈怒張およびショック症状を呈することもある．

【診　断】

　最も特徴的な所見は，胸部 X 線検査では通常はみられない縦隔内の血管構造（血管分岐）を明瞭に認めることである．胸郭前口周囲における皮下気腫も特徴的所見である．腹部 X 線検査では後腹腔気腹症がみられることがある．気道疾患の疑いでは気管・気管支鏡検査により確認する．食道疾患を疑う場合には食道造影検査，食道鏡検査，肺疾患の場合には呼吸器洗浄液の細胞診を実施する．呼吸機能評価には動脈血血液ガス測定とパルスオキシメーターによる監視を行う．

【治　療】

　縦隔気腫の多くは自然治癒も期待できるため，臨床徴候が軽度の場合には安静にし，保存療法を行う．皮下気腫は 2 週間程度で回復する．臨床徴候が顕著な場合には酸素吸入を行い，気管裂傷では手術に

64   第 5 章　胸腔と縦隔の疾患

よる整復を考慮する．気胸では胸腔穿刺を行う．

《**演習問題**》（「正答と解説」は 179 頁）

問 1. 乳び胸における胸膜液の所見として正しいものはどれか．

　　a．色調は淡黄色で混濁がある．

　　b．比重は 1.015 未満である．

　　c．総蛋白量は 1.5 g/dL 未満である．

　　d．胸膜液中の有核細胞はリンパ球と好酸球が主体である．

　　e．トリグリセリド濃度は血清に比べ胸膜液中の方が高い．

問 2. 最も発生頻度の高い縦隔腫瘍はどれか．

　　a．肉芽腫

　　b．甲状腺腫

　　c．リンパ種

　　d．上皮小体腫瘍

　　e．非クロム親和性傍神経節腫瘍

第6章　循環器の構造と機能，循環器疾患の症状

一般目標：循環器の構造と機能を理解し，循環器疾患で観察される症状と発現機序の基礎知識を修得する．

循環器疾患の病態生理，原因，症状，診断および治療を学ぶためには，心臓および血管の構造と機能を理解し，正常動物の血行動態を説明できることが重要である．そして，主な循環器疾患の血行動態を中心とした病態生理の理解のもと，症状とその発現機序を説明できることを目的とする．

6-1　循環器の構造と機能

到達目標：循環器の構造と機能を説明できる．
キーワード：心臓の構造，心筋細胞の微細構造と機能，心臓の刺激伝導系，心臓に分布する血管と神経，心周期に伴う血行動態，心機能曲線と心拍出量の調節機序

1．心臓の構造

心臓は，心膜によって包まれ，胸腔内に半固定されている．哺乳類の心臓は，2心房2心室からなり，心房と心室は線維性組織である線維輪によって分割されている．心臓は，右心系と左心系に分けられる．右心系では，前大静脈と後大静脈からの血液が，右房から三尖弁を通り右室へ流れ，肺動脈弁を通り肺動脈へ送られる．左心系では，肺静脈からの血液が左房から僧帽弁を通り左室へ流れ，大動脈弁を通り大動脈へと送られる（図6-1）．

2．心筋細胞の微細構造と機能

心筋は，収縮作業を行う固有心筋と興奮の生成や伝導を司る特殊心筋からなる．固有心筋は横紋筋であるが，骨格筋と異なり枝分かれしており，心筋細胞同士は介在板で結合し，そこにはギャップ結合が発達しているため，心筋細胞間での機械的および電気的結合を可能にしている（図6-2）．このような構造のため，心筋全体が単一の構造体のように振る舞うことができる．

3．心臓の刺激伝導系

刺激伝導系は，洞（房）結節，房室結節，ヒス束，左右の脚およびプルキンエ線維から構成されている（図6-3）．正常な心臓では，洞（房）結節の細胞が自発的に活動電位を発生してお

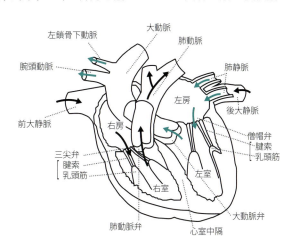

図6-1　心臓の血液循環．

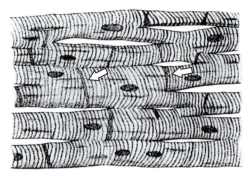

図 6-2 心筋細胞の結合．心筋細胞同士は介在板（矢印）で結合し，そこではギャップ結合により機械的および電気的結合を形成している．

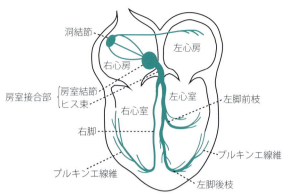

図 6-3 心臓の刺激伝導系．

り，これを歩調取り電位あるいは自動能という．洞（房）結節で発生した活動電位は，刺激伝導系を介して心房筋および心室筋に伝わる．したがって，正常な心臓の収縮と拡張は，最初に心房そして心室という順に規則正しく行われている．

4. 心臓に分布する血管と神経

心臓には栄養血管である冠状動脈が分布しており，大動脈基部のバルサルバ洞から右冠状動脈と左冠状動脈が起始している．冠状動脈への血流量は，心臓の収縮期に減少し，拡張期に増加する．心臓は自律神経の交感神経と副交感神経（迷走神経）の支配を受けている．自律神経活動は，変時作用（心拍数に影響を与えること），変力作用（収縮力に影響を与えること），変伝導作用（伝導速度に影響を与えること），変閾作用（刺激閾値に影響を与えること）に影響を及ぼす．交感神経はこれらの作用を増加させ，副交感神経は低下させる．

5. 心周期に伴う血行動態

心臓の拍動の始まりから次の拍動の始まりまでを心周期と呼ぶ．心周期は大きく収縮期と拡張期に分けられ，収縮期には等容性収縮期（心室が収縮を開始してから動脈弁が開くまで）と駆出期（動脈弁が開いてから閉じるまで）がある．拡張期は，等容性弛緩期（動脈弁が閉じてから房室弁が開くまで），充満期（房室弁が開いてから心房が収縮し始めるまで）と心房収縮期（心房が収縮してから心室が収縮し始めるまで）に分けられる（図6-4）．駆出期には，左右の心室からそれぞれ大動脈と肺動脈に血液が送り出され，充満期・心房収縮期には心房から心室に血液が流入する．

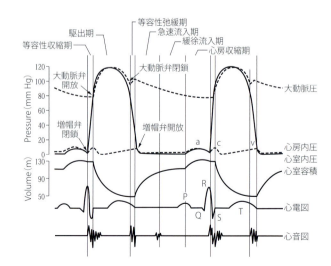

図 6-4 心周期（桑原正貴，獣医内科学第2版，文永堂出版，2014）．

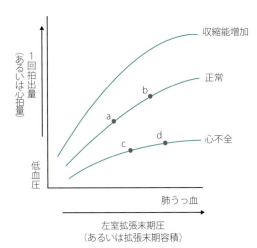

図 6-5 心機能曲線．フランク-スターリングの法則による心機能曲線は，正常な心臓では前負荷の指標である左室拡張末期容積（拡張末期圧）が上昇するほど 1 回拍出量が増加する（a 点から b 点へ）．収縮性が増大するとどのレベルの前負荷であっても左上方へ偏位した新しい機能曲線上で作動する．収縮性が低下した心臓では，右下方へ機能曲線が偏位し，前負荷が増加しても傾きが小さいため c 点から d 点へほぼ水平移動するだけで 1 回拍出量はほとんど増加せず，著明に上昇した拡張末期圧のため肺うっ血・肺水腫を引き起こす．

6．心機能曲線と心拍出量の調節機序

　心臓は拡張末期容積が増大すると心筋がより強く伸展されるため，収縮力が増し心拍出量が増加する．これは，フランク-スターリングの法則と呼ばれ，この関係を図にしたものを心機能曲線という（図 6-5）．正常範囲では，拡張末期容積の増加に伴い 1 回拍出量は増加するが，ある一定の限度を超えると拡張末期容積が増加しても 1 回拍出量の増加は起こらない．また，心不全では心機能曲線が右下方へ移動し，交感神経の活性化では左上方へ移動する．

6-2　特徴的な循環器疾患の症状

> **到達目標**：特徴的な循環器疾患の症状を説明できる．
> **キーワード**：咳，頻呼吸，呼吸困難，運動不耐性，頸静脈怒張，腹水，胸水，チアノーゼ，赤血球増加症，失神

1．咳

　咳は，心疾患に特異的な症状ではなく，呼吸器疾患でも多く認められるため，原因の鑑別に注意する．左心不全でみられる咳は，肺のうっ血・肺水腫に伴う気管支浮腫によるものと，僧帽弁閉鎖不全を代表とする左房・左室の拡大に伴う気管支の圧迫刺激による場合がある．肺水腫があると泡沫性の痰を伴うことが多い．心拡大が進行した症例では，飲水時や嚥下時に咳が誘発されやすくなる．
　犬では左心不全の代表的な症状の一つであるが，猫の心疾患ではまれな症状である．

2．頻呼吸・呼吸困難

　心疾患で最も多くみられ，かつ重要な症状である．しかし，他の多くの原因でも起こるため鑑別診断が重要である．息切れ，十分な呼吸ができない等，呼吸困難の程度や回復時間，体位による変化等の特徴や他の症状から心不全の早期，進行した状態かを判断することもできる．
　心不全の早期では，運動時や興奮時等に呼吸困難を示すことが多い．心不全が進行すると，軽い運動

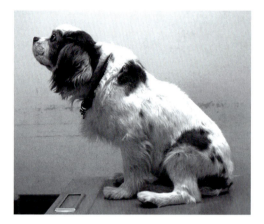

図 6-6　呼吸困難での起坐姿勢．坐位で両肘を外反し，頭頸部を伸ばした姿勢．

でも認められるようになり回復時間も長くなる．また，軽い運動時や安静時でも浅く速い努力性呼吸を呈するようになる．重度になると，横臥や仰臥姿勢をいやがり，坐位や頭部を挙上した姿勢をとることがある（起坐呼吸，図6-6）．心原性呼吸困難の最も重篤な状態は，肺胞性肺水腫である．

3. 運動不耐性

散歩の途中で休みたがる，運動を嫌う等がみられた場合を運動不耐性と判断する．心不全に伴い心拍出量が低下すると，骨格筋への血流量が減少するため運動不耐性が現れてくる．また，重度の心不全では，筋力が低下しているため運動不耐性が顕著となる．

4. 頸静脈怒張

右心不全に伴う静脈のうっ滞が重度になると，頸静脈怒張がみられる．さらに，三尖弁逆流がある場合には，頸静脈の怒張に加え静脈の拍動がみられることがあり，これを頸静脈拍動という．

5. 腹水・胸水

重度の右心不全では，体静脈系のうっ血により腹水貯留が起こる．腹水性状は，通常変性漏出液である．また，重症心不全では胸水貯留を起こすことがあり，犬では両室不全で多く，猫では左心不全でもみられる．胸水性状は，一般的に変性漏出液であるが，猫では乳び様を呈することがある．

6. チアノーゼ

呼吸器疾患やある種の心疾患では，チアノーゼを認めることがある．チアノーゼは，舌，口腔・歯肉，結膜，爪・パット，腟・包皮の粘膜等で観察する（図6-7）．赤血球増加症を伴うチアノーゼは，暗赤色〜青紫色を呈し，心不全と換気障害の合併では黒色の色調となり，著明な心拍出量の低下と末梢血管の収

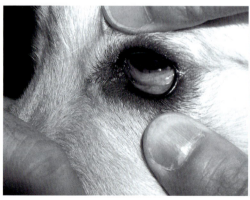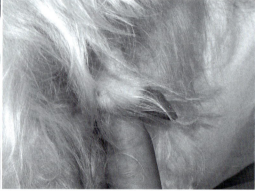

図 6-7　チアノーゼ．ファロー四徴症の犬で観察された眼結膜のチアノーゼ（左）と右左短絡動脈管開存で観察されたペニスのチアノーゼ（右）．「獣医内科学 第2版」付録CDのカラー図参照．

縮を伴う場合は灰白色～鉛色を呈する.

チアノーゼは,その原因により中心性チアノーゼと末梢性チアノーゼに分けられる.中心性チアノーゼは,肺への血行障害,肺でのガス交換異常および動静脈血の混合が原因となり,動脈血酸素飽和度が低下している.一方,末梢性チアノーゼは,静脈還流の遅延,末梢での酸素摂取率の増加および動脈血供給の不足が原因となる.

心臓性チアノーゼの極端なものは,ファロー四徴症のように動静脈血が混合する先天性心疾患でみられるが,心不全が原因となることもある.また,心不全により末梢循環不全を伴うと,末梢性チアノーゼを併発することがある.

7. 失　神

失神は,脳の血行が一時的に低下し意識が喪失することで起こり,この前段階としてふらつきがある.
心臓性の失神は,心拍出量が低下するために脳への血液供給が不十分となって起こるもので,極端な徐脈や頻脈を起こす不整脈性のものと器質的心疾患に伴う一過性の重度の心拍出量低下によるものとがある.

不整脈性の失神は,房室ブロックや洞不全症候群での長い心拍停止や重度の心室頻拍および上室頻拍により一過性の脳虚血を起こすためであり,アダムス・ストークス症候群(発作)と呼ばれる.器質的心疾患による極端な心拍出量の低下は,運動や興奮時または発咳発作時に現れやすい.器質的心疾患としては,重度の大動脈狭窄症や肺動脈狭窄症,重度の僧帽弁閉鎖不全症等がある.特に,僧帽弁閉鎖不全症に重度の三尖弁逆流と肺高血圧症を合併した症例では,ふらつきや失神を起こしやすい.

《演習問題》(「正答と解説」は 179 頁)

問 1. 心臓の機能について正しいのはどれか.
　a.駆出期は,心室が収縮を開始し房室弁が閉鎖した時点から始まる.
　b.等容弛緩期は,房室弁が開放した時点から始まる.
　c.正常な心臓では前負荷が変化しても 1 回拍出量は変わらない.
　d.収縮能が増加した心臓では,わずかな前負荷の増大で 1 回拍出量も増加する.
　e.収縮能が低下した心臓では,前負荷の増大により 1 回拍出量は低下する.

問 2. 循環器疾患の症状で正しいのはどれか.
　a.左心不全に伴う肺水腫での発咳はまれである.
　b.心不全で呼吸困難を示すことはない.
　c.重度な右心不全では腹水がみられることが多い.
　d.中心性チアノーゼは心不全に伴う末梢性循環不全が原因である.
　e.心疾患で失神を起こすことはない.

第 7 章　循環器疾患の診断法

一般目標：各種循環器疾患の診断法と検査法の基礎知識を修得する．

循環器疾患の診断は，飼い主による情報，症状，身体検査さらに各種検査により総合的に行われる．習得すべき各種循環器疾患の診断法と検査法の基礎知識として，身体検査では，とくに聴診が重要であり，次の診断に進むための重要な情報が得られる．循環器疾患の検査法としては，非観血的検査として心電図，心音図，胸部Ｘ線検査，断層心エコー図検査等，観血的検査として心カテーテル検査がある．

7-1　聴　診

到達目標：循環器疾患の聴診所見を説明できる．
キーワード：心音異常，心雑音

1．聴診方法

心音の聴診は，基礎的で重要な心機能の診断法である（図7-1）．心臓の聴診によって評価する項目は，心拍数，心拍動のリズム，第Ⅰ心音（Ⅰ音）および第Ⅱ心音（Ⅱ音）の音量や分裂，過剰心音，さらに心雑音の有無である．心音や心雑音は，弁の開閉，逆流や乱流等によって発生する．聴診は可能な限り立位で，左右両側から行う．心尖部→肺動脈弁領域→大動脈弁領域→三尖弁領域，心尖部→心基部のように順序よく行う．また，チェストピースを少しずつ移動させる移行聴診（インチング）を行う．

2．心音の発生（図7-2）

1）Ⅰ音

Ⅰ音は等容収縮期（収縮期の初め）に出現する．その発生は，僧帽弁閉鎖，三尖弁閉鎖，肺動脈弁開放，大動脈弁開放の四つの要素からなる．正常ではⅠ音は主として僧帽弁の緊張と僧帽弁閉鎖時に左心房側に弁が膨らむこと，さらに血液駆出による僧帽弁と肺動脈弁の振動によって発生する．Ⅰ音は，心尖部で大きく聴取される．

2）Ⅱ音

Ⅱ音は心室拡張初期（収縮期の終わり）に出現する．正常Ⅱ音は主として大動脈弁閉鎖と肺動脈弁閉鎖から構成され，大動脈弁領域と肺動脈弁領域で聴取される．

3．心音異常

1）Ⅰ音の異常

亢進：Ⅱ音よりⅠ音が大きい場合．胸壁の薄

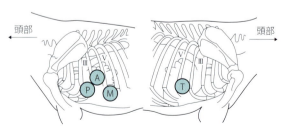

図7-1　犬における聴診部位．P：肺動脈弁口部，A：大動脈弁口部，M：僧帽弁口部，T：三尖弁口部，Ⅲ：第Ⅲ肋骨，Ⅴ：第Ⅴ肋骨．（福島隆治，獣医内科学第2版，文永堂出版，2014）

い動物で聴取される．心拍数増加時（興奮，発熱，運動，貧血，甲状腺機能亢進，陽性変時作用薬投与）に，房室弁の閉鎖速度上昇によってⅠ音が亢進する．房室伝導時間（PQ間隔）が短縮する時（僧帽弁狭窄，第3度房室ブロック）や，閉鎖時の弁の緊張が増大する時にも発生する．

減弱：胸壁の厚い動物，肺気腫，心嚢液貯留，胸水貯留等聴診器と心臓の距離があることと「防音になるもの」があることが原因となる（房室弁緊張能低下，僧帽弁閉鎖不全，拡張型心筋症，PQ間隔延長，ショック等）．

分裂：分裂の幅が狭い生理的分裂と，分裂の幅が広い病的分裂がある（右脚ブロック，犬糸状虫症，心房性期外収縮，エプスタイン奇形等による三尖弁閉鎖遅延等）．正常大型犬ではまれに聴取される．

2）Ⅱ音の異常

亢進：Ⅱ音亢進は，全身性高血圧，肺高血圧が疑われる．動脈弁を通過する血液量が多い場合の左-右短絡（シャント）を伴う先天性心疾患でも認められる．

減弱：大動脈狭窄，肺動脈狭窄，ショック，

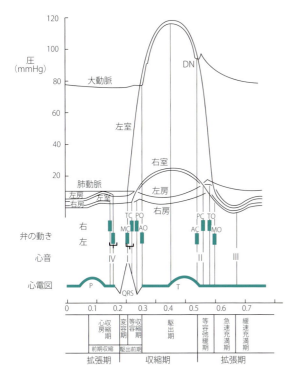

図7-2 心周期．Ⅰ：第Ⅰ音，Ⅱ：第Ⅱ音，Ⅲ：第Ⅲ音，Ⅳ：第Ⅳ音，MC：僧帽弁閉鎖，TC：三尖弁閉鎖，AC：大動脈弁閉鎖，PC：肺動脈弁閉鎖，MO：僧帽弁開放，TC：三尖弁開放，AC：大動脈弁開放，PC：肺動脈弁開放．（福島隆治，獣医内科学第2版，文永堂出版，2014）

心房細動等．

分裂：生理的分裂と病的分裂がある．生理学的分裂は，吸気時に認められる．病的分裂は呼吸と連動しない．持続性分裂は肺動脈弁閉鎖が遅延する（右脚ブロック，肺動脈弁狭窄）．固定性分裂は同じ間隔でⅡ音が分裂する（心房中隔欠損）．奇異性分裂は大動脈弁の閉鎖が肺動脈弁の閉鎖より遅れることが原因となる（左脚ブロック，大動脈弁狭窄，動脈管開存）．

3）過剰心音（第Ⅲ音と第Ⅳ音）

Ⅲ音は心室拡張早期（急速充満期，Ⅱ音の後）の心音で，病的であることが多い．心室に流入する血液が心尖部に衝突する時の振動エネルギーが大きい，心臓の容量負荷が大きいときや，心筋緊張度が低い時に起こる．生理的心音は若齢動物，妊娠時に発生する．病的心音は，僧帽弁閉鎖不全，右-左短絡（心室中隔欠損，動脈管開存等），心筋緊張度低下による心室流入血液量増加，また，うっ血性心不全，拡張型心筋症，大動脈弁閉鎖不全による心室収縮終期容量増加で認められる．

Ⅳ音は心房収縮期に生じ，常に病的である．心室伸展性が減少し，心室拡張末期圧が上昇すると，心房収縮が強力になって発生する（虚血性心疾患，高血圧，大動脈弁狭窄，肥大型心筋症，心不全等）．

4）奔馬調律（ギャロップリズム）

正常心音（Ⅰ音とⅡ音）に過剰心音（Ⅲ音とⅣ音）が加わり，馬が走る時の足音のような調律になる．予後不良であることが多い．拡張期早期ギャロップは正常+Ⅲ音である．左心系の異常，僧帽弁閉鎖不全，三尖弁閉鎖不全で聴取される．前収縮期ギャロップ（正常+Ⅳ音），四部調（重合奔馬調；正常+

表 7-1　心雑音の強さ（Levine の分類）

グレード	定　義
I	最も微弱な雑音で，注意深い聴診でのみ聴取できる
II	聴診器を当てた途端に聴きとれるが，弱い雑音
III	中等度の雑音で，明瞭に聴取できる
IV	中等度の雑音で，明瞭に聴取できる．スリルを触知できる
V	聴診器で聴くことができる最も強大な雑音であるが，聴診器を胸壁から離すと聞こえない
VI	聴診器なしで聴くことができる雑音

III音＋IV音）がある（頻脈，房室ブロック等）．

5）心雑音

心雑音は，正常な心臓では発生しない異常粗雑な心音．最強点，音の強さ（表 7-1），時期，拡散方向を評価する．

（1）発生原因による分類

器質性：心臓の器質的な異常が原因で発生する．

機能性：心臓に異常がなくても聴取される．若齢動物，興奮，運動，貧血，妊娠等の血流速度が増加する状態で聴取される．

心外性：心膜，心膜腔等の異常によって起こる雑音．心膜摩擦音が代表的であり，臓側心膜層と壁側心膜層の炎症性癒着部位がこすれることによって起こる．

（2）時期による分類（図 7-3）

収縮期雑音：駆出性雑音（大動脈弁狭窄，肺動脈弁狭窄），全収縮期雑音（僧帽弁閉鎖不全，三尖弁閉鎖不全），収縮後期雑音（無害であることが多い），収縮早期雑音（心室中隔欠損，犬糸状虫症）がある．

拡張期雑音：心室充満性拡張期雑音（重度の僧帽弁閉鎖不全，心室中隔欠損，動脈管開存），心房収縮性拡張期雑音（僧帽弁狭窄，三尖弁狭窄），逆流性拡張期雑音（大動脈弁閉鎖不全，肺動脈弁閉鎖不全）がある．

連続性雑音：動脈開存．

往復雑音：大動脈弁狭窄と閉鎖不全の共存，僧帽弁狭窄と閉鎖不全の共存，心室中隔欠損と大動脈弁閉鎖不全の共存．

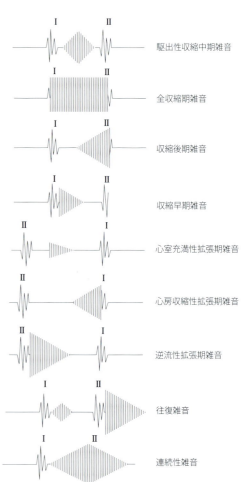

図 7-3　心雑音の分類．（福島隆治，獣医内科学第 2 版，文永堂出版，2014）

7-2 生理学的検査

> 到達目標：循環器疾患の生理学的検査法を説明できる．
> キーワード：心電図，心音図，心カテーテル検査，心内圧，心機能，短絡率

1. 心電図（図7-4）

心電図は体表面から記録した心臓の電気的活動である．①心臓での刺激発生と伝導の情報（不整脈の診断），②心臓の拡大・負荷の情報，③心筋障害，④電解質異常，⑤自律神経機能の指標，⑥麻酔・手術中のモニターとして用いられる．一般的には安静状態で右を下にして寝かせた状態で記録する．他に負荷心電図や長時間記録するホルター心電図がある．

1）各波形の説明

P波：心房の興奮（脱分極）過程（洞結節から興奮が心房内に伝わっていく状態）を示す．
QRS群：Q波とR波とS波の三つの波からなる．心室中隔（Q波）と左右心室筋（R波とS波）の興奮過程を示す．
T波：心室の電気的回復（再分極）過程であり，心室は静止状態にある．
P-R（Q）時間（間隔）：心房の刺激伝導時間＋房室結節・ヒス束・左脚・右脚の刺激伝導時間である．
QT時間（間隔）：心室の脱分極開始から再分極の終了までの時間である．
平均電気軸：心室の最大起電力の方向．心臓の電気的な軸の振れ具合を示す．

2）誘導法

犬と猫では標準肢誘導による双極誘導（Ⅰ，Ⅱ，Ⅲ）と増高単極誘導（aVR, aVL, aVF）が用いられる．

3）正常心電図

正常心電図を表7-2に示す．

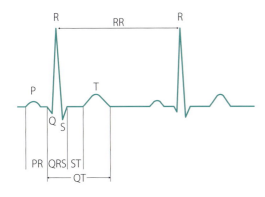

図7-4 心電図における各棘波の名称．心電図は，心房興奮（脱分極）を表すP波，心室興奮を表すQRS群および心室再分極を表すT波からなる．QRS群においては，最初の陰性波をQ，陽性波をR，R波以降の陰性波をSという．（小山秀一，獣医内科学第2版，文永堂出版，2014）

4）異常心電図

異常調律であること．脈拍が正常より多い（頻脈），少ない（徐脈）または心房性，結節性，心室性のリズムの異常を示す場合を指す（詳細は第9章 不整脈を参照）．

2. 心音図

心音を，胸壁に密着させたマイクロフォンを介して記録する．心雑音を発見・記録する（図7-3）．

3. 心カテーテル検査

心臓・血管の各部位にカテーテルを挿入し，心機能に関する各種情報を得る．心カテーテル検査には血行動態検査として，心臓の各部位の圧力（心内圧），拍出量および血液の酸素飽和度等の測定があり，酸

表 7-2 犬の正常心電図

心拍数（beat/分）			成犬：70〜160，超大型犬：60〜140，小型犬：<180，子犬：<220
リズム			正常洞調律，洞性不整脈，ワンダリングペースメーカー
時間（秒）と電位(mV) II誘導心電図	P波	時間	〜0.04，〜0.05（超大型犬）
		電位	〜0.4
	P-R間隔	時間	0.06〜0.13
	QRS群	時間	〜0.05（小型犬），〜0.06（大型犬）
		R波電位	〜3.0（大型犬），〜2.5（小型犬）
	S-T分節	下降なし（<0.2 mV），上昇なし（<0.15 mV）	
	T波	陽性，陰性または2相性	
		電位	R波電位の1.4倍を超えない
	Q-T間隔	時間	0.15〜0.25（正常心拍数）
平均電気軸（度）			+40〜+100

Textbook of canine and feline cardiology 2nd Ed Fox, P.R., Sisson, D., and Moise, N.S. W.B. Saunders Company 1999 から引用

素飽和度から動脈に流れる静脈血の比率（短絡率）を計算する．心・血管造影検査では，造影剤を注入して血液の流れを確認できる．

7-3 画像診断

> 到達目標：循環器疾患の画像診断法を説明できる．
> キーワード：胸部X線，断層心エコー図

1. 胸部X線検査（図7-5）

X線検査は，X線を身体に照射し，透過したX線を検出器（フィルム，イメージングプレート，フラットパネルディテクター等）で可視化することによって内部の様子を知る．X線を透過する部分（肺，筋肉，軟骨等）は黒く，吸収性の高い部分（骨等）は白く写る．吸収度の高い物質（ヨード剤や硫酸バリウム等）を用いた造影検査も行われる．胸部X線撮影は，心臓の大きさや形態，血管系の太さや走行，

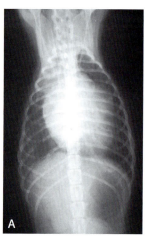
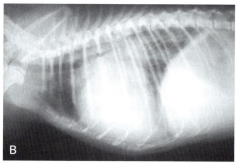

図7-5 僧帽弁閉鎖不全の犬．DV像（A）およびラテラル像（B）．左心耳の拡大と両心拡大がみられる．またラテラル像では心拡大に伴って気管分岐部および気管支の背方への挙上がみられる．（藤田道郎，獣医内科学改訂版，文永堂出版，2011）

肺や気管および縦隔等の構造や位置，病変等を検出する．

1）撮影方向およびタイミング

右または左の横臥位（ラテラル）像と背腹（DV）像または腹背（VD）像の直交2方向からの撮影が必要である．また，コントラストを明瞭にするために，肺のガス（空気）が多く含まれる吸気時の撮影を基本とする．気管や気管支の虚脱，気管支部分閉塞，含気腫，肺気腫，少量の気胸が疑われる場合は呼気時にも撮影する．

2）読影法

背腹（DV）像または腹背（VD）像では，頭が上で，動物の身体の左側が向かって右になるように配置する．ラテラル像の画面では，背中が上になり，頭が向かって左になるように配置する．心臓の診断

表7-3 心臓の各部位の時位

部位	DV	ラテラル
左心房（左心耳）	2～3時	2～3時
左心室	3～5時	2～5時
右心房	9～11時	
右心室	5～9時	5～9時
肺動脈	1～2時	9～10時
大動脈	11～1時	10～11時

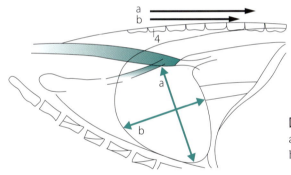

図7-6 椎骨心臓スケールによる心臓評価．長軸（a）＋横径が 9.7 ± 1V が正常．（藤田道郎，獣医内科学改訂版，文永堂出版，2011）

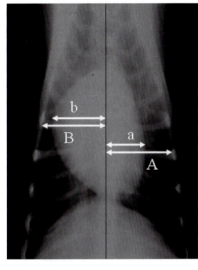

図7-7 心胸郭比の計測方法．
a：左側最大心横径，A：左側最大心横径部の胸郭横径，
b：右側最大心横径，B：右側最大心横径部の胸郭横径

$$\frac{a+b}{A+B} \times 100\ (\%)$$

【正常】犬：65％以下，猫：67％以下
（茅沼秀樹，獣医内科学第2版，文永堂出版，2014）

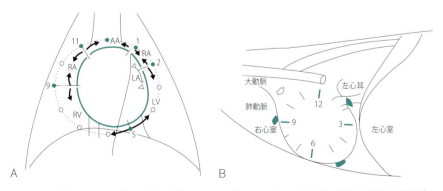

図7-8 時位による心臓の評価方法．A：DV像，B：ラテラル像．（藤田道郎，獣医内科学改訂版，文永堂出版，2011）

では，X線がまっすぐ照射される位置に心臓があることが重要である．

3）心臓のサイズ（標準サイズ）

肋間幅に基づく診断：正常犬のラテラル像における最大心臓横幅は 2.5～3.5 肋間分くらい．

椎骨心臓スケール（vertebral heart scale, VHS）：心臓のサイズを椎骨の数で表現する．ラテラル像において気管分岐部から心尖部に引いた直線の長さ（縦径）とそれに直交する「心臓の幅が最大になる部位」の長さ（横径）を計測する．それぞれが第四胸椎から胸椎何個分に相当するかを測定し，長径と短径の椎骨数を合計する．正常値は犬が 9.7 ± 0.5，猫が 7.5 ± 0.3 とされている（図7-6）．

心胸郭比：DV または VD 像における判定法．正中線を引き，左側の心臓の最大幅とその部位の胸郭の幅，同様に右側の心臓の最大幅とその部位の胸郭の幅を計測し，（左側心臓幅と右側心臓幅の合計）／（左側胸郭幅と

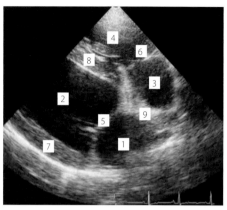

図 7-9　長軸四腔断面．右傍胸骨アプローチで長軸四腔断面を描出すると画面上部には右心系が，画面下部には左心系が描出される．1：左心房，2：左心室内腔，3：右心房，4：右心室内腔，5：僧帽弁，6：三尖弁，7：左心室自由壁，8：心室中隔，9：心房中隔．（堀　泰智，獣医内科学第 2 版，文永堂出版，2014）

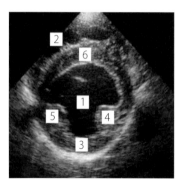

図 7-10　左室短軸断面．右傍胸骨アプローチで左室短軸断面を描出すると画面上部には右心系が，画面中央から下部には左心系が描出される．図は乳頭筋レベルを示している．1：左心室内腔，2：右心室内腔，3：左心室自由壁，4：前乳頭筋，5：後乳頭筋，6：心室中隔．（堀　泰智，獣医内科学第 2 版，文永堂出版，2014）

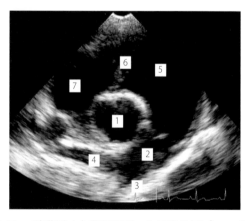

図 7-11　肺動脈／大動脈断面．右傍胸骨アプローチで肺動脈／大動脈断面を描出すると画面中央に大動脈の横断面が描出される．1：大動脈，2：主肺動脈，3：左肺動脈，4：右肺動脈，5：右心室内腔，6：三尖弁，7：右心房．（堀　泰智，獣医内科学第 2 版，文永堂出版，2014）

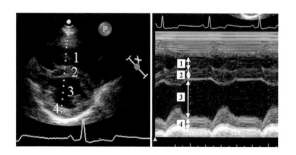

図 7-12　M モード．右傍胸骨アプローチで左室短軸断面を描出した（左図）．この画像上の点線がサンプルビームにあたり，サンプルビーム上の M モード画像が表示される（右図）．1：右心室内腔，2：心室中隔，3：左心室内腔，4：左心室自由壁．（堀　泰智，獣医内科学第 2 版，文永堂出版，2014）

右側胸郭幅の合計）× 100（％）を算出する（図 7-7）．

心臓各部位の評価：心臓の各部位を時計に見立て，心臓のどの部位に異常があるかを評価する（図 7-8）．

2. 断層心エコー図

断層心エコー図検査（echocardiography）は，心臓の形態の変化や血流状態をリアルタイムに評価できる非侵襲性の検査である．小動物では比較的周波数が高く（> 5 MHz），形状の小さい（セクタータイプ）プローブが使いやすい．心拍動を触知する部位にプローブを当てると心臓を描出することができる．プローブと皮膚の間に空気が入らないようにアルコールやゼリー等で十分に湿らせ，必要に応じて毛を刈る．

B（brightness）モード法：心臓の構造や形態（心房・心室の筋肉の動き・厚さ，心内腔の幅，弁の動き等）を断層像として描出する方法．プローブの当て方によっていろいろな断面を描出できる．代表的な断面は，長軸四腔断面，左室長軸断面，左室短軸断面，肺動脈／大動脈断面等がある（図 7-9 ～ 7-11）．

M（motion）モード法：B モードに表示される画面上の任意の直線上のエコーの強さを経時的に表示する．心室壁の運動や肉厚および内腔の変化，弁の運動等を時間を追って評価できる（図 7-12）．

ドプラ法：ドプラ法は，血流の方向，速度および時間を解析するための方法であり，比較的遅い血流（1 m/ 秒前後）を測定するパルスドプラ法と速い血流（2 m/ 秒以上）の記録に適している連続波ドプラ法がある．

カラードプラ法：プローブから遠ざかる血流は青色，プローブに向かう血流は赤色に着色して表示される．乱流は赤，青，緑，黄色の混在したモザイクパターンとして表示される．弁の閉鎖不全や狭窄に伴う逆流や乱流，中隔欠損や動脈管開存による短絡血流を可視化することができる．

《演習問題》（「正答と解説」は 180 頁）

問 1．心電図において正しい組合せはどれか．
 a．p 波－心房拡張
 b．QRS －心室拡張
 c．T 波－心室拡張
 d．僧帽性 P 波－肺高血圧
 e．第 I 度房室ブロック－ PR 間隔の短縮

問 2．右のレントゲン写真の特徴として，正しい文章はどれか．
①右心室拡大，②肺動脈拡張，③左心房（心耳）拡張，④大動脈拡張，⑤左心室拡大
 a．①，②，③
 b．①，③，⑤
 c．①，④，⑤
 d．②，③，④
 e．②，④，⑤

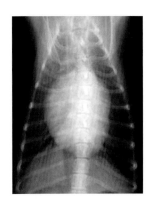

第8章　心不全【アドバンスト】

一般目標：心不全の定義，重症度分類，症状，診断法と治療法を修得する.

　到達目標：心不全の定義，種類と重症度分類を説明できる.
　キーワード：左心不全，右心不全，急性心不全，慢性心不全，心不全分類

　心不全とは，十分な静脈還流があるにもかかわらず，器質的あるいは機能的な心臓の異常により十分に血液を送り出せず，臓器のうっ血や浮腫，あるいは代謝の需要に見合った臓器の血流量が得られていないことによって生じる症候群である．肺うっ血，肺水腫，全身および主要臓器の低還流による障害あるいは臨床徴候等を呈する．心不全，心筋不全，循環不全は同義として使用されることがあるが，狭義には同義ではない．心筋不全，循環不全は心不全を生じることも生じないこともある．また，循環不全は全て原発性心筋疾患に起因するとも限らない．対して「不全心」とは，特定の前負荷に対する収縮力が通常よりも少ない状態，あるいは負荷が0（ゼロ）の時における心筋短縮速度が低下している状態，あるいはATP分解によるエネルギー利用効率が減少している状態等，みる方向を変えると様々ないい方ができる．「不全心」の患者でも，必ずしも「心不全」を呈するとは限らないが，心不全の背景には不全心が存在する．

　心不全の病態や成立ちから，前方性・後方性心不全，右心・左心不全，急性・慢性心不全，低拍出・高拍出性心不全，拡張・収縮不全等と呼称される.

　急性心不全とは，心疾患により急速に心ポンプ機能の代償機転が破綻し，心室拡張末期圧の上昇や主要臓器への灌流不全をきたし，それに基づく症状や徴候が急性に出現，あるいは悪化した病態をいう．対して慢性心不全とは，慢性の心ポンプ失調により肺および／または体静脈系のうっ血や組織の低灌流が継続し，日常生活に支障をきたしている病態をいう.

　静脈うっ血による臨床徴候の発現が右心系疾患あるいは左心系疾患に起因するものを，それぞれ右心不全あるいは左心不全という．変性性僧帽弁疾患，心筋症といった主に左心系が罹患する疾患により左室拡張末期圧が上昇し，すなわち左心房圧，肺静脈圧の上昇を招くことから肺毛細血管の静水圧が上昇し肺水腫をきたした状態を左心不全という．一方，右心不全とは，肺高血圧症，三尖弁逆流症といった右心系に圧負荷あるいは容量負荷を生じる疾患により中心静脈圧が亢進し，腹水，胸水，肝うっ血，浮腫，運動不耐性等をきたした状態をいう.

【病　態】

　代償機構とうっ血（体液保持）：心拍出量が低下し需要に見合った血流量が得られないと，代償機構として神経体液性因子を活性化させ，体液を保持しようとし，心筋収縮力を上げ（フランク‐スターリング機構），さらに心臓リモデリングを発動することにより生体は危機を切り抜けようとする．免疫・炎症系システムは，心筋の生存促進，血管新生促進に関与しているようである．体液保持の亢進により心臓の前負荷は増大し，短期間の効果として心拍出量が回復する．体液保持には神経体液因子〔レニン・アンジオテンシン・アルドステロン系（RAS），交感神経系，バソプレシン（ADH）〕の活性化が重要な役割を担っている.

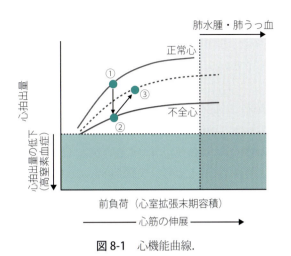

図8-1 心機能曲線.

図8-1の心機能曲線は，心拍出量の低下した不全心において代償機構が発動した時の状態を示している（灰色と青の領域については後述）．正常（①）から不全心により心拍出量が低下（②）するが，交感神経系の活性化によってグラフは点線のようにいったん持ち上がり，さらにRAS等の体液因子の活性化により体液保留が生じると，前負荷が増大することから③へと移動し，心拍出量はいったん回復する．体液保持は，①交感神経系の活性化，②RASの活性化，③ADHの活性化，④腎臓における濾過分画の増大により促される．

交感神経系の亢進は，傍糸球体装置を刺激することによるレニン分泌の増大，近位尿細管におけるナトリウム再吸収の促進を引き起こすことから体液が保持される．

RASは生命維持のために生体が獲得した救命救急システムの代表であるが，RASには局所の組織に存在するRASと循環血液中に存在するRASがある．循環のRASは以下の状態が生じた場合，活性化される．すなわち，輸入細動脈の伸展の低下，遠位尿細管緻密斑へのNaCl運搬の低下，交感神経活性の亢進のいずれかが生じると腎臓でレニンの分泌を誘発する．レニンはアンジオテンシノーゲンをアンジオテンシンIに変換し，さらにアンジオテンシン変換酵素（組織ではキマーゼ）によってアンジオテンシンIはIIに変換される．アンジオテンシンIIの全身に及ぼす主な二つの作用は，①血管収縮，②水およびナトリウムの保持である．アンジオテンシンIIは血管平滑筋に直接作用するのと同時に，血管のカテコラミンに対する感受性を増大させる．結果，末梢血管抵抗が増大し，血圧を上昇（回復）させる．後者の水とナトリウムの保持は，腎臓の近位尿細管におけるナトリウム再吸収の増大と，副腎皮質から放出されるアルドステロン，ADH分泌促進により生じる．近位尿細管でナトリウムが再吸収促進されると，マクラデンサに到達するNaClが低下するので，レニン分泌が亢進しさらにRASが活性化される．アンジオテンシンIIは輸入および輸出細動脈，小葉間動脈を収縮させる．輸入細動脈，輸出細動脈を両方とも収縮させるが，輸出細動脈の血管抵抗の方がより増大する．これら細動脈収縮により腎血流量は低下するが前述の理由により糸球体毛細血管の静水圧が上昇するため，血圧低下によりRASが活性化されていても糸球体濾過率（GFR）は同程度に保たれることになる．アンジオテンシンIIは，高濃度ではメサンギウムを収縮させる結果，濾過面積を低下させる．また，輸入細動脈の尿細管糸球体フィードバックの感受性を高める．

ADHあるいはバソプレシンは，下垂体後葉から分泌されるホルモンで，集合管におけるV2受容体を介して水の再吸収を増大させるだけでなく，心臓リモデリングにも関与しているとされている．また，腎臓への血流量が低下しRASが活性化されると，濾過分画が増大することも尿細管からの体液再吸収に寄与している．

ナトリウム利尿ペプチドは，心房（心房性ナトリウム利尿ペプチド，ANP）や心室（脳性ナトリウム利尿ペプチド，BNP）に負荷がかかると心臓から分泌されるホルモンで，アンジオテンシンIIと拮抗する作用を有する．循環血中のANPやNT-proBNPは，心不全の病態や重症度と相関することからバイオマーカーとして有用である．また，急性心不全治療薬として，製剤化されたナトリウム利尿ペプチド（カ

ルペリチド）が使用されている．

心不全において心拍数は増大するが，これは交感神経系および RAS といった心不全の代償機構の活性化を反映し，さらには心機能においてきわめて重要な因子である．心拍数により，収縮機能や拡張機能は強く影響を受ける．

代償性心肥大：心臓が肥大あるいは拡張するのは，心負荷に対抗する代償である場合と，そうではない場合があり，後者は心筋症がその代表例である．前負荷とは，心臓に戻ってくる血液還流量（静脈還流量），後負荷とは血液を拍出する時に心臓にかかる抵抗をいう．前負荷が増大する心疾患（房室弁逆流症，左右短絡性疾患等）では拡張期に心筋が長軸方向に伸長することから，代償性心肥大として遠心性肥大を生じる．一方，後負荷の増大をきたす疾患では求心性肥大を呈し，心室壁厚の増大，心室内腔の狭小化等を引き起こす．

代償性心肥大は，心室壁にかかる張力（ストレス），すなわち壁応力が増大すると生じる．壁応力は，心室内圧増大および／あるいは心室内腔の拡大により増大する（ラプラスの法則）．心室の壁応力が増大すると，その情報は細胞内情報伝達に翻訳され，肥大が生じる．心肥大が生じると，増大した壁応力は緩和され（ラプラスの法則），負荷は代償される．心肥大に関与する細胞内情報伝達系の代表例が組織に存在するアンジオテンシンⅡである．他に，交感神経系，エンドセリン，サイトカイン他もリモデリングに関与している．心肥大は，心筋のサイズが増大するだけではなく，細胞外基質（マトリックス）の変化を伴う．細胞外マトリックスはコラーゲンに代表される蛋白質からなり，心筋細胞を連結して心筋層全体に機械的な力を均一に伝えるという役割をもっている．負荷によってマトリックスメタロプロテアーゼ（MMP）およびその阻害酵素（TIMP）の動態に変化をきたし，心筋細胞だけではなく細胞外マトリックスもリモデリングしていく．

肥大による代償で過負荷を凌いだようにみえても，リモデリングにより線維化をきたし，心室機能は低下し，さらには血管リモデリング，代謝リモデリング（心筋の燃料の使い方が変わる）も相まって，心不全へ進行していく．心肥大により心負荷を代償しても，正常心と同じ 1 回拍出量を駆出するために，肥大心はより高い心筋酸素需要が必要になる．

心機能低下によってもたらされた体液保持，心肥大といった代償機構が破綻した時，心不全の臨床徴候が発現する．

【治　療】

治療の目標は，心不全による臨床徴候を緩和し，生活の質および生命予後を改善することである．心不全の原因疾患は原発性心疾患の場合もあれば，二次的疾患である場合もある．その基礎疾患の追求と病態の把握ののち，心不全の分類に基づいて個々の症例に対して治療を組み立てていくべきである．

急性心不全治療：急性心不全の治療の目標は，現在生じている心不全徴候を緩和することが第一の目標である．慢性心不全の治療は，急性心不全の治療の目標に加え生存期間の延長と生活の質の改善が目標となる．したがって，治療方針も急性と慢性で分けて論じる．

急性心不全の治療は，Forrester の血行動態による分類（図 8-2）に示されるように，各個体の血行動態に基づいて方針を立てる．斜線の領域（ⅡおよびⅣ群）は，前負荷が増大した結果肺水腫を生じている状態を示す．灰色の領域（ⅢおよびⅣ群）は，心拍出量の低下により末梢循環不全を呈している状態を示す．この分類では心拍出量と前負荷により病態を分類しているが，実際の症例では血圧，心収縮機能および血管内容量等，他の生体情報も合わせて評価を行う．そうすることで病態をより的確に把握できることから，さらに適切な治療の選択が可能となる．

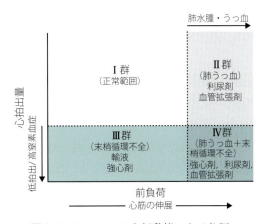

図 8-2 Forrester の血行動態による分類.

犬や猫でよく認められる急性うっ血性心不全徴候は，心原性肺水腫である（Forrester 分類，Ⅱあるいは Ⅳ 群）．本病態は治療しなければ致死的になり得ることから，慢性心不全と比較して緊急対応が必要となる．治療の目標は，致死的な肺水腫を改善することが最も優先であり，加えて血圧の適正化，主要臓器への血流の確保である．薬物療法として，① 前負荷除去療法，② 後負荷除去療法，③ 強心療法があげられ，通常非経口ルート（皮下投与，筋肉内投与，静脈内投与のいずれか）により治療する．まず，増大した前負荷を除去する治療（前負荷除去療法）としてループ利尿薬（フロセミド）およびニトログリセリンの投与（経皮あるいは舌下）を行う．臨床徴候が改善しない場合，ループ利尿薬を繰り返し投与するか，あるいは後負荷除去療法として血管拡張剤（ニトロプルシド，カルペリチド等）を併用する．後者を行う際，血圧のモニターが必要であり，もともと低血圧の場合は使用禁忌である．前負荷除去療法を実施しても改善がない，あるいは乏しく，血圧が低い場合（Forrester 分類，Ⅳ 群）は強心療法（ドブタミン，ミルリノン等）を併用する．呼吸困難や不安等で非協力的な動物には，必要に応じて鎮静を行い，酸素室（吸入酸素濃度 35 ～ 40% 程度）等の補助療法も併用する．

肺水腫は認めず低心拍出による血圧低下が認められる場合（Forrester 分類，Ⅲ 群）は，強心薬と，必要に応じて適切な血管内容量の確保（輸液）を行う．Ⅳ 群では肺うっ血があるため輸液は控え，Ⅱ 群の治療に加え強心剤を併用する．

胸水貯留によって呼吸困難を生じている場合は，直ちに胸腔穿刺により除去を行う．

これらの処置により状態が安定化したら，慢性心不全治療に移行していく．

慢性心不全治療（心不全分類とそれに基づく治療）：従来，心不全分類は，International small animal cardiac health council（ISACHC）分類やヒトの New York Heart Association（NYHA）分類が使用されてきたが，2009 年，米国獣医内科学会（ACVIM）による犬の慢性変性性房室弁疾患の治療ガイドラインの中で新分類法が公表された．慢性変性性房室弁疾患は進行性の病態であることから，この分類では発症前の段階から発症，病態の進行を A ～ D までの 4 段階に分け，それぞれのステージにおける治療のガイドラインを提示している．本ガイドラインは 2019 年に改訂予定であることから，以下の記載よりもアップデートされる情報に留意していただきたい．本項では慢性変性性房室弁疾患を中心にステージごとの心不全治療について述べていくこととする．ただし，慢性変性性房室弁疾患以外の心疾患において，別のタイプの心負荷による病態を加味する必要がある場合や不整脈他修飾因子が付加された場合は，その疾患や症例ごとに治療の追加あるいは変更が必要なことがあることを念頭に置くべきである．

慢性変性性房室弁疾患の心不全分類と治療：ACVIM ガイドラインのステージ A は，心不全発症のリスクは高いがまだ器質的な心疾患が認められない動物が分類される．慢性房室弁疾患は小型犬，キャバリア・キング・チャールズ・スパニエルに多発することから，これらの動物が分類される．ステージ B は，器質的な心疾患（ここでは慢性房室弁疾患）がすでに発症しているが，それによる臨床徴候を呈していない犬が分類され，さらに，心臓リモデリング（つまり心拡大）が認められない B1 と，すでに認められる B2 に細分類される（2019 年改訂予定）．ステージ C は，器質的心疾患を有し現在あるいは過

去に心不全徴候（肺水腫）を示した犬，ステージ D は標準的な治療では難治性の心不全徴候を有する犬が分類される．いったんステージ C あるいは D に分類されると，治療により心不全徴候が改善して無徴候になったとしてもステージ B に戻ることはない．

代償により亢進した神経体液因子により，結果的にうっ血や心臓リモデリングが進み最終的に代償が破綻することから，神経体液因子の抑制は心不全治療の主要な柱となっている．ステージ A および B1 の慢性変性性房室弁疾患では，心不全の代償機構の過剰な発動はまだ認められないため，治療は推奨されていない．他の心疾患においても，無徴候で心臓リモデリングが明らかに認められない場合は，治療は行わず経過観察とすることが多い．ステージ B2 になると，神経体液因子の亢進が始まるが，このステージの症例を対象にした ACE 阻害薬の臨床試験の結果からは，治療に関する有益性に統一した見解が得られておらず，治療適応のコンセンサスが得られていない．一方，拡張型心筋症では，ACE 阻害薬治療は心不全発生までの時間の延長に有益であるとした臨床研究が発表されている．猫に関しても，臨床徴候を認めない心疾患に対する治療の介入の有益性を示す臨床研究はまだ認められない．一部の専門家は，猫の肥大型心筋症の一型である閉塞型肥大型心筋症ではアテノロールを使用することがある．

ステージ C では，急性心不全の治療に使用した利尿剤を慢性期においても引き続き経口投与で継続する．第一選択薬としてループ利尿薬（フロセミド，トラセミド等）が使用される．ただし，利尿剤はうっ血を改善する反面，循環血液量を減少させ RAS を活性化させることから，慢性治療薬として使用する場合には，うっ血がコントロールできる必要最少量とすることが原則である．利尿剤使用時は腎パネルの定期的なモニターも必要である．ステージ C ではすでに RAS が活性化されていること，また利尿剤による RAS の活性化が予想されることから，ACE 阻害薬も適応となる．さらに，犬の慢性房室弁疾患および拡張型心筋症ではステージ C においてはピモベンダンが予後の改善をもたらすことから適応となる．この三つの薬剤を用いても心不全の管理が困難な場合は（ステージ D），血管拡張薬（アムロジピン等），利尿剤（ヒドロクロロチアジド），RAS 抑制薬（スピロノラクトン）の併用を考慮する．ジゴキシンを代表とするジギタリス製剤は，強心作用のみならず徐拍作用を有することから，心房細動症例によく使用される．

心房細動（AF）や上室頻脈性不整脈が心不全の治療を複雑にすることがある．この場合は不整脈治療の併用も必要となることがある．

薬物療法の他に，このステージではナトリウム制限食といった食餌管理や運動制限等の生活指導等も推奨される．

胸水や腹水が貯留しており，呼吸機能に影響が認められる場合，胸水あるいは腹水抜去を行う．

他の心不全治療：心不全に陥るに至った背景疾患の病態によっても，治療は左右される．原発性心疾患では，拡張不全か収縮不全か，容量負荷か圧負荷か，右心不全か左心不全か，等を考慮し，治療方針を決定する．

肺高血圧による右心不全を呈している場合，肺高血圧の背景を治療すると同時にシルデナフィル等の肺血管拡張薬を併用する．

猫の慢性心不全の背景疾患には，肥大型心筋症，拘束型心筋症といった拡張不全の病態をとる疾患が多く，この場合は利尿剤，ACE 阻害薬に加えジルチアゼム，β ブロッカー等，拡張機能を改善する薬剤も治療に使用される．ピモベンダン等の強心剤は，肥大型心筋症，拘束型心筋症では拡張不全の病態から第一選択薬にはならないが，疾患が進行すると拡張不全に加え収縮不全も認められようになることがあり，この場合は使用を考慮する．また猫では，動脈血栓塞栓症が合併症としてよく認められること

から，血栓形成の予防を目的にアスピリン，クロピドグレル，ダルテパリン等を必要に応じて併用する．

《**演習問題**》（「正答と解説」は 180 頁）

問 1. 心不全の状態に当てはまる症例はどれか．

    a．ワクチン接種時に Grade V/VIの連続性雑音を聴取した無徴候の 3 ヵ月齢のマルチーズ．

    b．腎疾患による高血圧で心肥大が認められる 13 歳齢のシー・ズー．

    c．慢性呼吸器疾患により肺高血圧を呈し，呼吸困難の認められる 15 歳齢のポメラニアン．

    d．腎盂腎炎から心内膜炎を生じ，僧帽弁閉鎖不全を生じて肺水腫から呼吸困難となったシェパード．

    e．上記全て．

問 2. 慢性変性性房室弁疾患（僧帽弁逆流症）によるうっ血性心不全を呈する犬において，最も<u>当てはまらない</u>と思われる臨床所見はどれか．

    a．体温：38.6℃

    b．呼吸数：80 回 / 分

    c．心拍数：60 回 / 分

    d．収縮期動脈圧：100 mmHg

    e．5 段階評価によるボディコンディションスコア：3

第9章　不整脈【アドバンスト】

一般目標：不整脈の心電図上の特徴と治療法を修得する.

到達目標：各種不整脈の心電図上の特徴を説明できる.
キーワード：洞頻脈，期外収縮，電気的除細動，心房細動，心室粗動，心室細動，房室ブロック，デルタ波，洞不全症候群

　不整脈とは，正常洞調律以外のすべての心調律障害を指す. 不整脈は，刺激生成異常，興奮伝導異常およびそれらの組合せによって生じる. 刺激生成異常の発生機序には，自動能の亢進とトリガード・アクティビティ（撃発活動）があげられる. 一方，興奮伝導異常の発生機序には，リエントリーおよび伝導の遅延・途絶があげられる.

9-1　洞調律

　正常洞調律とは，洞房結節で発生した電気的興奮が，特殊刺激伝導系を通って正しく心房心室に伝播し，それが正常な心拍数の範囲で規則的に繰り返し生じることをいう. 犬では 60 ～ 160 bpm，猫では 120 ～ 220 bpm 程度が正常洞調律における心拍数の範囲である. 若齢動物では，正常洞調律の心拍数はやや多い.
　洞房結節における興奮頻度が正常より増大した心拍（犬では 160 bpm 以上，猫では 240 bpm 以上）を洞頻脈といい，緊張や興奮による生理的な交感神経緊張，心不全等による代償的な交感神経緊張，高拍出状態を呈する全身性あるいは代謝性疾患（発熱，貧血，甲状腺機能亢進症等），薬物等に起因する. 心拍数が遅い以外は正常洞調律と同様であるものを洞徐脈といい，犬では 60 bpm 以下，猫では 120 bpm 以下に心拍数が減少したものをいう. 迷走神経緊張，脳圧亢進，心疾患，薬剤（特に麻酔薬）等による. 洞性不整脈とは，洞房結節からの興奮が不規則に生じているものをいう. 代表的なのは呼吸性洞性不整脈で，吸気に迷走神経が抑制され呼気には亢進するために，呼吸に伴い規則的な不規則性が生じる. 特に，迷走神経亢進が生じている場合や短頭種で顕著に認められる. 犬では正常でもよく認められるが，猫では通常みられない.

9-2　異所性刺激生成異常

1．補充収縮，補充調律

　心臓には生理的自動能を有する部位があり，その中で最も早く興奮する部位（正常では洞房結節）がペースメーカとなる. しかし，上位ペースメーカから興奮が下位に伝導されない場合，下位中枢がペースメーカとなる（補充調律，図 9-1）. 下位中枢の自動能の発現により生じた興奮を補充収縮という. 心電図上では，補充収縮は，洞調律から予想されるタイミングよりも遅く出現する.

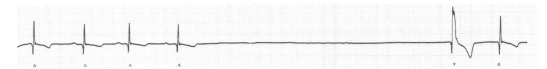

図 9-1 失神を呈するシュナウザーの心電図．正常洞調律の波形が 4 拍続いたあとに約 2.5 秒間のポーズが認められる（洞房ブロックあるいは洞停止）．ポーズのあとに心室補充収縮（幅の広い QRS 群を呈する波形）が出現している．洞不全症候群と診断された．II 誘導，ペーパースピード 50 mm/秒，1 mV = 0.5 cm．

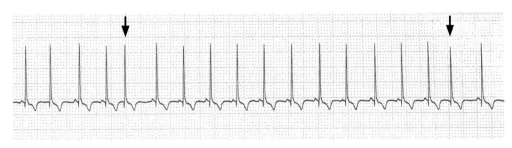

図 9-2 肥大型心筋症の猫で認められた上室期外収縮（矢印）．不整脈以外に R 波の増高が認められる．II 誘導，ペーパースピード 25 mm/秒，1 mV = 1 cm．

2. 期外収縮

　期外収縮とは，基本調律の周期（通常は洞調律）よりも早期に出現する異所性興奮で，早期収縮ともいう．異所性興奮の発生起源により，上室期外収縮（図 9-2）と心室期外収縮に分類される．上室期外収縮はさらに心房期外収縮と房室（結節）接合部期外収縮に分類される．期外収縮の発生部位が 1 ヵ所であれば，期外収縮波形は同一のものしか認められないが（単源性），複数箇所であれば形態の異な

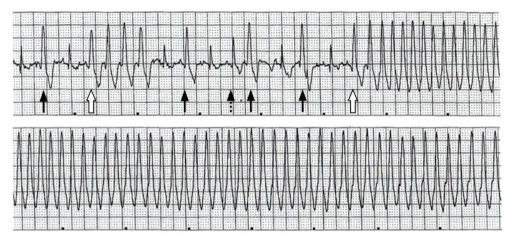

図 9-3 失神を呈する不整脈源性右室心筋症のボクサー犬の心電図．上段から下段にかけて一続きの心電図である．心室期外収縮（実線矢印）が認められる．点線矢印は融合収縮（洞調律の QRS 群と心室期外収縮の QRS 群が重なった波形）である．一つ目の白抜き矢印以降 4 拍は発作性心室頻拍，二つ目の白抜き矢印以降は持続性心室頻拍となっており，これらの心室頻脈性不整脈は前の波形の T 波にきわめて近い間隔で次の QRS 群が出現している（R on T）ことから，危険性の高い不整脈である．ペーパースピード 25 mm/s．II 誘導，1 mV = 0.5 cm．

る期外収縮が出現する（多源性）．

　心房期外収縮では，洞調律のP波とは異なる形態のP'波が早期に出現し，それに洞調律と同じ形態を有するQRS群が続いて生じる．心房期外収縮により洞房結節の興奮周期がリセットされるため，心房期外収縮から次の洞調律の波形までの時間は，洞調律のRR間隔に等しくなる（非代償性休止期）．上室期外収縮は正常な心機能の犬・猫で認められることがあるものの，器質的心疾患（特に心房拡大をきたしている場合，慢性房室弁疾患，心筋症，容量負荷を生じる先天性心疾患等）を有していたり，非心臓疾患（代謝性，全身性，炎症性疾患，麻酔薬等の薬剤）が認められたり，様々な原因があげられる．

　心室期外収縮（図9-3）は，正常なPQ間隔をもったP波は先行せず，洞調律のQRS群と形態の異なる持続時間の長いQRS群が早期に出現するものである．正常調律が伝導され心室が興奮するはずであったタイミングと同時期に，心室期外収縮により心室が不応期であると心室は興奮しない．したがって，心室期外収縮前の洞調律の波形から心室期外収縮後の洞調律の波形までの時間は，洞調律のRR周期の約2倍となる．これを代償性休止期という．洞調律の間に，洞調律を乱さずに心室期外収縮が生じるものを間入性心室期外収縮という．

　心室期外収縮の背景疾患には様々なものがあり，心疾患を有する場合と有さない場合がある．前者は，心不全，先天性および後天性心疾患（慢性房室弁疾患，各種心筋症），感染性心内膜炎，心筋炎，心筋梗塞，心臓腫瘍等があげられる．特にボクサーに発症する不整脈源性右室心筋症，ドーベルマンの拡張型心筋症，ジャーマン・シェパードの遺伝性心室頻拍では本不整脈がよく認められる．非心臓性の原因も多数あり，特に自律神経の不均衡，低酸素，貧血，敗血症，DIC，胃拡張胃捻転症候群，膵炎等の炎症性疾患，甲状腺疾患，麻酔薬，心毒性を有する薬剤等があげられる．

3. 上室頻拍，心室頻拍

　上室頻拍（図9-4）は，房室結節接合部より上位で生じる頻拍の総称で，上室期外収縮が3拍以上連続したものをいう．そのメカニズムは頻拍の種類によって様々である．頻拍の発生は一過性（発作性）あるいは持続性である．上室頻拍の背景疾患は，上室期外収縮の背景疾患と類似する．洞頻脈とは，洞結節からの興奮頻度が過度に上昇して頻脈を呈している状態で，交感神経系の亢進，心不全，全身性・代謝性疾患（発熱，貧血，敗血症，低酸素，甲状腺機能亢進症等）等に関連して生じる．頻拍以外，洞調律の診断基準に合うものをいう．

　頻脈による臨床徴候を伴う場合に治療を考慮する．上室頻拍の治療として，迷走神経刺激法と薬剤に

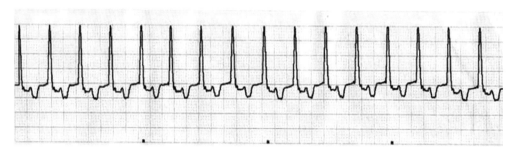

図9-4　虚脱した犬で認められた上室頻拍．背景に重度な慢性変性性僧帽弁疾患が認められ，心不全を呈していた．心拍数272 bpm．QRS群の持続時間は正常範囲で，先行する心拍のT波に異所性P波とみられる波形が重なっている．II誘導，ペーパースピード50 mm/秒，1 mV = 1 cm．

よる治療があげられる．前者は，頸動脈洞を直接マッサージしたり眼球を圧迫したりすることにより洞房結節および房室結節に分布する迷走神経を刺激し，徐拍作用を得ようとするものである．後者は β遮断薬や，カルシウムチャネルブロッカーがあげられる．

心室期外収縮が 3 拍以上連続した頻拍を心室頻拍（図 9-3）といい，洞調律時の QRS とは形状の異なる幅の広い QRS 群を呈し，通常 RR 間隔は規則的である．頻拍の発生は一過性（発作性）あるいは持続性である．P 波は QRS 群と重なってみえないか，あるいはみえる場合は QRS 群と無関係に出現し，房室解離状態である．心拍数の高い心室頻拍は，心室粗細動に移行する可能性があり，また血行動態に影響を及ぼすことから一般的に危険性が高い（R on T）．心室頻拍の背景は，心室期外収縮の背景疾患と類似する．

頻脈による臨床徴候を伴うか，もしくは危険性が高い場合は治療を考慮する．心室頻拍の一般的な治療として，緊急性が高い場合は塩酸リドカインの静脈内投与を行う（猫では用量に注意．β遮断薬が好ましい）．リドカイン治療で効果がない場合，心電図診断として心室頻拍が正しいかどうか再考すると同時に，電解質異常および酸塩基平衡異常がないかどうか確認し，プロカインアミド，エスモロール，硫酸マグネシウム，電気的除細動等を考慮する．慢性治療が必要な場合は，塩酸メキシレチン，ソタロール等が用いられる．

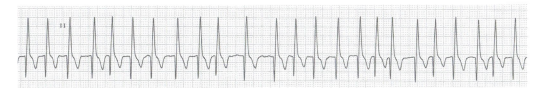

図 9-5 拡張型心筋症のドーベルマンで認められた心房細動．RR 間隔は不規則で絶対不整を呈している．基線に細かい揺れ（f 波）が認められる．心拍数は約 220 bpm．II 誘導，ペーパースピード 50 mm/s，1mV = 0.5 cm．

4．心房粗動，心房細動（図 9-5）

心房粗動とは，心房内に発生したマクロリエントリー回路による頻拍で，心房興奮頻度が 300 回/分かそれ以上となる．F 波と呼ばれる鋸歯状の心房興奮波形が認められる．心室への興奮伝導は正規の伝導系を通るため，QRS 群の形態は正常あるいは洞調律と同様となる．心房細動とは，不規則で高頻度（300～600 回/分）の興奮が心房内に多数生じ，それが房室結節へ伝導するため RR 間隔も不規則となる（絶対不整）．心電図上では P 波は認められず，心房の不規則な興奮波が f 波として出現する．RR 間隔は規則性のない不規則を呈する．背景として，心房が拡大するような基礎心疾患（犬では慢性変性性房室弁疾患，拡張型心筋症，猫

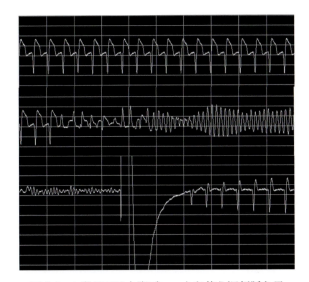

図 9-6 1 段目では右脚ブロックを伴う洞頻脈を呈しているが，中段 4 拍目より心室期外収縮が多発し，中段半ばで多形性心室頻拍から心室粗動，そして 3 段目では心室細動に移行した．3 段目半ばで電気的除細動が実施され，洞調律に復帰した．

では各種心筋症が多い）を有していることが多いが，超大型犬種や牛，馬では基礎心疾患を伴わないこともある（孤立性心房細動）．前者では，心疾患が進行していることが多いため，心室応答レートは高い（頻脈を呈する）ことが多い．この場合，基礎疾患の治療に加え，心拍数を抑制する治療（レートコントロール）を併用する．

5. 心室粗動，心室細動（図9-6）

心室粗動および心室細動は心室の統合的な収縮を欠くため，心拍出量はほとんどないあるいは失っている状態で，除細動といった適切な治療をしなければ致死的になり得る．心室粗動は，心電図ではサイン波形のような規則的な波形を呈し，QRS群とT波の波形の区別がつかない心室頻脈性不整脈である．非常に心拍数の多い心室頻拍が心室粗動へ，そして心室細動に移行していくことが多い．心室細動は，P-QRS-Tの形をなさない，無秩序で電位の低い波形を呈する．

9-3 刺激伝導異常

1. 洞房ブロック（図9-1）

洞房ブロックとは，洞房結節からの興奮が心房に伝導されない状態をいい，心電図上では規則正しい洞調律が途絶えてポーズを呈する．そのポーズは洞調律の2倍以上の整数倍となる．ポーズが長いと，補充収縮が生じることもある．類似する心電図を呈する徐脈性不整脈として洞停止があげられるが，これは洞房結節からの刺激生成が一時的に途絶えた状態をいう．洞房ブロックおよび洞停止は迷走神経緊張や洞不全症候群で認められる．

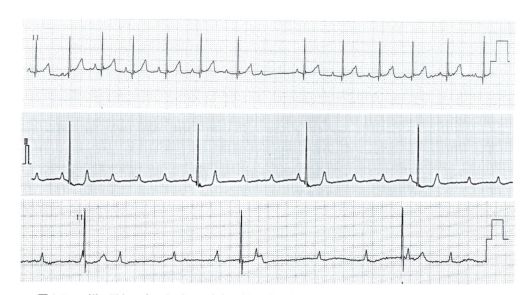

図9-7 3例の異なる犬の心電図．上段は第2度房室ブロック，MobitzⅠ型．PQ間隔が徐々に延長し，8拍目はP波のみでQRS群が脱落している．中段は高度房室ブロック．PQ間隔が一定であることからPとQRS群は連携している．徐脈を呈しており犬は失神していた．下段は第3度房室ブロック．PQ間隔は一定ではないことからPとQRS群の関連性はなく，徐脈を呈している．すべてⅡ誘導，ペーパースピード50 mm/s．

2. 房室ブロック（図9-7）

房室ブロックとは房室間伝導障害を指し，第1度，第2度，第3度に分類される．第1度房室ブロックは房室間伝導遅延をいい，心電図上ではPQ間隔の延長が認められる．第2度房室ブロックは，房室間伝導の間欠的な途絶をみるもので，完全に途絶しているものを第3度房室ブロック（完全房室ブロック）という．第3度房室ブロックでは心房と心室の連動性が全くなく，房室解離状態になる．

第1度房室ブロックの原因は，炎症等による刺激伝導系の機能低下，薬物（ジギタリス，β遮断薬，カルシウムチャネルブロッカー等），電解質異常，迷走神経緊張等があげられる．第1度房室ブロックによる血行動態の障害あるいは生命予後の危険性はあまりないので，これそのものに対する治療が必要となることはない．

第2度房室ブロックは，MobitzⅠ型，MobitzⅡ型，および高度房室ブロックに分類される．MobitzⅠ型はWenchebach型ともいい，PQ間隔が徐々に延長しブロック（QRS群を伴わないP波）が生じる．MobitzⅡ型はPQ間隔は一定でブロックが生じるもの，高度房室ブロックは房室伝導比が3：1以下に低下したものをいう．Ⅰ型の原因は，薬物（ジギタリス等），房室結節の生理学的変化，迷走神経の緊張等があげられ，Ⅱ型および高度第2度房室ブロックはHis束，脚の異常が多いとされており，第3度房室ブロックに進行していく場合もあり，予後は比較的悪いと考えられている．第3度房室ブロックは，加齢，心内膜症，心筋炎，心筋疾患，腫瘍等により房室束が変性するために生じる．

高度房室ブロックおよび第3度房室ブロックの犬では，突然死を引き起こすことがあるため，治療はペースメーカの植込みが適応となる．他に，失神，虚脱や元気消失といった心拍出量の低下（前方拍出不全）による徴候を引き起こすことが多い．身体検査では徐脈のみならず，心音の強勢，頸静脈怒張，バウンディングパルス，呼吸促迫等が認められることもある．猫の第3度房室ブロックの場合は突然死はあまり認められず，症状を呈さないこともあるため，通常ペースメーカの適応とはならない．

3. 脚ブロック

脚ブロックとは，心室の刺激伝導系の一部である右脚あるいは左脚，あるいはその分枝の興奮伝導障害をいう．右脚および左脚に伝導障害があるものをそれぞれ右脚ブロック，左脚ブロックという．これによりブロックされた先の心室興奮伝搬が遅れ，つまり心室興奮伝搬過程が変化し，その結果QRS群およびST-Tの形態が変化する．QRS群の形態変化に加え，顕著な持続時間の延長（犬で80 ms，猫で70 ms以上）を呈する場合は完全脚ブロックを疑う．

9-4 刺激生成異常および伝導異常の合併による不整脈

1. 心室早期興奮症候群

通常房室結節では，心房興奮（P波）の終了時点と心室興奮（QRS群）開始までの間に時間差（房室伝導遅延）が生じる．心室早期興奮症候群では，正規の房室伝導系以外に「副伝導路」という心房から心室（刺激伝導系を含むことがある）へ興奮を伝導する別経路が存在し，それを介して心房から心室へ興奮が伝導されるため房室伝導遅延が生じずに心室は正常より早期に興奮する．副伝導路は，その連結部位によって様々な名称がつけられている．Wolff-Parkinson-White（WPW）症候群とは，Kent束とい

う伝導路が存在し頻脈発作を生じるものである．副伝導路が存在することから，心房−正規の房室伝導系−心室−副伝導路−心房という大きなリエントリー（マクロリエントリー）回路により，心房期外収縮をきっかけに発作性頻脈（房室リエントリー性頻拍，AVRT）を生じることがある．上記に示した伝導の順路は順方向性であるが，逆方向の伝導様式をとるタイプもある．副伝導路が存在していても，心室から心房への逆伝導しかしないタイプもあり，この場合は頻脈を生じていない正常洞調律時には心電図異常が見出されないことから，潜在性WPW症候群と呼ばれている．

心室早期興奮の心電図の特徴は，心拍数・調律は正常であるがPQ間隔の短縮，QRS群の持続時間の延長である．R波上行脚にノッチ（デルタ波）を呈することがある．上記の機序により頻拍を呈した場合，1：1伝導となると犬では心拍数が300 bpm以上，猫では400 bpm以上に達する場合がある．

2. 洞不全症候群 （図9-1）

洞不全症候群とは，何らかの原因による洞房結節における刺激生成異常および洞房伝導の異常に伴う徐脈を主徴とする疾患群である．Rubensteinらの臨床的な分類では，洞徐脈を呈するものをⅠ型，洞停止を呈するものをⅡ型，徐脈と頻脈を呈するいわゆる徐脈頻脈症候群をⅢ型としている．好発犬種として，ミニチュア・シュナウザー，ダックスフンド，コッカー・スパニエル，ウエスト・ハイランド・ホワイト・テリア等が知られており，中年齢の雌に好発であると報告されている．徐脈により失神を生じる場合には，ペースメーカ植込みが適応となる．

9-5　不整脈に対する治療

不整脈に対し，①不整脈による症状がある，②血行動態的な不利が生じている，③突然死を引き起こす可能性がある，のどれか一つでも当てはまれば治療を考慮すべきである．血行動態的な不利としては，不整脈による心拍出量の低下，血圧の低下があげられ，症状として失神（アダムス・ストークス発作あるいは症候群），運動不耐性，元気消失があげられる．

《演習問題》（「正答と解説」は180頁）

問1．第3度房室ブロックを呈する犬に対し，治療オプションとして適切なのはどれか．
　a．突然死を回避するため，直ちに恒久的ペースメーカの植込みを勧める．
　b．臨床徴候がなければ運動制限をして様子観察．
　c．アトロピン反応試験を実施し，反応する場合は内科療法を勧める．
　d．アトロピン反応試験に反応しなければ，イソプロテレノールの内服を勧める．
　e．心配のない不整脈なので生活指導の必要もない．

問2．心室頻拍に対する抗不整脈薬として，使用しない薬剤はどれか．
　a．リドカイン
　b．アトロピン
　c．マグネシウム
　d．プロカインアミド
　e．エスモロール

第10章　先天性心疾患【アドバンスト】

一般目標：先天性心疾患の病態生理，症状，診断法と治療法を修得する．

到達目標：先天性心疾患を説明できる．
キーワード：動脈管開存，肺動脈狭窄，大動脈狭窄，心室中隔欠損，心房中隔欠損，ファロー四徴症，アイゼンメンガー症候群，血管輪

　先天性心疾患の発生には，遺伝，感染，薬物，栄養性等が関与するとされており，遺伝性では特定犬種における遺伝子検索がなされている．犬においては，動脈管開存，肺動脈狭窄，大動脈狭窄症が多く認められ，次いで心室中隔欠損，房室弁異形成，心房中隔欠損，ファロー四徴症等が認められる．先天性心疾患は，若齢期の動物の致死的要因になることもあれば，無徴候で経過する症例もある．獣医領域では，出生直後の死亡原因の調査が難しいことから，先天性心疾患の真の発生頻度を知ることは難しい．出生後に，発育不良，咳，呼吸困難，腹囲膨満，運動不耐性，失神，チアノーゼといった臨床徴候あるいは心雑音のような身体検査異常がある場合，先天性心疾患が疑われる．また，偶然実施した画像検査によって発見されることもある．診断には，X線検査，心エコー図検査，心電図検査等が行われ，これにより病勢が把握できることがほとんどであるが，場合によっては心カテーテル検査，造影CT検査等が必要になる場合もある．

10-1　動脈管開存（図10-1）

　動脈管は胎生期，胎盤を経由した血液を肺循環を介さずに直接体循環へ送り込むために，肺動脈と大動脈とを連結しているバイパス血管である．出生直後，肺呼吸の開始とともに直ちに血管収縮が生じ，最終的には索状の線維組織へと変化して閉鎖すべきものが，開存したままであるのが動脈管開存（PDA）である．犬では最もよく認められる先天性心血管奇形の一つである．チワワ，コリー，シェットランド・シープドッグ，マルチーズ，プードル，ポメラニアン，イングリッシュ・スプリンガー・スパニエル等が好発犬種であり，約2：1の割合で雌に多く発生する．猫では犬ほど頻発しない．

【病態生理】
　大動脈と肺動脈を動脈管が連結しているため，血管内圧の高い大動脈から肺動脈へ血液が短絡し（左−右短絡），肺血流量は正常よりも増大する．左房への血液還流量が増大するため，左心系の容量負荷をきたし，左心系の拡大を生じる．そのため，左心不全（肺水腫）を呈することもある．容量負荷による左室拡大から僧帽弁輪径が拡大し，二次的僧帽弁閉

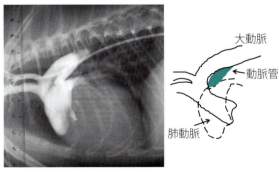

図10-1　動脈管開存症例における選択的大動脈造影．右側側面像．右図の緑色部が動脈管である．

鎖不全を呈することがある．左室の1回拍出量は多くなる半面，いったん大動脈に駆出された血液は連続的に肺動脈へ流入するため，脈圧（収縮期圧と拡張期圧の差）が増大する．肺動脈血流量の増大から肺動脈閉塞性病変が進行すると，肺高血圧を呈し短絡方向が逆転することがある〔アイゼンメンガー（Eisenmenger，アイゼンメンジャー）症候群〕．Reversed PDA ともいう．

【症　状】

短絡する血流量によって様々であり，無徴候の場合もあれば左心不全の症状として，頻呼吸，呼吸困難，運動不耐性等を呈することがある．

動脈管を介して大動脈から肺動脈へ高速な短絡血流が流入して乱流を生じるため，左側心基底部で最強の，第2音を最大とする連続性・機械様雑音が聴取される．心雑音が大きい場合は，同部位にてスリルが触知される．上記のように脈圧が増大することから，反跳脈（バウンディング・パルス，ウォーターハンマー・パルス）が触知される．左心不全を呈している場合は呼吸数が増大し呼吸困難を呈し，コース・クラックルといった肺音の異常，可視粘膜蒼白等が認められる．短絡方向が右−左に逆転した場合（Reversed PDA）では，失神，後肢のみの虚脱，運動不耐性等がみられ，連続性雑音は聴取されなくなり，後半身のみのチアノーゼを呈することがある（分離性チアノーゼ）．

【診　断】

上記の特徴をもつ連続性雑音が聴取された場合，おおむね動脈管開存と診断される．その他の連続性雑音を呈する疾患を除外し確定診断するためには，心エコー図検査を行う．2D像では，左心系の拡大が認められ，動脈管自体の描出も可能である．ドプラ検査では，動脈管の連結部位である肺動脈分岐部付近から肺動脈弁に向かう，収縮期から拡張期にわたる連続性の高速血流が確認される．胸部X線検査では，左心系の拡大に加え，DV像では主肺動脈の拡大，大動脈の動脈管領域の膨隆（動脈瘤）等が観察されることもある．また，肺血流量が増大することから肺血管陰影の拡大を呈する．左心不全を呈している場合は，肺野の間質，肺胞パターンが観察される．心電図検査では，左室負荷を呈する．左心系がかなり拡大した症例では，心房期外収縮，心房細動といった不整脈を呈することもある．短絡が逆転した症例については，後述するアイゼンメンガー症候群の項で述べる．

【治　療】

左右短絡を呈する動脈管開存では，約64％が1年以内に死亡するとの報告があることから，診断されたらできるだけ早期に動脈管の閉鎖を行うのが望ましい．閉鎖の方法として，開胸手術と経カテーテル閉鎖術があげられる．前者は左側第四肋間開胸法にてアプローチし，動脈管を非吸収性の縫合糸で結紮するか，あるいは血管用クリップにて閉鎖する．この時，動脈管の上を走行する反回神経を巻き込まないように注意する．外科手術で最も多い合併症は，動脈管剥離時の出血である．後者には，コイル塞栓術，Amplatz Duct Occluder あるいは血管プラグによる塞栓術がある．これらは血管からのアプローチであるため，開胸と比較して非常に低侵襲であるのが利点である．カテーテル塞栓術の適応はアプローチする血管の太さと動脈管の形態に依存する．技術的熟練と透視装置等の施設が必要となるため，多くは二次診療施設で実施される．動脈管が完全に閉鎖されれば，予後は良好であるが，閉鎖が高齢で実施された症例では心筋不全が見られる場合がある．

10-2　肺動脈狭窄

肺動脈狭窄は，動脈管開存と並んで犬でよく認められる先天性心血管奇形の一つである．猫でもたま

に生じることがある．狭窄部位によって弁上部，弁性，弁下部に分けられるが，犬では弁狭窄が最も多い（図 10-2）．弁狭窄は弁の肥厚，融合によるものがほとんどであるが，異形成もある．弁下狭窄は弁狭窄のために二次的に生じるもの，または**ファロー四徴症**のように他の疾患で生じることもある．イングリッシュ・ブルドッグやボクサーでは，右側単冠動脈（R2A タイプ）による狭窄が報告されている．チワワ，ブルドッグ，ミニチュア・シュナウザー，ビーグル，テリア系，スパニエル系等が好発犬種である．

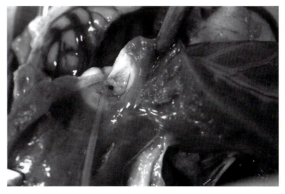

図 10-2 弁性肺動脈狭窄．狭窄弁にカニューレが挿入されている．弁尖が融合し狭窄している．

【病態生理】

　肺動脈狭窄により右室への圧負荷をきたすため，代償により求心性右室肥大を生じる．右室内圧上昇と肥大から，重度の場合は心室中隔の扁平化，左室の圧排，二次性三尖弁逆流がみられる．収縮期肺動脈圧は正常あるいは重度では低下するのに対し収縮期右室圧は増大するため，両者間に圧較差が生じる．狭窄部から肺動脈内へ高速の乱流が生じることから，主肺動脈は拡張する（狭窄後部拡張）．本疾患により出生時から右房圧が上昇していると，卵円孔開存の合併も多くみる．右室肥大による代償が破綻すると，うっ血性右心不全を呈する．

【症　状】

　重度な狭窄であっても無症状な場合があるが，興奮時の失神，突然死，腹水（右心不全），運動不耐性等がみられる．

【診　断】

　身体検査では，左側心基底部で最強の収縮期駆出性雑音が聴取される．三尖弁逆流が生じている場合は，右側胸壁でも収縮期雑音が聴取される．他に頚静脈拍動，腹水による腹囲膨満が認められることがある．確定診断には心エコー検査を行う．2D 断層像では，狭窄弁あるいは狭窄部位の形態異常から狭窄部位の特定が可能である．加えて右室肥大，右房拡大が確認される．ドプラ検査では，収縮期に狭窄部より主肺動脈内に吹き出す高速血流が確認される．この血流速から，右室−肺動脈間圧較差を推測し，重症度分類に用いる．弁狭窄の場合，肺動脈弁逆流の合併もよく認められる．胸部 X 線検査 DV 像では，右室拡大，主肺動脈の突出，肺血管の縮小から肺野透過性の亢進が観察される．側面像ではそれらに加え，後大静脈の拡大が観察されることがある．心電図検査では，右室負荷が認められる．単冠動脈が疑われる場合は心カテーテル検査にて大動脈造影を行う．

【治　療】

　軽度，中程度の本疾患では，症状の発現や生存期間の短縮はあまりないため，治療は実施せず経過観察とする．重度な症例では，過度な興奮や運動を避ける．

　重度（肺動脈−右室圧較差＞ 80 mmHg）では，外科手術あるいはカテーテル治療による狭窄部の解除が適応となる．中程度でも症状が認められる場合は根治を検討する．カテーテル治療とは，バルーンカテーテルを透視下で狭窄部位まで挿入し広げる治療法である（バルーン弁口拡大術，図 10-3）．頚静脈あるいは大腿静脈よりカテーテルを挿入するため，低侵襲である．弁癒合による弁狭窄では術後成績が非常に良いが，弁輪部低形成では有効性が低下する．外科手術としては，体外循環を使用して拍動下

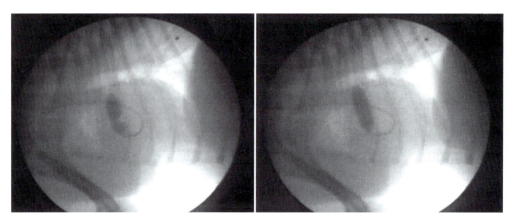

図 10-3 肺動脈弁性狭窄に対するバルーン弁口拡大術．左図では，バルーンにウェストができているが，その部位が狭窄弁部である．さらに，バルーンを膨らませ，狭窄を解除した（右図）．

にて弁切開やパッチグラフト法を実施，あるいは体外循環法を使用しないブロック法があげられる．単冠動脈による狭窄では，冠動脈を損傷することから外科手術は実施できず，右室から肺動脈への導管の設置が必要となる．

内科療法としてはアテノロール等のβ遮断薬が使用される．うっ血性心不全を呈した場合は，利尿剤等を使用する．

10-3　大動脈狭窄（図10-4）

大動脈狭窄は大型犬で比較的よく認められる先天性心疾患で，犬では弁下部狭窄が多い．弁下部狭窄では，僧帽弁から心室中隔，大動脈弁基部へ連続する線維輪が大動脈弁直下に形成され狭窄を呈する．若齢時に軽度であっても，弁下部狭窄は子犬の成長とともに重症化する．大動脈弁下部狭窄は，ゴールデン・レトリーバー，ニューファンドランド，ボクサー，ジャーマン・シェパード，ブル・テリア等の大型犬に好発する．弁性狭窄も時にみられ，弁尖の融合，二尖弁，四尖弁が原因となることがある．本疾患では，感染性心内膜炎のリスクが高いとされている．

【病態生理】

狭窄により左室への圧負荷をきたすため，代償により求心性左室肥大を生じる．重度な肥大では，左室筋の線維化や石灰化を伴い，心筋虚血や不整脈が誘導される．収縮期左室圧は増大するため，大動脈-左室間に収縮期圧較差が生じる．狭窄部から大動脈内へ高速の乱流が生じることから，上行大動脈は拡張する（狭窄後部拡張）．大動脈弁閉鎖不全を合併することが多いが，大動脈弁を巻き込む線維輪病変，狭窄による血流ジェットによる弁尖の変性，弁輪部拡大，感染性心内膜炎に起因する．

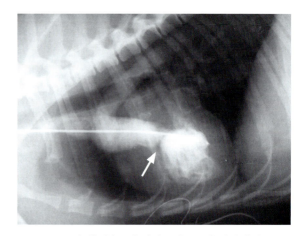

図 10-4　大動脈弁下部狭窄の犬の選択的左室造影．大動脈弁直下に充影欠損（矢印）が認められるが，その部位が狭窄輪である．上行大動脈が拡大しており，狭窄後部拡張を呈している．

左室肥大による代償が破綻すると，うっ血性心不全を呈する.

【症　状】

狭窄が重度であっても無症状であることがあるが，前方拍出不全により興奮時の失神，運動不耐性，突然死，心不全徴候が認められる．突然死は，致死的不整脈の発現，もしくは左室圧の急激な上昇による反射性の徐脈と低血圧によると考えられる.

【診　断】

身体検査では，大腿動脈の拍動が弱く触知され（弱脈），左側心基底部で最大の収縮期駆出性雑音が聴取されるが，右側前胸部でも同程度に聞こえることがある．心雑音が脈管を伝導して頸部，頭頂部まで聴取できることがある．重度な大動脈弁逆流が合併している場合は，往復雑音（To and Fro murmur）が聴取される.

弁下狭窄では，大動脈直下に僧帽弁から続く狭窄輪が心エコー図検査で確認され，その部位から高速の乱流の発生が検出される．高速血流速をドプラ検査にて測定することにより，左室−大動脈圧較差が推測でき，それを重症度分類に利用する．大動脈弁逆流もよく合併する．重度では左室求心性肥大を呈するが，軽度，中程度では基準値を逸脱しないことが多い．左室肥大の重度な例では，左室筋の線維化や石灰化が乳頭筋や心内膜に認められる．また，心室中隔肥厚により左室流出路の動的狭窄を呈することもある．上行大動脈の拡大（狭窄後部拡張）を認める．胸部 X 線検査では，重度の場合は DV 像において左室肥大と大動脈領域の突出が認められる．軽度，中程度では正常であることが多い．心電図検査では，左室負荷，心室頻脈性不整脈が認められることがある.

【治　療】

軽度の症例では，臨床徴候もなく生存期間を短縮しないため治療の対象にならない．重度な症例では壮齢期に突然死を引き起こすことがあるため，治療対象となる．興奮する環境を避け，運動を制限する．中程度および重度で臨床徴候が認められる場合，内科療法として β 遮断薬を考慮する．β 遮断薬は，急激な心室内圧上昇の抑制，拡張機能の改善，陰性変時作用による心筋酸素消費量の軽減と冠血流量の増大を期待して投与する．しかしながら，臨床研究結果からは生命予後改善するとのエビデンスは得られていない．狭窄自体の解除法としては，カテーテル法と外科手術があげられる．カテーテル法はバルーン拡大術（カッティングバルーンを用いることもある）であるが，線維輪による狭窄の場合は再狭窄が生じやすく，僧帽弁を損傷してしまうリスクもある．開心術による外科療法も行われているものの，技術的困難さ，成功率および費用の側面から，現状では難しい.

10-4　心室中隔欠損

心室中隔欠損とは，左右心室間の中隔に欠損孔を有し，心室間の圧較差に従って左−右短絡を生じるものである．欠損の位置から，漏斗部欠損，膜様部欠損，流入部欠損，筋性部欠損に分類され，犬や猫では膜様部欠損が最もよく認められる．犬では，これまで記載した先天性心疾患に次いで多いとされ，猫では最もよく認められる先天性心疾患の一つとして認識されている.

【病態生理】

収縮期圧は左室圧が右室圧より高いため，血液は収縮期に欠損孔を介して左室から右室に短絡する．欠損孔は膜様部に存在することが多いが，短絡血流は右室に留まらず直ちに肺動脈へ駆出されるため，肺血流量の増大，すなわち左房還流量の増大から結果的に左心系容量負荷をきたすのが一般的である.

96   第 10 章　先天性心疾患

肺血流量の増大から肺血管閉塞性病変が進行し，肺高血圧を呈すると右-左短絡に転じ，右室肥大を呈する（アイゼンメンガー症候群）．左右短絡では，動脈血が右室に短絡するため，欠損孔以降の右室流出路および肺動脈内の酸素飽和度は上昇する．欠損孔が大動脈弁直下で大きな場合，大動脈弁尖が欠損孔に落ち込み大動脈弁閉鎖不全を生じることがある．左室拡張末期圧が増大すると左心不全を招く．欠損孔の小さな場合は，左右の心室間の圧較差が良好に保たれ（制限性心室中隔欠損と呼称される），容量負荷も招かず，予後は良好である．

【症　状】

欠損孔の小さな制限性心室中隔欠損では無徴候である．大きな欠損孔の場合，左心不全徴候を呈する場合がある．右-左短絡（アイゼンメンガー症候群）に転じると，頻呼吸，運動不耐性，チアノーゼ，二次性多血症による過粘稠症候群，突然死を呈することがある．

【診　断】

欠損孔の位置にもよるが，聴診では右側胸壁で最大の全収縮期性雑音が聴取される．大動脈弁逆流を合併する場合は拡張期性雑音も伴う．心エコー図検査では，左心系の拡大，肺動脈の拡大が認められる．心室中隔に欠損孔の存在，時に中隔の形態に異常（心室中隔瘤，大動脈弁の落込み等）が観察される．欠損孔が小さく 2D 像ではその存在の描出が難しい場合もあるが，ドプラ検査にて短絡血流が検出されることによって診断される．胸部 X 線検査では，左-右短絡の場合は肺血流量の増大，左房・左室の拡大，左心不全がみられることがある．

【治　療】

左心不全を呈している場合は，利尿剤，血管拡張剤，強心剤等により内科療法を行う．短絡血流量の多い大欠損孔の場合は，開心術による欠損孔の閉鎖が必要となる．肺動脈絞約術は，右室収縮期圧を上昇させて短絡血流量を軽減し肺血流量を制限するが，姑息的な治療法である．カテーテルによる閉塞栓を用いた閉鎖術も行われている．

10-5　心房中隔欠損

心房中隔欠損とは，左右心房を隔てる心房中隔の一部が欠損した異常である．欠損孔の位置によって一次孔欠損，二次孔欠損があり，犬では頻度の低い先天性心疾患である．心房中隔下壁（心内膜床）が欠損すると（心房心室中隔欠損），心房中隔のみならず心室中隔欠損，房室弁閉鎖不全等を伴う．

【病態生理】

欠損孔を介して左房から右房へ血流が短絡するため，右心系容量負荷をきたす．肺動脈血流量も増大するため，相対的な肺動脈狭窄を生じる．肺血管閉塞性病変が進行すると肺血管抵抗が増大して肺高血圧を生じ，短絡方向が逆転する（アイゼンメンガー症候群）．

【症状および診断】

小さな欠損孔では症状は認められないが，大欠損孔ではうっ血性心不全を生じることがある．身体検査では心雑音を呈さないことが多い．ソフトな収縮期性雑音が聴取されることがあるが，これは相対的肺動脈狭窄によるものである．心エコー図検査では，心房中隔欠損孔の存在（中隔の連続性の喪失）が確認されるが，卵円窩は正常でもエコー源性が低くいかにも欠損孔があるように見えることがあるため，ドプラ検査を組み合わせて慎重に診断する．右心系容量負荷から，右房および右室の拡大が認められる．胸部 X 線検査では，右房右室の拡大，肺血流量の増大が認められる．

【治　療】

　心不全を呈している場合は，利尿剤，血管拡張剤，強心剤等により内科療法を行う．短絡血流量の多い大欠損孔の場合は，開心術による欠損孔の閉鎖が必要となる．カテーテルにて閉塞栓を設置することもある．

10-6　ファロー四徴症

　ファロー四徴症はチアノーゼを呈する先天性心疾患の代表的な疾患で，心室中隔の発生段階において円錐隆起が前方に偏位して形成されることにより生じる．これにより，漏斗部中隔が前方に偏って形成され，肺動脈円錐の発達不良により右室漏斗部狭窄と肺動脈低形成を引き起こす．心室中隔との間の整列異常による間隙が心室中隔欠損となり，大動脈が心室中隔に騎乗する．したがって，肺動脈狭窄，それによる右室肥大，大動脈騎乗，心室中隔欠損の四つの徴候を有する心奇形となる．

【病態生理】

　比較的大きな心室中隔欠損が存在し，右室流出路低形成から右室圧が上昇し，心室レベルにおける右－左短絡を呈する結果，チアノーゼを認める．しかし，狭窄の程度等によりチアノーゼの程度は様々となる．低酸素血症から多血症を呈する．

【症状および診断】

　臨床徴候は，チアノーゼ，運動不耐性，頻呼吸等が認められる．うっ血性心不全は通常生じないが，突然死することがある．聴診所見は，肺動脈狭窄による収縮期心雑音が聴取される場合もあれば，心雑音がない場合もある．心エコー図検査で，上記の心奇形による形態および血流異常が確認される．マイクロバブルによるコントラストエコー法により，心内シャントの確認が可能である．胸部 X 線検査では，右室肥大，肺血流量の低下から肺の透過性の亢進が認められる．心電図検査では，右室負荷を呈する．血液検査では，多血症が認められる．

【治　療】

　内科療法では，低酸素による症状の治療および予防が主体となる．薬物では β 遮断薬を用い，多血症のコントロール，運動制限等を行う．外科療法として，チアノーゼの軽減，肺血流量の増大および成長段階では肺動脈や左室の発育を促す目的で，体肺動脈短絡手術（肺動脈大動脈シャントの設置）が行われる．開心術による右室流出路狭窄の解除と心室中隔欠損の閉鎖が根治的外科手術となる．

10-7　三尖弁異形成

　三尖弁異形成は，三尖弁の弁尖，腱索，乳頭筋の先天性形成異常で，犬や猫では比較的まれである．ラブラドール・レトリーバーでは遺伝的関与も報告されている．

【病態生理】

　三尖弁の形成異常から多くの症例では三尖弁逆流を主に生じるが，狭窄を呈する場合もある．したがって，右心系の容量負荷をきたすことから右房，右室の拡大を呈する．重度になると右心不全を呈する．肺組織の発達の低形成から，肺高血圧を呈することもある．

【症状および診断】

　運動不耐性，呼吸促迫が認められることもあれば，軽度であれば無症状である．心エコー図検査では，

98 第 10 章 先天性心疾患

三尖弁の腱索の短縮や可動域の低下といった三尖弁の形態異常，右房拡大，右室拡大，三尖弁逆流が認められる．心電図検査では，右室負荷の他，splintered QRS 群というノッチのある QRS 群を呈することがある．

【治　療】

うっ血性心不全が認められる場合は，それに対する内科療法を行う．心不全徴候の認められない犬の症例に対する根治的外科手術を試みた報告はあるものの，手術適応や長期予後は議論の余地がある．

10-8　僧帽弁異形成

僧帽弁異形成は，僧帽弁装置の形成異常による僧帽弁逆流および狭窄を呈する先天性心奇形である．欧米の報告では猫で多く認められるとされ，犬では大型犬に多い．

【病態生理】

僧帽弁弁尖の短縮や肥厚，腱索および乳頭筋の形成異常から，僧帽弁逆流を主に生じるが，狭窄を呈することもある．

【症状および診断】

後天的に生じる僧帽弁閉鎖不全症と症状は類似する．心エコー図検査において上記のような僧帽弁形態異常が確認される．

【治　療】

左心不全を呈している場合は，それに対する内科療法を行う．外科手術による根治的な治療は弁置換術である．

10-9　アイゼンメンガー症候群

左-右短絡を呈する疾患（動脈管開存，心室中隔欠損，心房中隔欠損等）により肺血流量が増大すると，肺血管の肥厚といった閉塞性血管病変が生じ肺高血圧を呈するようになる．肺血管病変がさらに進行し，肺血管抵抗が上昇すると，ついには短絡方向が逆転し，右-左短絡優位となった状態をアイゼンメンガー（Eisenmenger，アイゼンメンジャー）症候群という．運動不耐性，失神，頻呼吸等の症状が発現する．聴診所見として，動脈管開存や心室中隔欠損では，心雑音が消失することがある．低酸素血症から，二次性多血症を呈する．画像検査では，右室の肥大，肺動脈の拡大・蛇行等が認められる．右-左短絡の検出には，マイクロバブル生理食塩水によるコントラストエコー法が有効である．

この病態では，もとの短絡疾患の根治的修復術は禁忌となるため，治療は多血症と肺高血圧に対する治療となる．多血症には，瀉血および点滴による血液希釈，ハイドロキシウレア等による治療があげられる．肺高血圧症にはシルデナフィルのような肺血管拡張薬が使用される．

10-10　血管輪異常

【病態生理】

血管輪異常は，胎生期の大動脈弓発生異常により，血管輪を形成することによって気管，食道の圧迫を生じるものをいう．血管輪を形成するパターンは様々であり，圧迫の程度も様々であるが，小動物で

は右大動脈弓遺残が多いとされている．右大動脈弓と左動脈管索によって血管輪が形成されるので，心基底部で食道が絞約される．他に左鎖骨下動脈の発生異常等による．

【診断および診断】

　子犬において，離乳期に固形食を食べ始めた時点で，食後すぐに逆流（吐出）を呈する．誤嚥により肺炎を合併すると，咳や呼吸困難を示す．呼吸器症状は，血管輪による気管の狭窄に起因する可能性もある．胸部 X 線検査では，拡大した食道が絞約部より前方に認められ，食道造影にてより明瞭である．CT 造影検査は，血管輪の検出とその解剖学的な解明に有効な検査である．

【治　療】

　治療は，動脈管索が関与している場合はそれを切離する．内科的管理として，流動食を少量ずつ複数回にわたって立位で与え，誤嚥性肺炎が認められる場合はそれに対する内科療法を行う．

《演習問題》（「正答と解説」は 180 頁）

問 1．求心性の心室肥大を呈する疾患はどれか．
　a．アイゼンメンガー症候群
　b．慢性房室弁疾患
　c．大動脈逆流症
　d．心房中隔欠損（左−右短絡）
　e．動脈管開存症

問 2．肺動脈狭窄に関する記載のうち，正しいのはどれか．
　a．右房圧は正常か，重度の場合は低下する．
　b．収縮期右心室圧は低下し，収縮期肺動脈圧は上昇する．
　c．肺動脈逆流を伴うことが多いので，その場合は収縮期逆流性雑音も聴取される．
　d．肺動脈に血流が流れにくいので，主肺動脈は細くなる．
　e．よく認められる臨床徴候は失神や突然死である．

第 11 章　後天性弁膜疾患【アドバンスト】

一般目標：弁膜症の原因，病態生理，症状，診断法と治療法を修得する.

11-1　犬の僧帽弁閉鎖不全

到達目標：犬の僧帽弁閉鎖不全を説明できる.
キーワード：逆流，腱索断裂，肺水腫，心房細動，加齢，粘液腫様変性，うっ血性心不全，胸部 X 線検査，心エコー図検査

【病態生理】

　僧帽弁閉鎖不全では，収縮期に左室の血液の一部が低圧の左房へ逆流を起こす. その結果, ①前方の大動脈へ向かう心拍出量が減少する. そして, ②逆流量が増加するとともに左房拡大と左房圧の上昇が起こる. また, ③拡張期には通常の肺静脈還流とともに左房へ逆流した血液が左室に流入するため左室の前負荷（容量負荷）の増大が起こり左室も拡張する.

　僧帽弁逆流の血行動態への影響は，逆流の程度と僧帽弁逆流を生じてからの期間に依存する. 僧帽弁の逆流量は，主に①収縮期の閉鎖不全口の面積, ②収縮期の左房と左室の圧較差, ③左室の収縮持続時間, ④左室の後負荷，および⑤左房のコンプライアンスに規定される. 閉鎖不全口の面積は，弁変性に伴う僧帽弁逸脱の程度に依存する. 左房と左室の圧較差に影響する左房圧は，左房のコンプライアンスにより規定される. コンプライアンスは，圧の増加に対する容積の膨張率で定義され，充満しやすさ / しにくさを表している. したがって，コンプライアンスの低下している左房では圧が上昇しやすくなる. 例えば，腱索断裂を起こした急性増悪時では，逆流が増加してからの経過時間が短いため，左房のコンプライアンスが急には変化できず，左房拡張の代償が働かないため急激な左房圧の上昇を招き，急性の肺うっ血，肺水腫を生じる. また，左房と左室の圧較差が一定であっても，左室の駆出抵抗である後負荷が上昇していると僧帽弁逆流は増加する.

　僧帽弁逆流に伴う慢性的な前方への心拍出量の減少は，交感神経系活動の活性化やレニン・アンジオテンシン・アルドステロン系の亢進等の神経体液性因子による代償機構を亢進させる. その結果として，前負荷および後負荷の増大が起こる. 増大した前負荷に対し，左房は拡張することでコンプライアンスを上昇させ左房圧の上昇を抑制する. 左室も同様にコンプライアンスを上昇させ左室充満圧の上昇を抑制する. さらに，左室は前負荷の増大に伴う拡張末期容積の増加のため心筋が伸展され，フランク・スターリングの法則により駆出量の増加を起こす. これにより，前方への心拍出量は維持されるが，左房への逆流量も増加する. これらの代償機構が機能している期間は，心不全症状はみられない. しかし，弁変性および病態の進行とともに僧帽弁の逆流量が増加するため，左房のコンプライアンスが徐々に低下し左房圧が上昇する. また，慢性的な左室への容量負荷は左室のリモデリングの原因となり，左室のコンプライアンスおよび収縮性を低下させる. これらは，左室の拡張期充満圧の上昇および前方への心拍出量の低下を生じ左房圧の上昇を促進する. 慢性的な心拍出量の低下は過剰な代償反応を引き起こし，や

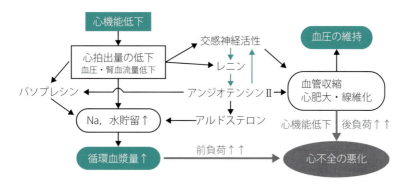

図 11-1 代償機構による悪循環.

がて代償機構の破綻を招き代償不全となり低心拍出症状やうっ血性心不全症状が発現してくる（図 11-1）.

さらに，心房細動を発症すると心房のブースターポンプの働きがなくなるため，心機能に大きな影響を及ぼす．重度の僧帽弁逆流の犬が心房細動を発症すると，肺のうっ血および心拍出量の低下が急速に進行する．

また，僧帽弁逆流に伴う慢性的な左房圧・肺静脈圧の上昇に対し，前方への血流を維持するために受動的に肺動脈圧が上昇した肺高血圧症（受動的肺高血圧症）を併発することがある．なお，一部の症例では，肺小動脈の中膜の肥厚や内膜の線維化等を引き起こした，より重度の反応性肺高血圧症がみられることもある．反応性の肺高血圧症では，肺血管抵抗の上昇により肺毛細血管への血流が減少するため，過度の肺うっ血が軽減される．しかし，重度の肺高血圧症のために右室圧が上昇し，右室肥大と右室拡張が起こり右心不全を生じ，より重度の心拍出量の低下が起こりやすくなる．

【原　因】

犬の僧帽弁閉鎖不全の原因は，加齢に伴う僧帽弁の粘液腫様変性が最も多い．犬のうっ血性心不全の約 75％に認められる．弁変性は，高齢になって発症することが多く小型犬に多く認められるが，中型犬でもみられる．また，雄は雌の約 1.5 倍の発症率を示す．弁に粘液腫様変性が生じると弁尖の肥厚・歪みが生じるとともに腱索が伸長し，前尖と後尖の接合が不良となる（図 11-2）．この状態は僧帽弁逸脱と呼ばれ，僧帽弁逆流を生じる．また，僧帽弁の粘液腫様変性では，腱索も脆くなっているため腱索断裂を起こすことがあり，急性の重症僧帽弁逆流を引き起こす（急性増悪）．弁の粘液腫様変性は，僧帽弁ばかりではなく三尖弁にもみられ，まれに大動脈弁や肺動脈弁にも認められる．

その他の原因として，拡張型心筋症等，著明な左室拡大または左室肥大や乳頭筋肥大を起こす病態では，乳頭筋間の空間的偏位や僧帽弁弁輪の拡大のため，機能性僧帽弁閉鎖不全を引き起こす．また，細菌性心内膜炎による僧帽弁病変も閉鎖不全の原因となる．

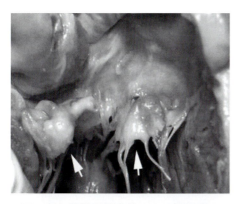

図 11-2　粘液腫様変性による僧帽弁の病変．僧帽弁弁尖の肥厚・歪みおよび逸脱（矢印）が認められる．また，腱索も太くなり伸びている．

【症　状】

慢性の僧帽弁閉鎖不全で僧帽弁逆流が軽度の場合は，

無症候であることが多い．そして，逆流量の増加とともに低心拍出量に伴う症状が認められるようになる．一般的に運動時の易疲労性を示すが，僧帽弁閉鎖不全症そのものが高齢犬で発症することが多いため，加齢による症状との区別がつけにくいことが多い．病態が進行すると，興奮時や激しい運動時に発咳を認めるようになる．この発咳は，左房および左室の拡大により左主気管支が圧迫されるためであり，飲水時等にも誘発されることがある．また，易疲労性や運動不耐性も，低心拍出症状として明瞭となる．

僧帽弁逆流が重度になると肺のうっ血，肺水腫による換気灌流不均衡のため，運動時や興奮時に容易に頻呼吸・呼吸困難を示すようになる．肺水腫を伴う肺のうっ血では，持続性の発咳が頻繁にみられる．重症例では，日常生活の中でも発咳や頻呼吸・呼吸困難を認める．肺胞性肺水腫が重度となると，チアノーゼを伴う呼吸困難が顕著となる．また，僧帽弁逆流量の増加による心拍出量の低下が顕著な場合は，発咳に伴う失神や運動時のふらつき，虚脱がみられることがある．

時に粘液腫様変性が進んだ腱索が断裂を起こすことがあり，急性左心不全による心原性肺水腫を引き起こし，急激な呼吸困難，チアノーゼを呈する（急性増悪）．また，左房破裂を起こした場合は，急性心タンポナーデのため，失神や虚脱を認める．僧帽弁閉鎖不全に中等度以上の肺高血圧症を伴った三尖弁閉鎖不全を合併している症例では，失神発作が認められやすく，腹水や胸水等，右心不全症状もみられるようになる．

【診　断】

身体検査では，僧帽弁閉鎖不全の初期に心音の聴診で僧帽弁の逸脱による収縮期クリックを認めることがある．一般的には，左心尖部を最強点とする僧帽弁逆流による収縮期雑音を聴取する．この雑音は，全収縮期雑音と呼ばれ，Ⅰ音の直後から始まりⅡ音を含む形で終わる．通常，僧帽弁逆流の増加とともに雑音の音量は増強する．肺野の聴診では，肺のうっ血の進行に伴い呼吸音が明瞭となり，肺水腫を起こすとラ音が聴取される．さらに，肺胞性肺水腫が広範囲に広がると，呼吸音が聴取できなくなる．大腿動脈の触診では，前方心拍出量の低下や心筋不全により脈圧が減弱する．また，重度の肺水腫ではチ

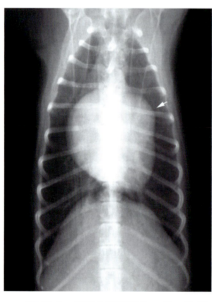
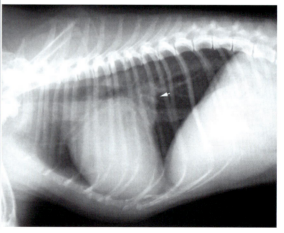

図11-3 僧帽弁閉鎖不全の犬の胸部X線像．背腹像では2時方向（矢印）への心陰影の突出がみられ左房拡大と判断できる（左）．側面像では左房拡大により心陰影が肺野へ突出している（矢印，右）．また，心拡大に伴い気管の背側への挙上がみられる．

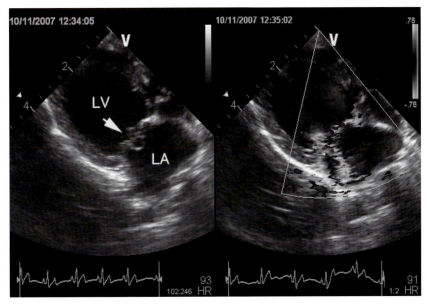

図 11-4 僧帽弁閉鎖不全の犬の心エコー図（右傍胸骨左室長軸四腔断面）．左房・左室の拡張と僧帽弁の逸脱がみられる（矢印，左）．同部位でのカラードプラ像では左房への逆流が認められる（右）．LA：左房，LV：左室．

アノーゼを認める．

　<u>胸部 X 線検査</u>では，僧帽弁逆流の増加とともに左房および左室の拡大が明らかとなる（図 11-3）．症状のない慢性僧帽弁閉鎖不全では，肺のうっ血・肺水腫はみられないが，逆流が増加し明らかな症状を呈する症例では，肺うっ血や肺水腫がみられるようになる．

　心電図では，典型例で左房拡大や左室拡大を示唆する所見がみられるが，特徴的な心電図所見がみられないことも多い．左房拡大が顕著な症例では，上室期外収縮がみられることがある．また，重度の心不全を呈する症例では，心室期外収縮や心室頻拍，さらに心房細動を認めることもある．

　<u>心エコー図検査</u>では，B モードや M モードによる僧帽弁逆流の原因の診断やカラードプラ法による逆流の程度の評価が可能である（図 11-4）．心房や心室の大きさおよび心機能も同時に評価でき，1 回拍出量の増加により代償されている場合には心機能は増強している．

【治　療】

　僧帽弁閉鎖不全に対する内科療法は，僧帽弁逆流の軽減，前方への心拍出量の増加，肺うっ血・肺水腫の予防または軽減である．一般的に使用されている薬剤は，アンジオテンシン変換酵素阻害薬，利尿薬，血管拡張薬および陽性変力薬等である．また，近年 β 遮断薬やカルシウム感受性増強薬も用いられている．これらの薬剤は，病態に基づき組み合わせて用いられている．また，薬物療法以外に過度な運動の制限や塩分制限も推奨されている．

　急性増悪による心原性肺水腫の治療では，酸素吸入，速効性の利尿薬，硝酸剤および陽性変力薬による迅速な対応が必要である．

　外科療法として，僧帽弁形成術が実施されその効果が認められているが，一般的な治療とはなっていない．

104   第 11 章　後天性弁膜疾患

《**演習問題**》(「正答と解説」は 180 頁)

問 1. 犬の僧帽弁閉鎖不全症の病態で正しいのはどれか.

  a．僧帽弁閉鎖不全症では左室の収縮性が急激に低下する.

  b．左房のコンプライアンスが低下すると左房圧も低下する.

  c．僧帽弁の逆流量が増加すると前負荷は減少する.

  d．僧帽弁逆流の増加に伴い肺水腫が起こる.

  e．心房細動を発症すると心拍出量が増加する.

問 2. 犬の僧帽弁閉鎖不全症の所見として正しいのはどれか.

  a．心音の聴診では拡張期雑音が聴取される.

  b．大腿動脈の触診では脈圧が増大する.

  c．胸部 X 線像では左房および左室の拡大がみられる.

  d．心電図では P 波の増高がみられる.

  e．心エコー図検査では逆流量の評価はできない.

第 12 章　心筋・心膜疾患【アドバンスト】

一般目標：心筋・心膜疾患の定義，病態生理，症状，診断法と治療法を修得する．

12-1　心筋症

到達目標：心筋症の分類と病態を説明できる．
キーワード：拡張型心筋症，肥大型心筋症，拘束型心筋症，不整脈原性右室心筋症，分類不能心筋症

1. 心筋症の分類と病態

　心筋症は，心機能障害を伴う心筋疾患と定義されており，主に臨床病型から拡張型心筋症，肥大型心筋症，拘束型心筋症と不整脈原性右室心筋症および分類不能心筋症の 5 型に分類されている．

1）拡張型心筋症

　拡張型心筋症は，左室のび漫性収縮障害と左室拡大を特徴としている．

【発生頻度および原因】

　犬で比較的多くみられる心疾患の一つであり，猫での発生は少ない．

　犬ではドーベルマン・ピンシャー，グレート・デーン，ボクサー，ラブラドール・レトリーバー，アメリカン・コッカー・スパニエル等の純血種大型犬に多発する傾向があり，遺伝的背景が疑われている．また，タウリンや L- カルニチン等の栄養素の欠乏やウイルス性心筋炎が発生に関与すると考えられている．

【症　状】

　左室収縮力が低下するため，低心拍出症状としての運動不耐性がみられる．また，うっ血性心不全に伴う肺水腫や胸水の貯留による呼吸困難および腹水貯留がみられる．ドーベルマン・ピンシャーとボクサーでは，これらの心不全症状とは別に，失神，虚脱等の心室性不整脈に起因した症状を認め，突然死を起こすことがある．

【診　断】

　身体検査では，心音に異常を認めることが多い．心音の異常としては，過剰心音（Ⅲ音やⅣ音），心雑音および不整脈による心拍の不整である．肺野の聴診では，肺水腫に伴うラッセル音が聴取されることがある．なお，呼吸音や心音が減弱している場合は，心膜液または胸水の貯留を疑う．大腿動脈の触診では，脈圧が減弱していることが多い．

　心電図検査では，洞頻脈，心房細動，心室期外収縮や心室頻拍がみられることがある．胸部 X 線像では，心陰影の拡大とともに肺水腫や胸水が確認されることがある．血液検査では，低蛋白血症，肝酵素の上昇および BUN の上昇を認めることが多い．

　拡張型心筋症の確定診断には，心エコー図検査が有効である．心エコー図検査では，左房と左室の拡

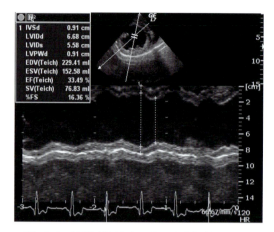

図 12-1 拡張型心筋症の犬の左室短軸 M モード像．左室拡張末期径および収縮末期径が増大しているとともに，左室内径短縮率が 16％ と著明な低下を示す．

張が顕著であり，左室拡張末期径および収縮末期径が増大している（図 12-1）．左室収縮性の指標である左室内径短縮率は，顕著な低下を示す．また，右房および右室の拡張が明瞭なことも多い．

【治　療】

　心収縮力の低下に対しては，陽性変力薬であるジゴキシンやピモベンダンが用いられている．肺水腫や胸水・腹水貯留では，利尿薬が選択される．なお，胸水や腹水が大量に貯留している場合は，胸腔穿刺や腹腔穿刺による排液を考慮する．また，血管拡張作用を有するアンジオテンシン変換酵素阻害薬も有効である．その他，心拍数のコントロール等を目的として，β遮断薬が選択されている．不整脈に対しては，抗不整脈薬を用いる場合がある．栄養素の欠乏が疑われる場合には，タウリンや L-カルニチンを経口的に投与する．

2）肥大型心筋症

　肥大型心筋症は，異常な心肥大に基づく左室拡張障害が基本病態である．主に左室の自由壁および心室中隔の求心性肥大と乳頭筋肥大を起こすため，内腔の狭小化を伴う（図 12-2）．

【病態および原因】

　肥大型心筋症は，猫での発生が多く，犬ではまれな疾患である．猫では，メイン・クーンとアメリカン・ショートヘアで家族性の発生が知られている．なお，メイン・クーンとラグドールでは，心筋ミオシン結合蛋白 C 遺伝子に変異が確認されている．

　左室拡張障害と左室の狭小化のため心拍出量は低下し，左室への流入障害のため左房は圧が上昇し拡張する．さらに，僧帽弁の収縮期前方運動を併発すると僧帽弁逆流が起こり，左房圧がより上昇し肺うっ血が顕著となる．また，僧帽弁収縮期前方運動のため，左室流出路が閉塞を起こすと左室の駆出抵抗がより高くなり左室肥大を増強する．このタイプの肥大型心筋症を，閉塞性肥大型心筋症と呼ぶ．猫では拡大した左房内に血栓が形成されることがあり，この血栓の一部が全身循環に入り，末梢動脈に詰まり血栓塞栓症を発症することがある．

【症　状】

　左心不全に伴う症状は，ほぼ拡張型心筋症と同様である．猫では無症候であることも多いが，左房圧の上昇に伴い肺のうっ血，肺水腫や胸水による頻呼吸や呼吸困難等の症状を呈する．

　動脈血栓塞栓症を合併すると，塞栓に伴う虚血性の症状を呈する．多くは腹部大動脈遠位端に塞栓を起こし，後肢の不全または完全麻痺がみられる．

図 12-2 肥大型心筋症の猫の左室横断肉眼像（乳頭筋レベル）．著明な左室肥大により左室内腔がほとんど認められない．乳頭筋の肥大のため左室後壁全体が肥大しているようにみえる．

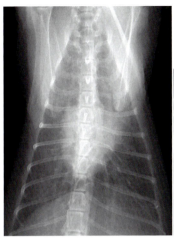
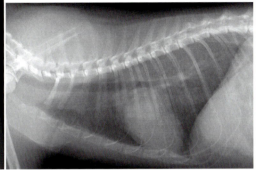

図 12-3　肥大型心筋症の猫の胸部 X 線像．肺水腫のため心陰影がやや不鮮明であるが，背腹像では左房拡大により心陰影がバレンタインハート型を呈している（左）．側面像では心陰影の延長がみられ，後葉に肺水腫が認められる（右）．

【診　断】

身体検査では，聴診により過剰心音（主にIV音）や心雑音を聴取することがある．肺野では，肺のうっ血，肺水腫に伴いラッセル音が聴取される．大腿動脈の拍動は，腹大動脈〜大腿動脈の血栓塞栓症の場合には触知できない．

心電図の異常は，一般的に左房・左室拡大，心室期外収縮，左脚前枝ブロック，心房細動等である．

胸部 X 線像では，顕著な左房拡大と様々な程度の左室拡大がみられる．典型例の猫では，背腹または腹背像でバレンタインハート型の心陰影を呈する（図 12-3）．肺水腫や胸水がみられることがある．

心エコー図検査は，肥大型心筋症の診断および他の疾患との鑑別に有用である．心室中隔，左室自由壁および乳頭筋の肥大が確認できる．また，左室内腔の狭小化や左房拡大がみられる．左室収縮性は，通常正常または亢進しているが，一部の猫では軽度〜中等度に低下していることもある．その他，左房内の血栓や胸水を認めることもある．

【治　療】

治療の主な目的は，左室の充満（弛緩性）の改善とうっ血の軽減である．弛緩性の改善には，カルシウムチャネル拮抗薬であるジルチアゼムやβ遮断薬が用いられている．うっ血の軽減には，ループ利尿薬のフロセミドが使用されている．さらに，うっ血性心不全に対してはアンジオテンシン変換酵素阻害薬が有効である．

血栓塞栓症の予防としては，抗血小板薬であるアスピリンやクロピドグレル，抗凝固薬の低分子ヘパリン等が用いられている．

3）拘束型心筋症

拘束型心筋症は，心室の拡張や肥大がなく心筋の収縮力も正常であるのに，心室が硬く拡がりにくい状態（拡張不全）になっているのが特徴である．

このタイプの心筋症は猫のみで報告されており，肥大型心筋症に次いで多い．拡張不全の原因は，心内膜および心内膜下の心筋層の広範囲な器質的病変（線維症）による．また，心室中隔と心室壁との間の線維組織による架橋形成がみられることもある．原因は明らかではないが，心内膜に生じた炎症性病変等，複数の因子が関与していると考えられている．

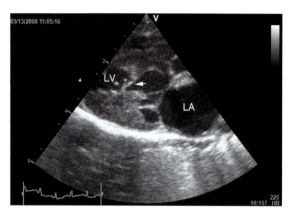

図12-4　拘束型心筋症の猫の心エコー図（右傍胸骨左室長軸四腔断面）．左房拡大と左室および心室中隔の心内膜の一部が高エコーを呈している．また，左室壁と心室中隔をつなぐ高エコーを示す線維性構造部（矢印）がみられる．LA：左房，LV：左室．

症状は様々であるが，肺水腫や胸水貯留による呼吸器症状が一般的である．症状は，ストレスや併発症によって発現することが多いが，突然発症または悪化する傾向がある．血栓塞栓症の合併も一般的である．

身体検査所見は，肥大型心筋症と類似している．X線像では，顕著な左房または両心房の拡大がみられる．また，左室あるいは全体的な心拡大がみられる．

心エコー図検査では，顕著な左房拡大が認められる．左室壁は，正常〜軽度肥大を呈する場合がある．また，心内膜が限局性またはび漫性の線維性肥厚により高エコーを呈することがある．さらに，左室心内膜の広範囲の線維化により，左室自由壁と心室中隔をつなぐ架橋構造がみられることもある（図12-4）．

4）不整脈原性右室心筋症

不整脈原性右室心筋症は，右室心筋の脱落と線維脂肪組織への置換による，右室機能の低下および右房と右室の拡張を特徴とする．また，右室の病理学的変化により，心室期外収縮，心室頻拍や脚ブロック等，心室性不整脈が惹起される．

このタイプの心筋症は，犬猫とも発生が少なく詳細は不明であるが，ボクサーの心筋症の一部がこのタイプといわれている．

5）分類不能心筋症

これまで記載した四つのタイプの心筋症のいずれにも該当しない心筋疾患を分類不能心筋症と呼ぶ．したがって，病態は様々であり，動物では診断基準は十分に検討されていない．

12-2　心筋炎

到達目標：心筋炎を説明できる．
キーワード：二次性心筋疾患，心筋炎

1．二次性心筋疾患

心筋の機能低下は，虚血，腫瘍の浸潤，代謝性疾患や薬物によっても引き起こされることがある．猫では，甲状腺機能亢進症により心筋肥大が誘発されることがある．また，抗腫瘍薬であるドキソルビシンは，心筋毒性を有しており過剰投与により心筋細胞の変性を引き起こす．

2．心筋炎

心筋炎は心筋に炎症性病変をきたす疾患で，原因としてはウイルス，細菌，原虫等の感染のほか，薬物や電気ショック等の物理的障害等があげられる．しかし，犬や猫では心筋炎が心筋不全の原因となる

ことはまれである.

12-3 心タンポナーデ

> 到達目標：心タンポナーデの原因と症状を説明できる.
> キーワード：心膜液貯留，心タンポナーデ

1. 心膜液貯留

正常な動物でも心膜腔には心膜液が貯留しているが，生理的量以上に貯留することを**心膜液貯留**という.

【病態生理】

心膜は線維性組織からなる比較的硬い構造物のため，その内容量と圧の関係は直線的にならない（図12-5）．容量が少し増加しただけでは圧の上昇はそれほど起こらないが，臨界点を超える容量の増加があると心膜腔内圧は急激に上昇する.

心膜液貯留で臨床的に無症状か，心臓圧迫症状が出るかを決める要素は，①心膜液の量，②心膜液貯留の速度，③心膜の伸展性の三つである.

急速な心膜液の増量は，心膜の伸展が起こらないため少量でも急激な心膜腔内圧の上昇を引き起こす．しかし，心膜液の貯留が徐々に進むと，心膜も徐々に伸展して圧−容積曲線が右方に移動するため，多量の心膜液貯留があっても圧の上昇はわずかとなる.

【原因】

犬で最も多い心膜液貯留は出血性であり，その原因は腫瘍性と特発性である．腫瘍性では血管肉腫が一般的であり，その他化学受容体腫瘍や中皮腫がある．漏出液による心膜液貯留では，うっ血性心不全や低アルブミン血症等が病因となる．滲出液が貯留している場合には，感染性心膜炎を考える.

猫では心膜液貯留はまれであるが，心筋症等によるうっ血性心不全や心臓腫瘍により引き起こされる.

2. 心タンポナーデ

心タンポナーデは，心膜液貯留によって心膜腔内圧が上昇し，心臓が圧迫を受け心室充満が障害された病態である．その結果，1回拍出量および心拍出量が減少し，低血圧や静脈還流障害を起こして死に至ることもある.

【病態生理】

心膜腔内に血液や滲出液等の液体が貯留し，心膜腔内圧が上昇すると，心室は拡張期充満が障害され，心タンポナーデの症状が発現する．低圧系である右房・右室は心膜腔内圧の上昇により容易に圧排され，全身からの静脈還流が障害される．その結果，全身のうっ血とともに肺静脈還流量，

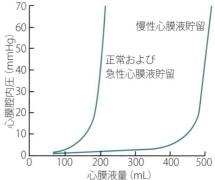

図12-5 心膜の圧−容積関係．正常な心膜は伸展性が乏しいため，少量の心膜液の増量であっても急激な心膜腔内圧の上昇が起こる．しかし，慢性的に徐々に心膜液が増量した場合には，心膜がそれに合わせて伸展するため曲線が右方へ移動し，多量に心膜液が増加しても圧の上昇が起こりにくい.

左室拡張末期容積の減少が起こり，1回拍出量・心拍出量は減少する．さらに心膜腔内圧が上昇し，左室拡張末期圧を超えると急激に心拍出量と血圧の低下が起こる．また，肺静脈の還流も障害されるため，肺のうっ血や肺水腫を引き起こす．重篤な心タンポナーデでは，心原性ショックに進行する．

【原因】

心膜液貯留の原因が心タンポナーデの原因ともなるが，最も多い原因は腫瘍性または特発性である．

【症状】

症状の発現には，心膜液貯留の速度，心膜液の貯留量と心膜の伸展性が関与する．心膜液が急激に貯留すると，心膜の伸展性はすぐに限界に達するため，わずかな心膜液貯留でも低血圧による突然の虚脱やショックを起こし，死亡することもある．このような症例では，腹水や胸水の貯留，X線上での心陰影の拡大等がみられず，頸静脈の怒張，低血圧や肺水腫を認めることが多い．

心膜液貯留が徐々に進行した慢性心タンポナーデでは，心拍出量の減少と右心系のうっ血性心不全に伴う症状を呈する．初期の症状は非特異的であり，元気消失，運動不耐性や食欲不振等がみられる．心膜液貯留が重度になると，腹水さらには胸水の貯留，頻呼吸や呼吸困難，失神，発咳等がみられるようになる．

【診断】

身体検査では，頸静脈の怒張，血圧の低下（大腿動脈の脈圧の減弱），心音の微弱化が特徴といわれている．そして，慢性心タンポナーデでは，腹水貯留も確認できることが多い．また，血圧は吸気時と呼気時の変動が大きくなる奇脈を呈することがある．奇脈では，吸気時に血圧の低下が著しくなる．

心タンポナーデの診断には，心エコー図検査が有用である．心エコー図検査では，心臓周囲に心膜液による無エコー領域が存在する．そして，心臓が心膜液の中で振子様の運動をするのが観察される．心タンポナーデの心エコー図診断で重要なことは，心膜腔内圧の上昇によって引き起こされている心房・心室腔の虚脱を確認することである．すなわち，右房および左房の虚脱，さらには右室の内方運動等である（図12-6）．また，心膜液貯留の原因である腫瘍性病変が確認できることもある．

X線像では，大量の心膜液貯留がある場合には，顕著な心陰影の拡大がみられる．

心膜液貯留の心電図所見では，QRS群の電位が1拍ごとに変化する電気的交互脈が観察されることがある（図12-7）．これは，心膜液内で心臓が振子様の運動をするため，心臓の電気軸が変化するためである．また，心膜液貯留に伴いQRS群が低電位となることもある．

【治療および予後】

心タンポナーデでは，心膜腔内圧を低下させるために心膜穿刺を実施する．再発性の心タンポナーデのため，頻回に心膜穿刺を実施しなければならない症例では，心膜切除術を考慮する．

心タンポナーデの予後は，原因疾患によって異なる．一般に，腫瘍性の心タン

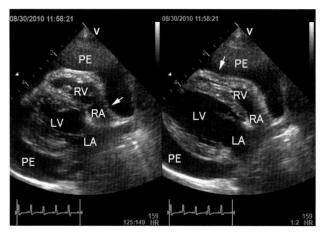

図12-6 心タンポナーデの心エコー図．心臓周囲の無エコー領域の確認により心膜液貯留と判定でき，かつ右房の虚脱（矢印，左）や右室の虚脱（内方への運動）（矢印，右）から心タンポナーデと診断できる．RA：右房，RV：右室，LA：左房，LV：左室，PE：心膜液．

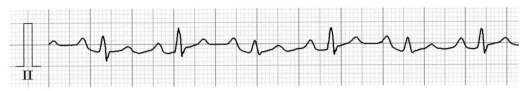

図 12-7 電気的交互脈を示す心電図．心膜液貯留のため QRS 群が低電位であるとともに，心臓の振子様運動により 1 拍ごとに QRS 群の電位が変化する．

ポナーデの予後は不良である．

《演習問題》（「正答と解説」は 181 頁）

問 1．心筋症について正しいのはどれか．
　a．拡張型心筋症は心室の拡張がみられるが収縮性は維持されている．
　b．拡張型心筋症は小型犬に多発する．
　c．肥大型心筋症は右室の肥大が特徴である．
　d．肥大型心筋症では肺動脈血栓塞栓症を起こすことがある．
　e．拘束型心筋症は左室の拡張不全を起こす．

問 2．心タンポナーデについて正しいのはどれか．
　a．大量の心膜液貯留が起こらなければ発症しない．
　b．右房や右室の虚脱がみられる．
　c．心電図検査では QRS 群の電位の増高がみられる．
　d．失神や虚脱を起こすことはない．
　e．血圧の低下は起こらない．

第13章　犬糸状虫症【アドバンスト】

一般目標：犬糸状虫症の原因，病態生理，診断法と治療法を修得する．

　犬糸状虫症（dirofilariasis）は，犬糸状虫（*Dirofilaria immitis*）の寄生によって発症する寄生虫性循環器疾患である．成虫の寄生と子虫（ミクロフィラリア）によって種々の障害が認められる．犬における発症が主であるが，猫でも発症する．

13-1　病態生理および診断

到達目標：犬糸状虫症の病態生理，症状，診断法を生活環と関連させて説明できる．
キーワード：犬糸状虫，ミクロフィラリア

1. 病態生理

1）生活環（ライフサイクル）と病態生理

　犬糸状虫の生活環は，病態生理と密接に関連する．中間宿主となる蚊（トウゴウヤブカ，アカイエカ，ヒトスジシマカ等）の吸血時にミクロフィラリア（第1期幼虫）が蚊の体内に移動する．ミクロフィラリアは，蚊の体内で2回脱皮して第3期幼虫に発育して蚊の吻鞘に待機し，次の吸血機会に皮膚の刺創から侵入する．蚊の体内での発育期間は27℃で10～14日とされている．

　犬の体内に入った第3期幼虫は，宿主の皮下組織，脂肪，筋肉等に移動し，1～12日で脱皮して第4期幼虫になる．第4期幼虫は宿主の体内を移行し，感染50～68日後に脱皮して第5期幼虫となる．第5期幼虫は，感染70～140日後に静脈内に侵入し，肺動脈に移行して成虫となる．成熟した成虫がミクロフィラリアを産生するのは感染6～9ヵ月後である．成虫の寿命は5～6年，ミクロフィラリアは2～3年とされている．

　幼虫が宿主の体内移行中に眼球や神経系に迷入すると，その部位が傷害される（幼虫移行症または迷入症）．虫が肺動脈に侵入すると，物理的刺激と損傷に対する生体反応によって肺動脈の内膜が絨毛性に増殖する．

　成虫が死ぬと肺動脈に塞栓し，その周囲に血栓が形成されて肺動脈周囲性肺炎と肺動脈閉塞が起こり，肺動脈圧が上昇する．肺動脈の内膜の増殖・肥厚，肺動脈の炎症等が肺動脈圧の上昇（肺高血圧）に関与するが，塞栓病変の関与が最も大きい．肺高血圧は，右心室へ圧負荷を及ぼし，右心室は肥厚するが，重症例では右心室壁は菲薄化し，心腔は拡張する．肺高血圧と右心室拡張は三尖弁閉鎖不全の原因とな

図13-1　犬の体内における犬糸状虫の各ライフステージ．

り，静脈はうっ血し，肝腫大，腹水，胸水，静脈怒張等の右心不全症状を示す（図 13-2）．静脈のうっ血は，肺の血液通過障害と相まって，運動不耐性や全身臓器の機能低下の原因となる．咳は肺動脈の炎症，成虫による物理的刺激，肺高血圧等が原因となる．

2) 肺動脈寄生症

肺動脈寄生症（pulmonary heartworm disease）は肺動脈に犬糸状虫が寄生するために起こる病態であり，慢性犬糸状虫症ともいわれ，運動不耐性，咳，呼吸困難等を示し，末期になると腹水，胸水，肝臓障害等の重度の右心不全症状を示す．

3) 大静脈症候群

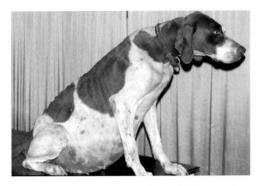

図 13-2　腹水貯留犬．重症の慢性タイプで下腹部が膨満し著しく削痩している．(萩尾光美，獣医内科学第 2 版，文永堂出版，2014)

大静脈症候群（caval syndrome）は肺動脈に寄生する成虫が右心房−右心室に移動して発症する．移動する原因は心拍出量の減少や血流速度の低下とされている．急性に三尖弁機能障害を起こし，典型例では虚脱と血色素尿（血管内溶血）を示して，短時間で死の転帰をとる．

4) 膜性糸球体腎炎

他の病態としてアレルギー（好酸球）性肺炎や膜性糸球体腎炎がある．

2. 診　断

1) 寄生診断

(1) 末梢血ミクロフィラリアの検出

末梢血の 1 滴をスライドグラスにとり，顕微鏡で観察する．その場で身体をくねらすミクロフィラリアが観察される（直接法）．集中法として，ヘマトクリット遠心管の白血球部位（バフィーコート）を観察すること，遠心分離した沈渣を染色して観察する方法（ノット変法），濾過した血液をフィルター染色して観察する方法等がある．単性寄生，予防薬の投与または原因不明等でミクロフィラリアが検出されない場合がある（オカルト感染）．

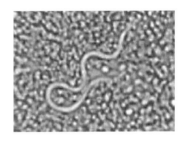

図 13-3　ミクロフィラリア．

(2) 成虫抗原検出

雌成虫由来抗原を検出する．感度が高く，臨床現場では広く使用されている．未成熟虫寄生，雄の単性寄生，少ない雌の寄生および生殖器の機能低下がある予防薬の長期投与では陽性とならない．

(3) 断層心エコー図検査

断層心エコー図検査によって犬糸状虫を直接検出できる．検出できる範囲は肺動脈幹と近位の左右肺動脈であり，大型犬や少数寄生では検出できない場合がある（図 13-4）．

2) 病勢診断

症状，循環検査（X 線，断層心エコー図検査），臨床病理検査等を総合して判断する．

(1) 胸部 X 線検査

初期は変化に乏しいが，病勢が進むと右心房，右心室，肺動脈が拡大して，DV 像における肺動脈の突出，拡張，蛇行，切り詰めや逆 D 字型，ラテラル像における気管の拳上や心臓前部の拡大等が観察される（図

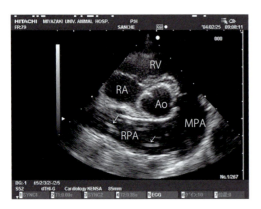

図 13-4 肺動脈寄生例の心エコー図．右肋間から描出した肺動脈断面像．右肺動脈（RPA）は著しく拡張し，数点の犬糸状虫のエコー像（矢印）を認める．虫体エコーは高エコーで，2本の平行な線（＝）として描出される．RA：右房，RV：右室，Ao（大動脈），MPA（肺動脈幹）．

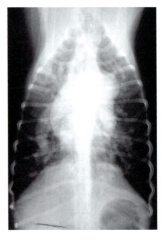

図 13-5 X線背腹（DV）像．時計2時方向の肺動脈幹の突出，左右肺動脈の著しい拡大・蛇行・切り詰めを認める．

13-5)．

（2）断層心エコー図検査

犬糸状虫の寄生部位と程度，右心室，右心房および肺動脈の拡張，三尖弁逆流等から循環不全の程度を診断する．

（3）臨床病理検査

軽度の肺動脈寄生症では，軽度の再生性貧血，好中球・好酸球・好塩基球増多，血小板減少，軽度〜中等度の肝酵素上昇を認める．腹水症状を示す例では，血漿総蛋白質濃度やアルブミン濃度が低下する．典型的な大静脈症候群の症例では，溶血に伴う重度の貧血，血色素尿，肝酵素の著しい上昇，腎機能低下等がみられる．

13-2 治療および予後

> 到達目標：犬糸状虫症の治療法と予防法を説明できる．
> キーワード：外科的摘出，肺動脈寄生，大静脈症候群，成虫殺滅，ミクロフィラリア駆除，対症療法

1．成虫駆除

1）外科的摘出

全身麻酔下で行う．**肺動脈寄生**および**大静脈症候群**の症例では，フレキシブル・アリゲーター鉗子を頚静脈から肺動脈に挿入して，犬糸状虫を把握・摘出する．大静脈症候群（caval syndrome）の症例では，硬性のアリゲーター鉗子も使用できる（図 13-6）．**外科的摘出**は，実施できる施設が限られるが，虫体摘出によって肺循環や血管病変は改善され，症状が改善される．大静脈症候群の症例は，できるだけ速やかに犬糸状虫を外科的に除去する．

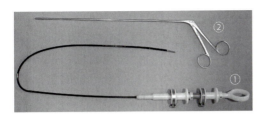

図 13-6 フレキシブルアリゲータ鉗子と硬性アリゲータ鉗子．①はフレキシブルアリゲータ鉗子，②は硬性アリゲータ鉗子．両鉗子とも動物の体格に合わせて，それぞれ数種ある．

2）ヒ素剤の投与による殺滅

メラルソミンは従来の薬剤より安全性が高いとされている．成虫のみならず感染 120 日以降の幼虫にも殺滅効果がある．投薬後は，死滅虫体による肺動脈塞栓が不可避なので，1ヵ月程度の安静が必要である．重症例および大静脈症候群には非適応である．

3）イベルメクチン通年投与

予防薬であるイベルメクチンの通年投与によって成虫寄生数が減少する．また，犬糸状虫と共生するグラム陰性桿菌であるボルバキア（*Wolbachia pipientis*）をドキシサイクリンによって殺滅することにより，犬糸状虫成虫を殺すことも実施されている．

2．ミクロフィラリア駆除

マクロライド系の予防薬（ミルベマイシン，イベルメクチン）はミクロフィラリア駆除効果がある．ミクロフィラリア陽性犬では，ミクロフィラリアの死滅によってアナフィラキシー反応を起こすことがある．投与前に副腎皮質ホルモン等の予防措置と，反応時の迅速な処置が必要である．

3．対症療法

成虫駆除ができない，または除去後に改善しない症例には対症療法を用いる．安静と栄養補給に加えて，循環を改善する目的で利尿剤（フロセミド，スピロノラクトン等）や血管拡張剤（アンジオテンシン変換酵素阻害剤，硝酸剤，シルデナフィル等）が用いられる．咳には副腎皮質ホルモンを用いる．呼吸を改善する目的で，腹水や胸水を除去することが必要な場合もある．

4．予防法

蚊の吸血を防ぐか，予防薬を投与する．予防薬は，イベルメクチン，ミルベマイシン，モキシデクチン，セラメクチン等のマクロライド系の薬剤が用いられる．これらの薬剤は，一般に 1ヵ月に 1 回投与するが，長期間（数ヵ月）有効な徐放注射剤もある．ミクロフィラリア陽性犬ではアナフィラキシー反応を起こすことがある．また，コリー種には犬糸状虫予防薬の投与によって神経症状を発症する個体がある．

《演習問題》（「正答と解説」は 181 頁）

問 1．犬糸状虫の生活環における蚊の役割はどれか．
 a．待機宿主
 b．中間宿主
 c．一時宿主
 d．ベクター
 e．終宿主

問 2．犬糸状虫の寄生診断に用いられない方法はどれか．

a．断層心エコー図検査
b．末梢血ミクロフィラリア検出
c．抗原検出
d．胸部 X 線検査
e．肝臓酵素活性測定

消化器病学

全体目標

　消化器の構造と機能を理解し，主な消化器疾患の病態整理，原因，症状，診断法と治療法の基礎知識を修得する．

第1章 消化器の構造と機能，消化器疾患の症状

一般目標：消化器の構造と機能，消化器疾患で観察される症状と発生機序を理解し，その基礎知識を修得する．

犬や猫の消化器系の臓器（胃腸，肝臓，膵臓等）の病気，すなわち症状や病態がどのように形作られるのか，を理解するためには，それぞれの臓器の解剖学的および生理学的な知識が必要である．また消化器症状には「嘔吐」，「下痢」以外にも様々なものがあり，症状，問題点を客観的に捉え，適切に鑑別診断を行うためにも，症状の定義を把握することが必須である．本章では代表的な消化器系臓器の解剖と機能，ならびに消化器系の臨床症状の定義と発生機序を学ぶ．

1-1 消化管（食道，胃，小腸，大腸）の構造と機能

到達目標：消化器の構造および各臓器における生理学的機能を説明できる．
キーワード：口腔，食道，神経支配，胃，小腸，吸収，大腸，肝胆道系，肝臓，血液供給，胆嚢，胆汁，膵臓，膵液

1. 口　腔

【構造および機能】

口腔は口唇に始まって歯列の外の口腔前庭，内側の固有口腔へと続く．口腔は粘膜でおおわれている．口腔の天井を口蓋といい，骨のある固い部分が硬口蓋で，奥の柔らかい部分が軟口蓋である．口腔に開口する唾液腺には大唾液腺と小唾液腺があり，耳下腺や下顎腺，舌下腺，頬骨腺が前者に含まれる．唾液は口腔内の洗浄，潤滑，消化に関与している．

舌は口腔底に付着した，中心の横紋筋と表面の粘膜からなる器官である．舌粘膜の背面上には糸状乳頭や茸状乳頭等の機械乳頭と味覚器である味蕾が存在している．猫の糸状乳頭は高度に角化してザラザラしているのが特徴である．また，犬や猫の舌先端中央には線維性のリッサが存在する．歯はその位置と形態から切歯，犬歯，前臼歯，後臼歯に分けられ，乳歯と永久歯が存在する．犬や猫の咀嚼では，上顎と下顎の歯列がぴったり合い，食物を切り裂くのに適している．

咽頭は口腔と鼻腔の後方にあり，消化器系器官でもあり呼吸器系器官でもある．咽頭口部は口腔の後方にあり，軟口蓋にて咽頭鼻部と隔てられており，喉頭，食道へと続いていく．

2. 食　道

【構　造】

食道は咽頭から胃をつなぐ器官であり，部位によって頚部，胸部，腹部食道に分類される．頚部食道は気管の背側から徐々に左背側を走行し，その後胸部入口から再び気管背側を走行したのちに横隔膜裂へと伸長する．食道には輪状咽頭筋と甲状咽頭筋よりなる上部食道括約筋と，胃噴門部付近の下部（胃

食道括約筋がある．犬の食道筋層はほぼ全域が横紋筋線維で構成されているのに対し，猫では下部 1/3 程度は平滑筋で構成されているとされ，内視鏡で観察した場合に，輪状の粘膜皺が観察される．

【機　能】

食道の主な機能は摂取物（食物）の胃への輸送である．口腔で食塊が形成され食道に移動すると，咽頭で始まった蠕動波が食道に伝播して噴門部へ食塊を移動させる．その後胃食道括約筋が弛緩して食塊が胃内へ輸送され，その後再度胃食道括約筋は収縮して逆流を防いでいる．食道の横紋筋の運動神経は，延髄の疑核からの遠心性ニューロンの支配を受けており，軸索は迷走神経を通り，咽頭食道，反回神経や迷走神経幹を通じて分布している．猫の食道平滑筋は，疑核吻側部から一般内臓遠心性ニューロンや迷走神経を介した神経支配を受けている．

3. 胃

【構　造】

胃は近位部と遠位部に分けられ，さらに近位部は食道からつながる噴門，胃底部，胃体部に区分され，遠位部は幽門洞を経て幽門そして十二指腸へとつながる．食道と幽門が最も接近した頭側の辺縁部を小弯といい，その反対側の臓側面を大弯と呼び，大網が付着する．犬と猫の胃は形状に違いがあり，犬では胃体部から幽門洞が正中の横断方向に延び，幽門は体の右側に位置するのに対し，猫では胃体部はむしろ正中に平行に縦に延び，幽門はほぼ正中に位置する．

【機　能】

胃粘膜上皮は胃小窩とそれに続く管状の胃腺で形成されている．胃には噴門腺，胃底腺，幽門腺という3種類の腺が存在している．このうち噴門腺は主に粘液分泌細胞で構成されており，幽門腺からは粘液のほかにガストリンも産生される．胃粘液の主な役割は，胃酸や消化酵素から粘膜を保護することである．胃底腺には頸部粘液細胞，主細胞，壁細胞が存在しており，主細胞からはペプシノーゲン，壁細胞からは塩酸が分泌される．胃酸を分泌する壁細胞にはアセチルコリン，ガストリン，ヒスタミン等に対する受容体が存在しており，これらの刺激入力から最終的にはプロトンポンプにおいて胃内腔に胃酸が分泌される．

胃は副交感神経の迷走神経と，交感神経によって支配を受け，迷走神経は胃壁運動性を亢進させ，交感神経は抑制する．胃や十二指腸の副交感神経節後線維は，ドパミンを伝達物質とする介在ニューロンの支配を受けており，ドパミンは節後線維上の D2 受容体を介してアセチルコリン遊離を抑制している．

4. 小腸と大腸

【構　造】

小腸は十二指腸，空腸，回腸の三つからなる．十二指腸には膵臓の主膵管と総胆管が一緒になって開口する大十二指腸乳頭がみられ，近傍に副膵管開口部である小十二指腸乳頭があるが，猫ではみられないことが多い．空回腸は長く可動性があるため，正確な位置が判断しづらいが，主に腹腔内の腹側を占めている．大腸は盲腸，結腸，直腸からなり，結腸は上行，横行，下行結腸に分けられる．犬の盲腸はらせん状になっているのに対し，肉食動物である猫では短いのが特徴である．

小腸の絨毛基底部にある陰窩の幹細胞から腸細胞が分裂，分化して絨毛先端へと移動していく．この腸粘膜上皮は粘液を産生する杯細胞と，微絨毛を備える吸収円柱細胞で構成されている．絨毛には毛細血管だけではなく，その中心を貫く毛細リンパ管があり，脂肪の吸収に関わっている．結腸壁の構造も

第 1 章　消化器の構造と機能，消化器疾患の症状　　121

小腸に類似するが，粘膜面には絨毛はなく，微絨毛も豊富ではない．大腸では小腸と同様に，深い腸陰窩が豊富に存在しており，多くの杯細胞から粘液が分泌されている．

【機　能】

　小腸では栄養分の吸収が行われる．食物中の糖質は，膵臓から分泌されるアミラーゼや刷子縁のマルターゼ等によって最終的にグルコースに分解され吸収され，毛細血管から門脈へと運ばれる．タンパクは胃内においてペプシンによって消化が始まるが，十二指腸では膵臓からのトリプシン，キモトリプシンならびに腸粘膜からのジペプチターゼ等の作用によってアミノ酸へと分解され，門脈に取り込まれる．一方脂肪は小腸内で膵リパーゼやエステラーゼ等によって消化され，モノグリセリドと遊離脂肪酸に分解され，胆汁酸との相互作用によってミセル化（乳化）され，上皮細胞に取り込まれるが，長鎖脂肪酸および再エステル化されたトリグリセリドはカイロミクロンに取り込まれリンパ管に入る．短鎖および中鎖脂肪酸は直接毛細血管から門脈へ運ばれる．大腸では主に水分が吸収され，大腸に送られた水分のほとんどが効率よく吸収されている．

　腸管への神経支配は交換神経と副交感神経の両方の自律神経が関与する．腸管の粘膜下組織内には，神経組織の一部である粘膜下神経叢（マイスネル神経叢）が存在し，内層輪走筋と外層縦走筋の間には筋間神経叢（アルエルバッハ神経叢）が形成されており，粘膜神経叢は粘膜運動を，筋間神経叢は分節運動や蠕動運動に関与している．胃や小腸と同様に大腸でも，分節運動や蠕動運動が認められる．分節運動や逆行性蠕動運動によって腸内容物の通過は緩徐になり，残った水分や電解質の吸収が促進される．一方，近位から遠位へと向かう蠕動運動によって結腸内容物は直腸へと輸送され糞便として排出される．

5．肝胆道系

【構　造】

　肝臓は腹腔内最大臓器で，横隔膜に接して腹腔最前部に存在する．犬や猫では外側・内側左葉，外側・内側右葉，方形葉，尾状葉の 6 葉からなる臓器である．肝臓の血液供給の多くは門脈に由来し，臓側面には肝動脈や門脈および胆管が通る肝門がある．胆嚢は方形葉と右葉の間にあり，導管である総胆管につながり，十二指腸に入る前に総胆管となる．組織学的には，肝臓は多面体の肝小葉の集合体で成り立っている．肝小葉では中心静脈を中心として，類洞と呼ばれる毛細血管に沿って肝細胞索が放射状に配列している．肝小葉の角の部分には，グリソン鞘があり，門脈の分枝である小葉間静脈，小葉間動脈，小葉間胆管の三つが常に一組で存在（三つ組）している．

【機　能】

　肝臓は消化器として，脂肪の消化吸収に必須である胆汁を生成し分泌している．肝臓はこれ以外にも，アルブミンやグロブリン，凝固因子をはじめとする生体に必要な様々なタンパクの合成，アンモニア等有害物質の代謝（解毒）と尿素の産生，グリコーゲンの合成・貯蔵等，非常に多くの機能を有している．このほか肝臓は網内系臓器でもあり，消化管由来の異物を肝臓のクッパー細胞が貪食する．肝細胞で産生された胆汁は，小葉間胆管を経由して胆管へと流れ，胆嚢で貯蔵，濃縮されたのちに，食事の刺激によって胆嚢が収縮し，十二指腸へと分泌される．

6．膵　臓

【構　造】

　膵臓は胃の尾側（左葉）から幽門付近（体部）を経て，下降十二指腸の領域（右葉）に密着するブー

消化器病学

メラン型の臓器である．膵液流出路である膵管は十二指腸へとつながる．犬では膵管と副膵管の二つがあり，膵管は大十二指腸乳頭で総胆管とともに十二指腸に開口し，副膵管はその後方で小十二指腸乳頭に開口する．猫では膵管はあるが多くは副膵管を欠き，膵管と総胆管が合流してから十二指腸に開口している．組織学的には，膵臓の大部分は外分泌組織であり，膵腺房細胞，導管の中に，内分泌組織であるランゲルハンス島が散在している．

【機　能】

膵臓の外分泌器官として，膵液を十二指腸に分泌しており，トリプシン，キモトリプシン，リパーゼ，アミラーゼ等の消化酵素のほか，胃酸中和のための重炭酸，コバラミン吸収のための内因子が含まれている．内分泌器官としては，ランゲルハンス島からインスリン，グルカゴン，ソマトスタチン等が分泌されている．

1-2　食欲不振，多食，流涎，嚥下困難・障害，吐出，嘔吐

到達目標：食欲不振，多食，流涎，嚥下困難・障害，吐出，嘔吐の原因と病態を説明できる．
キーワード：食欲不振，多食，膵外分泌不全，流涎，肝性脳症，嚥下困難，嚥下障害，吐出，嘔吐

1.　食欲不振

　動物が重篤な状態になれば，いかなる病気であっても食欲不振になり得る．食欲があるのに体重減少がみられる場合は，消化吸収不良かエネルギーの過剰消費（例：甲状腺機能亢進症，授乳期）またはエネルギーの利用率低下（例：糖尿病）を意味する．食欲不振の原因は多岐にわたり，代表的な原因としては，消化器（胃腸，肝臓，膵臓）疾患のほか，何かしらの原因による吐き気，様々な炎症性あるいは代謝性疾患，中枢性疾患および嗅覚異常，腫瘍性悪液質等があげられる．食欲不振以外の症状もある場合には，その症状からの鑑別診断アプローチを考慮すべきである．食欲不振以外に症状がない場合には，詳細な身体検査を実施し，嗅覚異常のほか，特定の臓器異常を示唆する所見がないかどうか確認する．そのうえで血液・尿検査，画像検査（X線，超音波検査）と合わせて疾患を絞り込む．どうしても食欲不振の手がかりが見つからない場合には，MRI検査や消化管内視鏡検査，そして試験開腹を考慮する．

2.　多　食

　多食は通常必要なカロリーを超えて食物を摂取することである．空腹感や満腹感等の摂食行動を司どる中枢神経の異常によって起こる原発性多食もあるが，多くの場合は二次性の多食であり，栄養不足のため体重が減少していることが多い．

　問診によって，食欲を亢進させる薬剤の投与，妊娠や授乳，食事の変更，環境の変化等がないか聴取する．二次性の多食では基礎疾患によって症状が様々である（例：副腎皮質機能亢進症，糖尿病での多飲多尿等）ので，多食以外の症状を漏らさず聞いておく．消化吸収不良による多食は多く，膵外分泌不全や様々な腸疾患が含まれるが，下痢，脂肪便等を伴うことが多い．身体検査では，副腎皮質機能亢進症を疑わせるような腹部膨満，筋肉の消耗，脱毛等がないか，甲状腺の腫大はないか（猫）等に注意する．消化吸収不良は体重減少以外に特記すべき身体検査上の異常がないことが多い．体重の推移と症状，身

第 1 章　消化器の構造と機能，消化器疾患の症状　　123

体検査から疾患が絞り込めない場合には，血液検査（低血糖，高アンモニア血症，肝酵素上昇等），糞便検査（脂肪便，未消化物の存在，寄生虫）等を行い，最終的に原因がつかめない場合に，頭部 MRI，CT 検査を行う．

3. 流　涎

　流涎とは口からよだれを垂れ流すことで，唾液が過剰に出る場合のほか，唾液を嚥下できない状態も含まれる．口腔内の異常（歯石，歯周炎，腫瘍，壊死）によることが多いが，神経筋疾患によっても引き起こされることがある．問診時には流涎以外の症状（例：嘔吐，食欲不振，咀嚼時の異常）にも注意する．身体検査では閉口障害や唾液腺の異常がないかどうか，そして歯周病，口内炎，口腔内腫瘍等の口腔内異常について，詳細に調べる必要があり，鎮静が必要になることも多い．また神経学的検査，特に第Ⅴ，Ⅶ，Ⅸ，Ⅻ脳神経の検査が必須である．食道以降の消化管に問題があって唾液が過剰に産生されている場合には X 線検査や内視鏡検査が必要になることがある．また肝性脳症の鑑別のためアンモニア濃度の測定，頭蓋内疾患の鑑別のため MRI，CT 検査が必要になる場合もある．

4. 嚥下困難（障害）

　嚥下困難を呈する動物の場合，その症状が口腔性嚥下困難か咽頭・輪状咽頭部に起因する問題であるかを，問診・身体検査で絞り込むことが重要である．急性の嚥下障害であれば異物や炎症の可能性が高くなるが，慢性の経過であれば腫瘍や神経筋障害の可能性が高くなる．口腔性の問題であれば，食物をくわえたり，咀嚼することが困難であることが多く，咽頭・輪状咽頭部の問題であれば，食物を飲み込む際に，大げさなそぶりをみせたり，なかなか飲み込めないといった症状が見受けられる．身体検査では，開口・閉口障害や口腔咽頭部の疾患，神経筋障害を示唆する所見がないかが重要となる．必要があれば，鎮静・麻酔下で病変部位の観察や生検を行うが，誤嚥性肺炎を併発している場合には注意が必要である．問診・身体検査で病変の特定ができない場合には，次のステップとしては X 線検査や内視鏡検査，透視等が適応となることが多い．

5. 吐　出

　吐出とは物（食物，水，唾液）を，口，咽頭，食道から排出することである．吐出は通常食道の異常によって起こることが多いが，まれに咽頭・輪状咽頭部の異常による嚥下困難の際に吐出することがある．咽頭からの吐出では，嚥下時に大袈裟なそぶりや頭を振る動作がみられることが多い．また咽頭部異常による吐出の場合には食物摂取後すぐに吐出するが，食道異常による吐出の場合には摂取後数時間たってから吐出することも少なくない．吐出と嘔吐を鑑別することもきわめて重要であり，吐出では通常，悪心等の前駆症状や腹部の収縮は見られず，突然口から吐くことが多い．

　問診では異物摂取の可能性と，過去数週間以内の麻酔や投薬の有無等を必ずつかんでおくようにする．離乳期での症状発現であれば，血管輪奇形の可能性がある．また他の症状の有無も続発性食道拡張症の鑑別に重要である．例えば食道拡張とともに全身の筋肉の虚弱を伴う場合には，重症筋無力症を強く疑う理由になる．食道に関して身体検査でわかる情報は多くはないが，誤嚥性（吸引性）肺炎の有無は重要であるため聴診は慎重に行う．吐出症例では，単純 X 線検査および造影 X 線検査が実施され，それにより食道の異常が明らかになる場合が多い．必要な場合にはその後内視鏡検査等を行う．

消化器病学

6. 嘔　吐

　嘔吐を呈する症例はきわめて多く，その原因も多岐にわたる．したがって嘔吐を呈する動物では問診・身体検査を詳細・ていねいに，そして系統的に行う必要がある．まず動物の重症度を評価し，必要に応じて治療をすぐさま開始する．問診は本当に嘔吐かどうか，嘔吐が慢性か急性かを見きわめることからスタートする．嘔吐では通常，前駆症状（うろうろ歩き回る，流涎等）があり，嘔吐時には激しく腹部が収縮を繰り返したのちに吐くことが多い．

　問診では，食事と嘔吐との関連性や食事・吐物の内容を評価するとともに，異物，中毒の可能性を聴取する．また嘔吐を呈する多くの動物が消化管以外の疾患に起因していることに注意して，嘔吐以外の症状や消化管以外の病変を見逃さないように注意して検査を進める．消化器（胃腸，肝臓，膵臓）以外で嘔吐を生じやすい疾患としては，尿毒症，副腎皮質機能低下症，甲状腺機能亢進症，中枢性疾患，子宮蓄膿症等があげられる．急性症状を呈する動物で，状態がそれほど悪くなければ対症療法を開始することも可能であるが，状態が悪い場合，慢性的な嘔吐がある場合には血液検査を行い，全身状態を評価するとともに，消化管疾患の除外を行いながら，X線検査，消化管エコー等の画像検査に進み，その後の追加検査を決定する．

1-3　下痢，メレナ，血便・血様下痢，便秘，しぶり，排便困難，便失禁

> **到達目標**：下痢，メレナ，血便・血様下痢，便秘，しぶり，排便困難，便失禁の原因と病態を説明できる．
>
> **キーワード**：下痢，問診・身体検査，メレナ，血便・血様下痢，便秘，しぶり，排便困難，便失禁

1. 下　痢

　下痢も嘔吐同様に，症例数も鑑別疾患も非常に多いため，系統的な問診・身体検査を行ってその後の検査を絞り込んでいく必要がある．まず排便の様子や便の性状，付随する症状によって病変部位が小腸か大腸かをある程度推定する．大腸性下痢では，粘液便や粘血便，鮮血便がみられることがあり，少量頻回便になりやすい．一方，小腸性下痢では，下痢の量が多く，慢性化することによって体重減少が顕著にみられる．病変が小腸，大腸の両方に及ぶことも多く，必ずしもどちらかに絞れないこともある．身体検査では，腹部触診にて，腸壁の肥厚，腫瘤，腹水の有無を評価し，大腸性下痢の場合には直腸診をていねいに行う．嘔吐と同様に消化器以外の原因で下痢をすることも多いので，下痢以外の症状にも注意する．大腸性・小腸性下痢のどちらであっても糞便検査は必須であり，院内での直接鏡検，虫卵検査，グラム染色等のほか，最近は感染症のPCR検査も実施されることが多い．血液検査では肝臓，膵臓をはじめとする，他臓器の異常や代謝・内分泌疾患の可能性を評価する．

　急性の下痢で状態がそれほど悪くなければ，対症療法で様子をみることも可能である．慢性大腸性下痢では重篤な疾患はそれほど多くなく，状態が良ければ食事療法や試験的な抗菌薬投与を開始することも可能である．状態が悪い場合，慢性下痢で特に食欲不振，体重減少，腹水等の症状を伴っている場合には，できるだけ早く次の検査へ進むべきである．血液検査，糞便検査，X線検査で診断が困難な場合

第1章　消化器の構造と機能，消化器疾患の症状　　125

には，消化管の腹部超音波検査を行うことで，追加検査の方向性（内視鏡検査，生検，試験開腹，試験的治療）を決定できることが多い.

2. メレナ

メレナは消化された血液に由来する黒色タール状便であり，多くの場合食道，胃，小腸における出血を意味する．血便よりもメレナの方が重篤な疾患であることが多いが，飼い主はメレナを異常便と認識していないことがあるので注意が必要である．またすべての上部消化管出血がメレナを呈するわけではなく，かなり大量の出血があり，ある程度の時間胃・小腸内に停滞して消化された場合にのみ黒色タール状便となる.

問診・身体検査ではまずメレナを実際に確認することから始まる．食事内容（生肉）や薬剤（ビスマス，活性炭）によっても黒色便となり得るため問診で聴取する．胃・十二指腸潰瘍の原因となり得る非ステロイド性抗炎症薬（NSAIDs）および副腎皮質ステロイド薬の使用歴，投与量等を必ず聴取しておく．身体検査では貧血の重症度を評価することから始まり，必要があれば輸血を行う．鼻腔，口腔からの出血の有無を調べ，寄生虫疾患の有無，止血異常の有無（DIC，血小板減少症等）も確認する．胃・十二指腸での出血の疑いが強い場合には，腹部超音波検査の後に内視鏡検査を行うことで診断がつくことが多い.

3. 血便・血様下痢

血便（糞便中の新鮮な血液）を呈する動物の診断は大腸性下痢の場合と同じ方法で行われる．正常な糞便の外側に血液が付着する場合には，結腸遠位部あるいは直腸に病変が存在し，血液が糞便に混ざっている場合には，結腸のより上部で出血があることを意味する．まれに大量出血を呈している場合があり，輸血等の緊急対応が必要になる場合があるが，一般的にはメレナの方が出血量が多い．血便・血様下痢がある場合には，まず直腸診をていねいに行い，直腸疾患および肛門周囲疾患を除外する．下痢の項で述べたように糞便検査で細菌性，寄生虫性，ウイルス性疾患を除外する．そのほか血液検査にて血小板数や凝固系異常を調べるとともに，腹部超音波検査によって，大腸や回盲部の異常，前立腺の異常等を評価する．最終的には結腸内視鏡検査と生検が必要となることもある.

4. 便　秘

便秘は排便回数が低下して便が長時間腸内に停滞することを指すが，症状としては排便姿勢をとってもなかなか便がでないというしぶり症状が最も多い．しぶりを呈する症例では，緊急性のある排尿困難を鑑別することが重要である.

便秘の原因は様々であるが，慢性化すると治療困難となることが多いので，早期に鑑別診断を行うべきである．問診では食事性，薬剤投与歴，事故歴，環境の変化（例：猫砂の清掃不足），異物摂取の可能性等を中心に聴取する．身体検査では肛門・会陰部の観察，腹部触診による便が停滞して固くなった腸管の触知，拡張した膀胱の有無，肛門や直腸，前立腺の触診等を行う．脱水，甲状腺機能低下症，高カルシウム血症等の全身性あるいは代謝性疾患によっても便秘が引き起こされることがある．その後の診断アプローチとしては，単純X線検査による便秘，巨大結腸や解剖学的な異常の確認のほか，全身性，代謝性疾患除外のための血液化学検査，大腸疾患除外のための内視鏡検査等が含まれる.

消化器病学

126　　第 1 章　消化器の構造と機能，消化器疾患の症状

5. しぶり，排便困難

　しぶりと排便困難は症状が重なる部分もあり，時として鑑別困難である．違いは「排便困難」は直腸にある糞塊を排出するのが困難あるいは痛みを伴う様子で，肛門や肛門周囲の異常であることがほとんどであるのに対し，「しぶり」とは直腸内に糞塊がなくても頻回に排便をしようとしていきむことで，肛門周囲だけでなく，様々な大腸疾患そして下部尿路疾患が原因として含まれるものである．

　しぶり・排便困難を呈している場合，症状が尿路疾患からのものでないかどうかをまず鑑別することが必要である．また飼い主はしぶりの症状を便秘と勘違いして，便秘と表現することも多い．排便前にしぶり症状がある場合には便秘や閉塞性疾患の可能性があり，逆に排便後にしぶり症状が続くようであれば大腸炎等に伴って腸が過敏になっていることが考えられる．粘血便は大腸炎を示唆し，便が細く平坦化している場合には狭窄が疑われる．身体検査では肛門周囲，会陰部をよく観察し，肛門，直腸の触診をていねいに行う．また尿路系（膀胱，前立腺）の異常も同時に触診でチェックしておく必要がある．問診・身体検査で病変の特定ができない場合には，消化管（結腸），下部尿路系の超音波検査，消化管造影，結腸内視鏡検査等が適応となる．

6. 便失禁

　便失禁とは直腸内容物の不随意的な排出のことを意味するが，これには肛門括約筋の異常による便失禁と，大腸疾患等による便貯蔵の異常（貯蔵量の異常増加あるいは貯蔵可能な量の減少）に伴う便失禁の二つの種類がある．便貯蔵の異常の場合には，通常便意（便をしたがる様子，排便姿勢）が認められ，しぶりがみられることもある．頻回便，粘血便の存在も便貯蔵の異常（大腸疾患）であることを示唆する所見である．時として問題行動として便失禁を呈する場合もあるが，この場合には大腸疾患（しぶり，粘血便等）の症状は認められない．一方，肛門括約筋の異常による便失禁では，動物に便意がみられず無意識で排便してしまう状態となり，多くは神経筋疾患が原因である．神経筋疾患では排便姿勢のほか，尿排泄の異常が併発していないかどうか，事故・手術歴等に注意して問診を行うべきである．

　身体検査では肛門周囲，会陰部を観察し，肛門〜直腸部をていねいに触診し，肛門括約筋の緊張度も評価する．弛緩拡張した膀胱があり容易に圧迫排尿されるようであれば仙髄の異常が示唆される．神経学的検査では姿勢反応のほか，後肢，肛門，尾の脊髄反射の評価を行うようにする．肛門反射の低下も仙髄の傷害を示唆する．問診・身体検査後のアプローチとして，便貯蔵の異常が疑われる場合には内視鏡検査，肛門括約筋の異常が疑われる場合にはX線検査やMRI検査等があげられる．

1-4　鼓脹，腹鳴，腹部膨満，腹水，黄疸

> 到達目標：鼓脹，腹鳴，腹部膨満，腹水，黄疸の原因と病態を説明できる．
> キーワード：鼓脹，腹鳴，問診・身体検査，呑気，腹部膨満，腹水，低アルブミン血症，腹膜炎，
> 　　　　　　滲出液，漏出液，細胞診，黄疸，ビリルビン

1. 鼓腸，腹鳴

　鼓腸は消化管内に異常にガスが貯留することを指し，腹鳴は消化管内の液体とガスの移動に伴う音（消

第1章　消化器の構造と機能，消化器疾患の症状　　127

化管がゴロゴロなる音）を意味するが，いずれも消化管内ガスに伴う症状である．これらの症状を呈するのはほとんど犬である．消化管内ガスの由来は，ほとんどは空気の嚥下と細菌による発酵である．問診において空気を飲み込みやすい犬かどうか（早く，あるいは競争して食べる犬），ガス産生しやすい食事を与えて（あるいは盗食して）いないかどうか，を聴取する．食事内容としては豆類，キャベツ，高タンパクあるいは高脂肪食，乳製品，腐敗食等に注意する．一般的にこれらの症状が食事内容や食事習慣によるものであれば，食事内容を高消化性で低繊維のものに変更したり，1回の食事量を減らしたりして様子をみることも可能である．しかし，症状が最近始まって嘔吐，下痢等の他の消化器症状を伴う場合，腹部疼痛，背弯姿勢等の腹部不快感を示す場合には，それぞれの症状に応じて問診・身体検査および精密検査を進めていくべきである．鼓腸症はしばしば呼吸状態の変化（過呼吸，開口呼吸）による呑気によっても生じることがあり，その場合には基礎疾患の診断・治療を進める．

2. 腹部膨満

腹部膨満は大きく臓器の腫大・拡張と多量の液体（腹水）貯留，そして肥満に分けられる．腹部膨満があり重篤な症状を呈している場合には，緊急手術が必要な疾患（例：胃拡張胃捻転症候群，腹腔内の大型腫瘍の破裂に伴う血腹等）が潜んでいる可能性があるので，まず鑑別する必要がある．次に身体検査等から肥満を除外する．その後，臓器腫大と腹水を，身体検査と腹部画像診断（X線検査または超音波検査）所見をもとに分類する．いずれの腹腔内臓器の腫大も腹部膨満を呈する可能性があるが，頻度の高い疾患としては，肝臓，脾臓の大型腫瘍や囊胞，空砲性肝障害，胃の拡張（ガスおよび液体貯留），腎臓の囊胞（多発性囊胞腎および偽囊胞）や腫瘍，子宮の腫大（妊娠や蓄膿症）等があげられる．臓器腫大の場合には，確定診断に生検が必要になることが多い．画像検査で腹水貯留が原因と考えられた場合には，腹水を吸引して鑑別を進める（腹水の項参照）．

3. 腹　水

腹水の主な原因は低アルブミン血症，門脈圧亢進そして腹膜炎である．消化管疾患に起因する腹水の原因としては，犬ではタンパク喪失性腸症（PLE）における漏出性腹水が多いが，猫ではまれである．犬・猫とも消化管穿孔に起因する化膿症性腹膜炎によって滲出液が貯留することがある．漏出液，変性漏出液および浸出液の鑑別は腹水を吸引して比重，TP，細胞診等によって鑑別する．漏出液貯留では重度貯留するまで症状はあまりないことが多いが，腹膜炎による場合には，少量であっても，腹痛，発熱，元気消失，嘔吐，下痢，食欲不振等の重篤な症状がみられることが多い．悪性腫瘍は，リンパ液の流れを閉塞したり，血管透過性を亢進したりすることによって，変性漏出液を貯留させたり，非感染性腹膜炎を引き起こすことがある．また肝臓や脾臓の腫瘍では，出血を伴って血腹となることもある．変性漏出液は，通常，肝疾患，心疾患，あるいは悪性腫瘍において認められる．

4. 黄　疸

黄疸とは血清中のビリルビン濃度の上昇に起因する，組織へのビリルビンの沈着および黄染のことである．黄疸は身体検査において可視粘膜で確認されるが，ビリルビン濃度が2 mg/dL程度にならないと，明らかにならないことが多い．間接（非抱合）ビリルビンは赤血球のヘモグロビンに由来し，アルブミンと結合して肝臓に運ばれ，肝細胞内でグルクロン酸抱合を受けて直接（抱合）ビリルビンとなって胆汁中に排泄される．したがって黄疸が起きるのは，赤血球破壊の亢進（肝前性），肝細胞の機能異常（肝

性）そして胆管の閉塞（肝後性）のいずれか（あるいは複数）の機序による．黄疸を確認したら，血液検査や超音波検査等の画像検査によって，肝前性（溶血）と，肝後性（胆管閉塞）を鑑別する．肝性黄疸の鑑別には，最終的には肝生検が必要になることが多い．

《演習問題》（「正答と解説」は181頁）

問1. 犬と猫の嘔吐と下痢に関する以下の記述のうち，<u>誤っている</u>ものを選びなさい．

　a．嘔吐では前駆症状があることが多い．

　b．消化管以外の原因で嘔吐することも多い．

　c．粘液便や鮮血便は大腸性下痢でみられることが多い．

　d．慢性的な小腸性下痢では体重減少がみられることが多い．

　e．メレナは大腸の疾患で見られることが多い．

第 2 章　消化器疾患の診断法

一般目標：各種消化器疾患の診断法と検査法の基礎知識を習得する.

　伴侶動物における消化器疾患は，臨床現場で遭遇することの多い疾患である．しかし，消化器疾患における症状は非特異的であることが多いことから，症状の所見のみから原因を鑑別していくことはきわめて困難である．ここでは，消化器疾患における原因鑑別のために必要となる各種検査法と結果の解釈に関する基礎知識を習得する.

到達目標：消化器疾患の診断に必要となる各種検査法の意義と得られた結果を説明できる.
キーワード：糞便検査，臨床病理学的検査，画像検査，内視鏡検査，生検

2-1　糞便検査

1.　一般性状

　便の形状と硬さは水分含有量による．小腸の障害では大量の軟便から液状便まで認められる．大腸の障害の場合は粘液便となることがある．腸内容物の腸内の停滞時間が長いと便は固くなる．消化吸収に問題があると未消化物を混じる．便の臭いに関しては，脂肪吸収不良や腸炎の場合は酸性臭や腐敗臭を呈することがある．正常便は茶褐色であるが，上部消化管出血では黒色便となる．下部消化管出血では赤色便となる．膵外分泌不全や胆管閉塞では，便は灰白色や黄白色となる．消化管の運動が亢進している場合は，便が緑色となることがある.

2.　寄生虫および原虫

　消化管内寄生虫や原虫の検出には糞便が材料として用いられる．一部の線虫や条虫の片節は肉眼的に確認できる場合があるが，一般に顕微鏡下で虫卵や幼虫，オーシスト等を検出する方法が取られる．直接法は糞便を直接塗抹して観察する．間接法としては浮遊法と沈殿法があり，前者では線虫卵やオーシスト，後者は吸虫卵等の検出に応用される．幼虫や虫体の検出にはベールマン法や簡易沈殿法が用いられる.

3.　細　菌

　細菌性下痢の診断には，糞便塗抹標本の観察，糞便の細菌培養同定，エンテロトキシンの抗原検査，原因菌の遺伝子検査が応用される.

4.　その他

　糞便中の未消化物の評価に，ズダン染色やヨウ素染色が行われる．犬では便の鮮血反応も応用可能である．また，ウイルス抗原あるいは遺伝子の検出に ELISA や PCR も応用されている.

消化器病学

130 第 2 章 消化器疾患の診断法

2-2 臨床病理学的検査

1. 血液検査

　消化器疾患を特異的に鑑別するための血液検査項目はなく，むしろ動物の状態を把握するため，ならびに診断の補助のために実施される．貧血は消化管出血が存在する場合に認められることがある．白血球減少症，特に好中球減少症はパルボウイルス性腸炎や敗血症を疑わせる．血小板減少症も出血や播種性血管内凝固の際に認められる．低蛋白血症や低アルブミン血症は，消化管出血や蛋白漏出性消化管疾患で認められる．嘔吐や下痢がみられる症例では電解質異常が観察される．血中肝酵素活性の上昇が肝疾患等で認められる．血中尿素窒素の上昇が脱水や消化管出血の影響でみられることがある．炎症性病変の存在により，犬では C 反応性蛋白濃度が上昇する．低血糖は敗血症の他，低栄養状態でみられることがある．血中トリプシン様免疫活性（TLI）は膵外分泌不全の際に低下する．膵リパーゼ免疫活性（PLI）の上昇は膵炎の可能性を示す．血中ビタミン B_{12}（コバラミン）や葉酸濃度の低下は，小腸の遠位あるいは近位の障害を示唆する．

2. 尿検査

　尿検査所見から直接的に消化器疾患を診断できることは少ないが，低蛋白血症の鑑別の際に必要となる．

3. 体腔液の検査

　消化器疾患でも体腔液が貯留する場合がある．その際にはその理学的，化学的，ならびに細胞学的性状を確認し，漏出液，あるいは滲出液の鑑別を行う．

2-3 画像検査

1. X 線検査

　消化器系（消化管）の X 線検査は，解剖学的ならびに機能学的異常を検索するために実施され，単純 X 線検査，造影 X 線検査，透視画像検査，ならびに CT 検査が応用される．

　口腔や咽頭部の異常は咀嚼や嚥下障害につながることが多いため，単純 X 線撮影以外にも，造影検査を実施する．食道は単純 X 線撮影では評価が困難なため，食道造影を行い評価する．食道穿孔が疑われる場合には，バリウム系造影剤は用いず，ヨード系造影剤を使用する．

　胃は犬と猫で位置が異なっており，犬の胃は胃体部が正中に位置し，幽門部が右側にあるのに対し，猫では幽門部が正中に位置する．十二指腸は胃に続き上腹部の右側を頭側から尾側に走行し，空回腸に至る．上部消化管の造影検査は消化管内異物や閉塞，運動機能障害が疑診される際に実施する．これに続き盲腸，結腸，直腸へ，腹腔内を右から左側に弧を描き，さらには尾側の肛門に向けて大腸が走行する．大腸の造影検査は，直腸経由で空気を注入する陰性造影法，あるいはバリウムを用いるバリウム注腸が用いられる．

2. 超音波検査

消化管の評価にも超音波検査が応用される．腹腔内を評価する際は，すべての臓器を観察する必要があるが，ここでは消化管の超音波検査所見を記す．正常な消化管は内腔側から粘膜面，粘膜，粘膜下織，筋層，漿膜の5層からなり，超音波検査でもこの5層構造を確認することができる．消化管壁の厚さはおおよそ犬の胃で5 mm，十二指腸は5～6 mm，小腸は5 mm，結腸は3 mmであり，猫では回腸の遠位部を除き3 mmより厚い場合は異常と考える．消化管の超音波検査における異常所見としては，消化管の拡張，よれ，消化管壁の肥厚，層構造の変化や消失，運動性の異常等があげられる．

3. 内視鏡検査

消化器疾患における内視鏡検査は，粘膜の状態の確認，腫瘍や異物の診断と処置，生検が必要になる場合に応用される．内視鏡検査は上部内視鏡検査と下部内視鏡検査からなる．上部消化管内視鏡検査では，口腔，咽頭，食道，胃，十二指腸，空腸近位が観察でき，下部消化管内視鏡検査では，肛門，直腸，結腸，盲腸，回腸遠位を検査する．

4. 生　検

消化器疾患における生検法としては，細針吸引生検（fine needle aspiration，FNA），内視鏡下生検，試験開腹による生検が適用される．FNAは各種画像検査で消化管壁の肥厚，腫瘤形成，リンパ節腫大が認められた際に実施することが多い．超音波ガイドのもとで行われること以外は，通常のFNAとかわらない．内視鏡検査を行う際は，異物の確認や除去等，原因や目的が明らかな場合を除いて，組織生検を行う．内視鏡下生検には，一般に生検用の鉗子を用いて実施するが，ポリープ様の病変にはスネアを用いたポリペクトミーも応用できる．得られた組織は，通常の病理組織学的解析の他に，リンパ腫の遺伝子診断に供することもある．FNAや内視鏡下生検が適用できない場合は，試験開腹による生検を実施する．消化管の生検を行う場合は全層生検となる．

《演習問題》（「正答と解説」は181頁）

問1. 上部消化管で出血がある場合，便の色調はどのようなものになるか．
- a．白色
- b．黄色
- c．緑色
- d．茶色
- e．黒色

問2. 超音波検査で消化管を観察した場合，消化管は何層の構造物として見られるか．
- a．2層
- b．3層
- c．4層
- d．5層
- e．6層

第3章　口腔・歯科疾患【アドバンスト】

> 一般目標：口腔疾患，歯科疾患，咽頭疾患の病態生理，症状，診断法ならびに治療法を習得する．

　伴侶動物における口腔・歯科疾患は，臨床現場でしばしば遭遇する疾患である．口腔・歯科疾患は食物摂取という基本的生命活動に影響を及ぼす可能性があるため，その診断・治療法を正しく理解することが重要である．ここでは伴侶動物における口腔・歯科疾患の臨床像に関する基礎知識を習得する．

> 到達目標：伴侶動物における口腔・歯科疾患の原因，病態，症状，診断法，治療法，および予防法を説明できる．
>
> キーワード：歯周疾患，根尖周囲病巣，口腔鼻腔瘻，乳歯晩期残存，破歯細胞性吸収病巣，猫の歯肉口内炎，歯原性嚢胞，エナメル質低形成，咬耗，唾液粘液嚢胞，軟口蓋過長症，口腔内腫瘍，咽頭炎，口蓋裂，咽頭の機能不全

3-1　歯周疾患

　歯肉炎は，歯肉の発赤，出血，歯肉ポケット等がみられる歯肉に限局した炎症であり，歯周炎に進行する可能性がある．歯周炎は歯槽骨や歯根膜の喪失を伴う．歯肉炎の治療としては歯石除去と研磨を行う．歯周炎に対しては，歯周ポケットの掻爬も追加する．

3-2　根尖周囲病巣

　歯髄炎から起こる歯髄壊死より発症し，細菌感染による．根尖周囲病巣によって，その周囲組織の腫脹が認められ，しばしば瘻管（歯瘻）が形成される．鎮静・麻酔下で口腔内を観察するとともに，X線検査によって診断する．抗菌薬の投与，および歯内治療あるいは抜歯を行う．

3-3　口腔鼻腔瘻

　上顎の歯周炎等により，口腔と鼻腔の間に瘻管が形成されたものである．上顎歯槽骨の破壊により発症する．症状はくしゃみや鼻汁，眼脂の排出として認められる．X線検査では上顎歯根周囲の骨吸収像がみられる．治療は抜歯を行うが，大きな歯の抜歯後には歯肉粘膜フラップを作成する必要がある．

3-4　乳歯晩期残存（乳歯遺残）

　永久歯の萌出時期にもかかわらず，乳歯が残存している状態である．永久歯の萌出時に，乳歯の歯根が十分に吸収されないことが原因とされ，犬歯に多いとされる．乳歯が残存したままだと，不正咬合，口内炎，歯肉炎，歯周炎を起こす可能性がある．口腔内検査によって視認するとともに，X線検査によっ

第3章　口腔・歯科疾患　　133

て乳歯と永久歯の状態を確認する．治療には抜歯を行う．

3-5　破歯細胞性吸収病巣（歯質吸収病巣）

破歯細胞により歯質が吸収される疾患であるが，原因は不明である．症状を呈さない場合もあるが，食欲不振，流涎，口臭等が観察される．診断は肉眼的に歯質の吸収を確認するか，X線検査によって行う．吸収は進行性のため抜歯を行う．歯根の吸収や歯根膜腔の消失がある場合は，歯冠切除し歯肉を縫合する．

3-6　猫の歯肉口内炎・咽頭炎

感染性因子や免疫学的機序等，発症には多彩な因子が関わっていると考えられているが，詳細は不明である．疼痛，流涎，採食困難，食欲低下，口臭等が認められる．歯肉，口峡部，舌に発赤，腫脹，潰瘍形成が観察され，しばしば肉芽様組織の増殖もみる．咽頭炎がこれらと併発して認められることがある．治療には抗菌薬や免疫抑制剤の投与が行われるが，抜歯が効果的であるとされる．

3-7　歯原性嚢胞

本疾患は，歯の発生時に外胚葉由来上皮が歯の形成後に嚢胞を形成することで生じる．顎骨に存在する嚢胞が周囲を圧迫することで，歯の喪失と顎骨の破壊を招く．肉眼的に歯肉に膨隆と歯の変位がみられ，X線検査では骨透過像として観察される．外科的な嚢胞の摘出と抜歯，歯肉粘膜フラップ形成術により治療する．

3-8　エナメル質低形成

エナメル質表面が欠損する疾患で，原因としては各種感染症，発熱，栄養不良等により，石灰化が十分でない場合に発生する．エナメル質欠損部位は褐色となる．欠損部位の歯面は粗造となり，歯垢や歯石が付着し歯肉炎や歯周炎を併発する．治療は歯冠の修復を試みる．

3-9　咬　耗

咬合によるエナメル質や象牙質の磨耗で，犬の切歯に多い．口腔内検査とX線検査で露髄と歯髄の病巣を確認する．露髄している場合は，歯内治療または抜歯を行う．

3-10　唾液粘液嚢胞（唾液腺嚢胞・唾液粘液瘤）

唾液腺やその導管が傷害され，周囲組織に唾液が漏出することにより発症する．嚢胞が形成される部位により，頚部粘液嚢胞，舌下部粘液嚢胞（ガマ腫），咽頭部粘液嚢胞，頬部粘液嚢胞と呼ばれる．病変は波動感のある腫脹として認められ，形態と内容液の穿刺により診断される．内容液の穿刺だけでは

消化器病学

134 第3章 口腔・歯科疾患

再発するため，外科的に治療を行う．

3-11 軟口蓋過長症

短頭種の犬で多くみられる．軟口蓋の辺縁が喉頭の機能を妨げ，呼吸困難を呈する．各種画像検査ならびに目視により診断する．治療は軟口蓋の外科的切除により行う．

3-12 口腔内腫瘍

犬では悪性黒色腫（悪性メラノーマ），扁平上皮癌，線維肉腫，歯肉腫（エプーリス），棘細胞腫性エナメル上皮腫等が，口唇，歯肉，舌，その他口腔内に発生する．猫では扁平上皮癌や線維肉腫の発生が多いとされている．治療は外科的切除の他に，放射線治療や化学療法が腫瘍のタイプに応じて選択される．

3-13 口蓋裂

硬口蓋または軟口蓋が閉鎖しない先天性疾患で，口腔と鼻腔が交通しているため，食餌の鼻腔への流入により，膿様鼻汁の排泄，くしゃみ，発咳がみられる．口腔内を観察することにより診断し，外科的整復により治療する．

3-14 咽頭の機能不全

咽頭に機能不全が生じると嚥下困難を呈することがあり，鑑別は難しいが，原因として輪状咽頭アカラシアと咽頭嚥下障害がある．前者は先天性，後者は後天性であることが多い．主症状は吐出である．診断はX線透視下で嚥下を確認する．輪状咽頭アカラシアでは輪状咽頭筋の外科的切除によって治療する．咽頭嚥下障害に対しては，コリンエステラーゼ阻害薬が有効な場合を除き，胃瘻チューブ等の設置を行い，栄養管理を試みる．

《演習問題》（「正答と解説」は182頁）

問1. 次の口腔・歯牙疾患に関する記述のうち正しいものはどれか．
　a．歯周炎は歯槽骨や歯根膜の喪失を伴う．
　b．歯周炎から歯肉炎に発展する．
　c．口腔鼻腔瘻の治療としては抜歯だけで十分である．
　d．乳歯晩期残存は臼歯に多くみられる．
　e．歯原性嚢胞は，歯の発生時に内胚葉由来上皮が嚢胞を形成することで生じる．

問2. 次の口腔疾患に関する記述のうち正しいものはどれか．
　a．唾液粘液嚢胞は内容液を穿刺吸引することでほとんどが治癒する．
　b．軟口蓋過長症はステロイド剤の投与による浮腫の軽減で完治する．

第3章 口腔・歯科疾患　135

c．口蓋裂は自然と治癒する．

d．猫では口腔内の悪性黒色腫の発生が多い．

e．輪状咽頭アカラシアでは輪状咽頭筋の外科的切除によって治療する．

第4章 食道の疾患【アドバンスト】

一般目標：食道疾患の病態生理，臨床症状，診断法ならびに治療法を学ぶ．

4-1 食道炎，食道狭窄，血管輪異常

到達目標：食道炎，食道狭窄，血管輪異常の原因，病態，診断法および治療法を説明できる．
キーワード：下部食道括約筋，食道炎，食道狭窄，血管輪異常，内視鏡検査

1. 食道炎

【病態および原因】

胃食道逆流による胃液（胃酸）の食道粘膜への傷害が原因として最も多く，犬や猫では麻酔中の下部食道括約筋の弛緩に伴う胃食道逆流が問題となる．また過度の嘔吐，異物・化学物質のほか，テトラサイクリンやドキシサイクリン等の酸性度の強い錠剤やカプセルによる粘膜傷害によっても食道炎が引き起こされることがある．猫では特に錠剤やカプセルを水や食物とともに投与しない場合には，食道内に長時間停滞することがあるので注意が必要である．

【症　状】

食道炎の症状は食欲不振，流涎，嚥下運動の増加，発咳等であるが，軽度の場合にははっきりしない場合も多い．悪化すると吐出，嚥下痛，食欲廃絶がみられることがある．

【診　断】

症状が非特異的であることが多いため，問診から食道炎が鑑別すべき疾患として認識できるかどうかが重要である．問診では，過去数週間以内の麻酔歴，投薬歴（特にテトラサイクリンやドキシサイクリン等の抗菌薬），先行する嘔吐症状の有無，異物，化学薬品摂取の可能性等を詳細に聴取する．麻酔後数日たってからの発症は，麻酔中の胃食道逆流による食道炎が示唆される．

単純（および造影）X線検査では重度の粘膜不整や食道拡張等がないと異常所見は得られず，病歴，症状等から食道炎を仮診断して治療するか，内視鏡検査を行うことが必要になる．食道粘膜は固く，内視鏡下鉗子生検が困難であることも多いため，内視鏡検査では食道の肉眼的な観察を行い粘膜の不整や紅斑，出血の有無等から食道炎の診断を行うことが一般的である．

【治　療】

食道炎の治療コンセプトは，胃酸分泌をできるだけ抑え，胃酸逆流による食道炎悪化を防ぐことと，胃内容物をできるだけ早期に十二指腸へと送りこむこと，である．したがってH_2受容体拮抗薬，プロトンポンプ阻害薬等の胃酸分泌抑制剤と，消化管運動改善薬の投与を行うことが一般的である．さらに食道粘膜を保護するためにスクラルファートを投与することもある．食道炎によって運動性が低下し巨大食道症になっている場合には，誤嚥に注意する必要があり，必要に応じて胃瘻チューブの設置を考慮する．異物による食道炎の場合には異物摘除後に食道炎の治療を行う．また裂孔ヘルニアに伴う食道炎

第 4 章　食道の疾患　137

の場合には，ヘルニアの外科的な修復が必要となる.

　軽度の場合には自然治癒することもあるが，重度の食道炎を見逃すと食道狭窄（瘢痕形成）等の不可逆的な疾患へと発展し，治癒が困難となる.

2.　食道狭窄

【病態および原因】

　すべての食道炎が二次的な食道狭窄へと進展する可能性があるが，重度の深部食道炎後の瘢痕形成が関与していることが多い. 特に猫のテトラサイクリンやドキシサイクリンによる食道炎に続発する食道狭窄は臨床上問題である. 多くの場合瘢痕形成は局所的であるが，しばしば広範囲に及ぶこともある.

【症　状】

　狭窄の程度にもよるが一般的には吐出が主な症状であり，特に固形物の摂取の際に著明に症状が出ることが多い. 食欲はむしろ亢進していることも多いが，嚥下痛や誤嚥性肺炎等を併発している場合には食欲は低下する.

【診　断】

　症状から食道狭窄が疑われる場合には胸部 X 線撮影を行うが，単純 X 線検査では狭窄部が検出できないことも多い. そのため造影検査が行われることが多いが，液体だと狭窄部が明らかにならないこともあり，この場合硫酸バリウムと固形食やペースト状の食事を混合したものを用いて造影 X 線撮影を行う. 多くの場合造影検査によって狭窄部が確認される. 内視鏡検査では確定診断とともに，狭窄の程度を確認することができる.

【治　療】

　狭窄部位の拡張にはブジー（先の細くなった円錐状の筒）を用いた方法もあるが，内視鏡下でのバルーン拡張術の方が実際に拡張の様子をみながら処置できるため安全性が高く，また特に頚部食道よりも遠位ではブジーよりも容易である. バルーン拡張術は専用のバルーンカテーテル（バルーンダイレーター）と圧力計付きシリンジを用いる. 麻酔下の動物の食道に内視鏡を進めて狭窄部位を確認し，狭窄部位にバルーン先端を挿入し，水を注入してそれぞれのダイレーターの推奨圧まで徐々に圧を上げていき，狭窄部を拡張する. 拡張後は一般的に食道炎の治療を行う. ブジーあるいはバルーン拡張術によって食道穿孔した場合には外科的処置が必要になる.

　狭窄部の拡張術は通常 1 回で狭窄を完全に良化させることは困難で，症状の経過をみながら複数回行わなければならないことが多い. 狭窄部の長さが短く，1 〜 2 回の拡張術によって症状が速やかに良化する場合には予後は良好である. 狭窄部の範囲が広く，拡張術も継続的に何度も行わなくてはならない症例では予後を警戒する必要がある.

3.　血管輪異常

【病態および原因】

　血管輪異常は胸腔内食道を取り囲む大血管とその分岐の先天性奇形であり，外部から食道を狭窄することによって食道閉塞の症状を呈する疾患である. 右第四大動脈弓遺残（PRAA）が最も一般的に認められる血管輪異常であり，これは胎子期の左第四動脈弓のかわりに右大動脈弓が機能動脈として遺残し，輪状の組織となって食道を狭窄する.

消化器病学

138　　第 4 章　食道の疾患

【症　状】

　主な症状は吐出であり，特に離乳時から始まる固形物の吐出が特徴的である．水や液体状の食物は通過できることが多い．食欲はあるが，摂取カロリー不足のため一般的に発育不良や体重減少が認められることが多い．

【診　断】

　離乳期から始まる固形物吐出の症状がある場合には血管輪異常が疑われるため，食道造影検査を行う．心基底部での食道狭窄と頭側での食道拡張が典型的であり，尾側の食道は正常であることが多い．内視鏡検査では心基底部付近で食道の壁外性絞扼が認められることが多く，瘢痕形成は認められない．

【治　療】

　治療は奇形血管の外科的切除が必要である．流動食によって一時的な栄養補給は可能であるが，長期的な予後を考慮すると手術を行うことが望ましく，多くの症例は劇的に症状が改善する．術前の食道拡張が重度である場合，術後も吐出症状が持続することがある．

4-2　巨大食道症，食道裂孔ヘルニア

> 到達目標：巨大食道症，食道裂孔ヘルニアの原因，病態，診断法および治療法を説明できる．
> キーワード：巨大食道症，呼吸困難，誤嚥性肺炎，特発性巨大食道症，食道裂孔ヘルニア，吐出

1．巨大食道症

【病態および原因】

　巨大食道症は，食道がび漫性に拡張し，運動性が低下している病態で，先天性と後天性の二つに分類される．猫ではきわめてまれである．犬では先天性巨大食道症の多くで，求心性の迷走神経の機能障害があることが明らかになっている．犬の後天性巨大食道症は原因不明の特発性であることが多いが，診断できるものとしては重症筋無力症が多い．重症筋無力症は神経筋接合部の後シナプス膜に存在するアセチルコリン受容体に対する自己抗体が産生され，神経筋伝達障害を起こす自己免疫性疾患である．

【症　状】

　最も多い症状は吐出であり，ほとんどの症例で認められる．嘔吐を同時に呈していることもある．発咳や呼吸困難も認められることがあるが，これは誤嚥性（吸引性）肺炎の存在に関連するものであり，警戒すべき症状である．食物摂取が不十分なことが多いため，体重減少や筋萎縮もみられることがあるが，筋炎の併発によることもある．咽頭の機能不全を併発している症例では，嚥下困難もみられる．

【診　断】

　症状から食道の異常が疑われる時には，まず胸部の単純 X 線撮影を行う．多くの巨大食道症では空気（あるいは液体）を含んでび漫性に拡張した食道が確認されることが多い．同時に誤嚥性肺炎，異物，腫瘍の有無も評価し，造影 X 線検査も考慮する．一般的な血液検査で巨大食道症の原因が判明することはないが，基礎疾患や合併症の存在を示唆する異常所見が見つかることがあるので，評価は必要である．重症筋無力症の診断は血清中の抗アセチルコリン受容体抗体価の測定によって下されることが多い．四肢の筋力低下や運動不耐性も認められる場合には，短時間作用型コリンエステラーゼ阻害剤であるエ

第 4 章　食道の疾患　　139

ドロホニウムを静注し，筋力の改善効果をみることもできる．このほか副腎皮質機能低下症診断のための ACTH 刺激試験，甲状腺機能低下症診断のための血清中の甲状腺ホルモン量の検査等が考慮すべき臨床病理学的検査である．内視鏡検査が巨大食道の鑑別に有用であることは少ないが，狭窄や異物等による局所性食道拡張の鑑別や，食道炎の診断には必要になる場合もある．末梢神経障害では筋緊張低下や疼痛反応の低下，不全麻痺，筋萎縮等がみられることが多い．多発性筋炎等の筋障害では，筋硬直，萎縮，疼痛，運動不耐性やぎこちない歩行等がみられることがある．

【治　療】

　現在のところ，特発性巨大食道症に対して食道拡張を改善させる有効な治療法はない．そのため治療の主体は，主に栄養管理と誤嚥性肺炎の防止となる．吐出および誤嚥性肺炎の予防のため，テーブル（エレベーテッド）・フィーディングにて食事をとらせる．テーブルフィーディングとは，食事を入れた容器をテーブルや台の上に置き，食道が少なくとも 45°くらいの角度となる状態で餌を与えることである．このほか食後に 10 ～ 30 分間立位にて保持することも有効である．症状の軽減が認められず，栄養不良や誤嚥性肺炎を繰り返す場合，胃造瘻チューブの設置も考慮する．基礎疾患が判明している場合にはそれに対する特異的治療も行う．特に後天性重症筋無力症による巨大食道症の場合には，コリンエステラーゼ阻害剤を用いることができる．

　巨大食道症の予後に関しては，要注意といわれており，誤嚥性肺炎を併発している症例では予後が悪いといわれている．重症筋無力症では抗コリンエステラーゼ阻害剤に反応する症例，自然寛解する症例もあり，その場合には長期生存も可能である．

2. 食道裂孔ヘルニア

【病態および原因】

　食道裂孔ヘルニアは横隔膜の異常により，腹腔内食道や胃の一部が胸腔内に突出する疾患である．先天性と後天性があり，チャイニーズ・シャーペイでは先天性の素因があるようである．後天性は多くの品種で発生し，慢性的な腹腔内圧の上昇等がその原因として考えられている．逸脱形式としては，噴門部がそのまま胸腔内へ変異している滑脱型ヘルニアと，腹部食道の位置はそのままで他の胃の一部が胸部食道に沿って突出する傍食道型ヘルニアがある．

【症　状】

　慢性的あるいは間歇的な吐出が主な症状であるが，無症状な場合もある．胃液が食道内に逆流しやすくなるため，食道炎の症状がでていることもある．

【診　断】

　典型例では単純 X 線検査において，胸腔内の下部食道近位でガスが貯留した胃の一部が突出している像が確認される．食道と肺との区別が困難な場合には造影 X 線検査を実施すると容易に判別できる．ヘルニアが間歇的な場合には必ずしも撮影時に異常が捉えられないが，腹圧をかけることで描出できることもある．また症状の乏しい裂孔ヘルニアは内視鏡検査時に明らかになることもある．

【治　療】

　若齢時から裂孔ヘルニアに伴う症状がある場合には，整復・固定手術を考慮する．食道炎に対する治療も考慮する．高齢で診断され，症状が軽度か，内科療法が奏功する場合には手術を行わないことも多い．

消化器病学

140   第 4 章　食道の疾患

《**演習問題**》（「正答と解説」は 182 頁）

問 1. 犬と猫の食道疾患に関する以下の記述のうち，正しいものを選びなさい．
　　a．食道炎の原因として，加熱した食物の摂取が多い．
　　b．食道狭窄部は単純 X 線検査で特定できることが多い．
　　c．猫では錠剤やカプセルが食道に停滞しやすい．
　　d．犬の巨大食道症の多くは重症筋無力症が原因である．
　　e．食道裂孔ヘルニアの多くは緊急手術が必要な疾患である．

第5章　胃の疾患【アドバンスト】

一般目標：胃の疾患について病態生理，臨床症状，診断法ならびに治療法を学ぶ．

5-1　急性胃炎，慢性胃炎，胃排出障害，胃のびらん・潰瘍

到達目標：急性胃炎，慢性胃炎，胃排出障害，胃のびらん・潰瘍の原因，病態，診断法および治療法を説明できる．

キーワード：急性胃炎，慢性胃炎，胃排出障害，胃のびらん・潰瘍

1.　急性胃炎

【病態および原因】

　急性胃炎は，不適切な食事（腐敗物，過食等），異物，薬物，化学物質等の摂取によって引き起こされることが多い．猫よりも犬が原因物質を摂取しやすいため，発症が多いとされる．原因物質による胃粘膜刺激，胃粘膜傷害，運動障害等が嘔吐の原因となる．感染症も急性胃炎の原因となり，代表的な疾患にパルボウイルスによる急性胃腸炎があげられる．

【症　状】

　急性の嘔吐，食欲低下が主症状で，食事や胆汁混じりの胃液を吐くことが多いが，胃粘膜傷害の程度によっては吐物に血液が混じる．元気・活動性は低下する場合もしない場合もあり，多くの症例では発熱，腹痛は認められない．消化器症状以外の全身症状は通常認められないが，基礎疾患や二次的な併発症（重度の脱水，吸引性肺炎等）によっては重篤化する場合がある．

【診　断】

　動物が特定の原因物質を摂取したことが明白な場合を除き，急性胃炎の診断は主に他疾患の除外に基づく推定診断である（パルボウイルス感染症を除く）．詳細な病歴聴取と身体検査が，急性胃炎の推定診断において最も重要であり，異物等その他の急性嘔吐の一般的な原因を，腹部画像検査，血液検査等で除外する．自然寛解することも多く，軽症例では症状が発現して1～2日経過を観察し，良化しない場合に画像検査や血液検査を行うことも妥当である．パルボウイルス感染症が疑われる場合には糞便中のウイルス抗原検査やPCR検査が必要である．

【治　療】

　原因が明らかで除去可能な場合（異物除去や薬剤の中止）にはまずこれを行う．症状発現直後は，嘔吐をコントロールするために口から何も与えない（12～24時間程度）ようにして，輸液（皮下）を行うだけでも良化することがある．嘔吐が持続し，元気が消失してくる場合には，静脈内輸液や制吐薬の非経口的投与を考慮する．胃粘膜保護薬，消化管運動改善薬，抗菌薬等は，状況によって投与を検討する．絶食後は消化の良い食物を少量・頻回給与するようにする．

　一般的に急性胃炎の予後は良好である．重度の嘔吐による脱水，電解質異常を改善できない場合は注

142　　第 5 章　胃の疾患

意が必要となる.

2. 慢性胃炎

【病態および原因】

　慢性胃炎は病因（アレルギー性，異物，薬剤誘発性，真菌性，寄生虫性，逆流性，細菌性，特発性）からいくつかのタイプに分類されるが，実際は原因が特定できない特発性が多い．そのため組織学的（リンパ球プラズマ細胞性，好酸球性，肉芽腫性，肥厚性，萎縮性等）の分類が用いられることも多い．異物や寄生虫（胃虫等）等明らかに原因がわかるもの以外は，免疫介在性機序によって慢性的に胃炎が起きていることが示唆されており，炎症性腸疾患（IBD）との関連も指摘されている．犬や猫の胃内にはヘリコバクター寄生も多く認められるが，慢性胃炎との関連については不明な点が多い.

【臨床徴候】

　食欲不振と嘔吐が主症状である．嘔吐の回数は胃炎の程度によって 1 日数回から 1 ～ 2 週間に 1 回程度まで様々である．吐物は未消化物や胆汁を含んだ胃液等が多いが，びらんや潰瘍を伴う場合には，吐血がみられる場合もある．動物によっては嘔吐がほとんど認められないものもいる．慢性胃炎に伴って幽門狭窄がみられる場合には，胃からの排泄障害のため食後数時間たってから嘔吐がみられることが多い.

【診　断】

　多くの場合，病歴から慢性胃炎を疑診し，できるだけ他の疾患を除外して，最終的には胃粘膜の病理組織学的検査を行うことが診断アプローチである．血液検査および生化学検査は通常非特異的である．吐物を顕微鏡で観察すると胃虫が検出されることもある．単純および造影 X 線検査では通常明らかな異常を認めないが，拡張や胃からの排泄障害がみられることがある．超音波検査では胃壁の肥厚が確認されることもあるが，明瞭でないことも多い．肥厚が重度である場合には胃リンパ腫との鑑別のために細針吸引（FNA）を行うことも可能である.

　病理組織学的検査が確定診断には必要であり，このため胃内視鏡検査および生検が推奨される．内視鏡で肉眼的には胃粘膜は様々な様相を呈するが，粘膜不整や点状出血，びらんがみられるものが多い．慢性胃炎に伴って多発性の胃内ポリープがみられることもある．肉眼的に病変が確認できなくても胃粘膜生検を行うことが重要で，部位を変えて複数個の採材を必ず行う.

【治　療】

　急性胃炎のように脱水や電解質異常が重度であることは少ないが，必要に応じて輸液を行う．異物による慢性胃炎の場合には，内視鏡的あるいは開腹によって異物の除去を行う必要がある．胃虫寄生の場合には駆虫を考慮する．ヘリコバクター寄生がある場合には，抗菌薬を用いて試験的除菌を実施することも可能である.

　軽度の慢性胃炎の場合には食事内容の変更（低脂肪，低繊維，低アレルギー食等）によって症状が軽減することがある．食事療法だけで効果が不十分な場合には，副腎皮質ステロイド薬（通常プレドニゾロン）を用いた治療を行う．慢性胃炎単独の場合，免疫抑制薬が必要になることはほとんどないが，IBD を併発している場合にはシクロスポリン等の免疫抑制薬が用いられることがある．慢性胃炎に伴って胃からの排泄遅延を呈する場合には消化管運動改善薬が用いられる．出血を伴うびらん・潰瘍の治療については後述する.

　特発性のリンパ球プラズマ細胞性胃炎の予後は，前記治療に対して反応する場合には良好であること

第 5 章　胃の疾患　　143

が多いが，IBD と同様に継続的な投薬が必要になることも少なくない．

3. 胃排出障害

【病態および原因】

　胃からの内容物の排出時間が遅延する原因は，物理的閉塞と機能的閉塞に大きく分類される．物理的閉塞を引き起こす原因としては幽門狭窄，慢性肥大性胃炎，胃ポリープ，異物，腫瘍があげられる．幽門前庭粘膜過形成は，幽門洞および幽門部の粘膜が過形成を起こして幽門狭窄を呈する代表的な疾患で，小型犬種でまれに認められるが，病因は不明である．一方，機能的閉塞を起こす疾患としては急性および慢性胃腸炎，電解質異常，腹膜炎，便秘，腫瘍および胃潰瘍等が含まれる．

【症　状】

　胃の排出障害の際の主症状は嘔吐であり，食後 12 時間以上たってから食物の嘔吐がみられる場合には排出遅延が疑われる．通常，半ば消化された食物を含む胃液を嘔吐することが多いが，胃の運動性が重度に低下している場合には，未消化物を嘔吐することもある．胃排出障害を呈する動物は元気食欲が低下し，身体検査で腹部膨満（特に左腹部頭側）がみられることが多い．

【診　断】

　胃排出障害は病歴と症状から明らかであることも多い．単純 X 線検査では多くの場合，食物や液体を含んだ重度の胃の拡張が認められる．液体バリウム造影検査では，胃からの排泄遅延（2 〜 3 時間以上）がみられることが多い．固形物の遅延を把握するために，バリウムを食物に混合して造影検査を行うこともでき，この際胃内にバリウムが 16 〜 18 時間以上停滞している場合には胃の排出障害があると判断されることが多い．超音波検査は幽門狭窄や胃癌，異物等の物理的閉塞による胃排出障害の鑑別に有用であり，幽門洞の運動性を評価することもできる．物理的閉塞の場合，内視鏡検査や試験的開腹によって確定診断を行うことが必要になる．血液検査は，低カリウム血症や高あるいは低カルシウム血症等の機能的閉塞を引き起こす病態を検出することができる．

【治療および予後】

　治療は個々の疾患によって異なる．基礎疾患による機能性閉塞がある場合には，基礎疾患の治療が優先される．機能的閉塞による胃排泄障害の内科的治療としては，食事内容の変更（少量頻回給餌や流動食）や消化管運動改善薬（メトクロプラミド，モサプリド等）が用いられる．幽門前庭粘膜過形成の治療は外科的に行われ，様々な幽門形成術や粘膜筋切除術が考案されている．外科的矯正を行った場合の予後は一般的に良好である．

4. 胃のびらん・潰瘍

【病態および原因】

　胃潰瘍とは粘膜欠損が粘膜筋板にまで達した状態であるが，びらんの場合欠損は粘膜に限局して筋板までは達しない．胃のびらん・潰瘍の代表的な原因としては，外傷，手術，ショック等の循環血液量の異常，薬剤（非ステロイド性消炎鎮痛剤等），腫瘍（胃癌，ガストリノーマ等），異物，胃腸炎，肝不全，腎不全等があげられる．

【症　状】

　胃潰瘍（びらん）は猫よりも犬で多く認められる．最も多い症状は嘔吐であるが，必ずしも症状は顕著ではない．血液の混入（鮮血やコーヒー様の消化血液）がみられることもある．その他，食欲不振，

消化器病学

144 第 5 章 胃の疾患

メレナ，体重減少，貧血を呈することもある．胃穿孔している場合には腹膜炎によって腹痛や虚脱を呈する場合もある．

【診　断】

　病歴，症状，投薬歴から胃の潰瘍やびらんが疑われる場合には，できるだけ他疾患を除外して，仮診断で試験的治療を開始するか，内視鏡検査を実施することになる．基礎疾患は血液検査や画像検査でできるだけ特定しておくことが望ましい．びらん・潰瘍が胃の超音波検査で検出できることは少ない．胃の内視鏡検査はびらん・潰瘍を診断するのに最も確実な方法であり，生検を行うことで原因が判明することも多い．胃潰瘍は通常幽門洞や胃角部で多くみられるが，ガストリノーマでは十二指腸での潰瘍病変が顕著である．

【治　療】

　症状が重く，出血が重度である場合には速やかな対症療法が必要となる．胃粘膜障害を引き起こす可能性のある薬剤が投与されている場合には投与を中止し，異物がある場合には内視鏡的にあるいは外科的に摘出する．嘔吐，出血が強い場合には一時的に絶食とするか，食事の量を制限する．潰瘍に対する主な治療コンセプトは胃酸分泌の抑制である．このため H_2 受容体拮抗薬やプロトンポンプ阻害薬が用いられる．スクラルファートは潰瘍部で結合し保護層を形成するが，食事や他の薬剤とは別に投与する必要がある．基礎疾患が診断されている場合には，その治療も検討すべきである．

5-2　胃内異物，胃拡張捻転症候群，胃の腫瘍

> 到達目標：胃内異物，胃拡張捻転症候群，胃の腫瘍の原因，病態，診断法および治療法を説明できる．
> キーワード：胃内異物，嘔吐，吐血，内視鏡検査，胃拡張，胃拡張捻転症候群，腹囲膨満，虚脱，胃破裂，腺癌，胃の腫瘍，生検

1. 胃内異物

【発症機序または病態生理】

　食道を通過した異物が胃内に残ってしまった場合に胃内異物となる．犬，特に若齢の犬で認められることが多く猫ではまれである．消化吸収不良等に伴う異嗜がみられる動物でも異物は多く認められる．胃内異物によって粘膜障害や胃排出障害が生じると症状を呈する．竹串やひも状異物では胃穿孔および続発する腹膜炎を呈することもあり，注意が必要である．

【症　状】

　無症状のことも少なくないが，異物による排出障害，粘膜刺激が起きると嘔吐が引き起こされることが多い．また胃のびらん，潰瘍を併発している場合には吐血もみられる．異物による嘔吐の場合には急性の経過を呈することが多いが，間歇的嘔吐と体重減少を呈する慢性経過となることもある．

【診　断】

　まず問診で誤食の可能性を把握する．また過去の誤食の有無，普段の様子から誤食の危険性を予測する．急性の嘔吐を呈し，他の検査で異常がみられない場合には異物の可能性を常に考慮する．スクリーニングとして単純 X 線検査を行い，金属や石等の X 線不透過性の異物を検出する．布，植物の種，竹

第5章　胃の疾患　145

串等を単純X線検査で判別することは難しく，この場合バリウム造影検査によって異物が確認されることも多い．胃超音波検査でも音響陰影を伴う構造物として異物が捉えられることも多い．消化管穿孔が考えられる場合には，硫酸バリウムではなく有機ヨード系造影剤ヨウ素系を使用する．内視鏡検査では胃内異物の存在と粘膜病変の有無が確認できるが，見落としがないように胃内をくまなく観察する必要がある．

【治　療】

胃内異物が腸管内を十分通過できるほど小さくて粘膜損傷の可能性が低い場合には，糞便中に排泄されるか様子をみることも可能である．催吐剤を用いて強制的に吐かせることも可能であるが，異物の大きさや粘膜損傷の可能性を十分に考慮する．それ以外の場合，通常内視鏡による摘出が考慮されるが，この場合も異物の形状，大きさによっては開腹して胃切開を実施すべきこともある．内視鏡による異物の除去には把持鉗子やバスケット鉗子等が用いられることが多く，異物の形状で選択される．異物によって胃内に胃炎，びらん，潰瘍がみられる場合には，必要に応じて胃粘膜保護薬等を投与する．

異物が摘出された場合の予後は胃穿孔，腹膜炎等の併発症や重篤な基礎疾患がなければ通常良好である．

2.　胃拡張捻転症候群

【発生機序または病態生理】

胃の容積が何らかの要因で拡張することを胃拡張と呼ぶが，捻転を伴わない胃拡張と捻転を起こす胃拡張捻転症候群（GDV）がある．胃拡張捻転症候群では，幽門が胃体を乗り越え正中よりも左に変位する．捻転が重度である場合，胃からの排出は阻害され，さらに空気による拡張が進行し，脾臓の捻転も併発することがある．重度の症例では肝門脈，後大静脈が圧迫され，急速な血流低下により組織の灌流血液量が減少し，血圧低下，不整脈，重度のショックおよび播種性血管内凝固症候群（DIC）を引き起こす．胃の血流が阻害されて，胃壁が壊死することもある．

【症　状】

大型犬，胸の深い犬種での発生が多く，小型犬や猫ではほとんど発生は認められない．臨床徴候は胃拡張の速度と程度により異なってくる．通常，腹痛，悪心，流涎，吐き気といった症状を呈し，急激な腹囲膨満と虚脱，可視粘膜蒼白，ショック，昏睡に至ることが多い．腹囲膨満は顕著でないこともある．

【診　断】

問診と身体検査所見で胃拡張捻転症候群が疑われる場合，右側横臥位の腹部X線検査を実施する．右側横臥位では，通常幽門の位置は下側（右側）にあるが，GDV症例では幽門の変位や胃陰影の中の「棚状構造（ピラーサイン）」が認められる．胃壁内のガスは胃壁の壊死を示唆し，腹腔内の遊離ガスは胃破裂を示唆している．脾臓は変位して確認できないこともある．

【治　療】

まず心血管系への影響の程度と血液灌流量の減少の程度を判断し，ショックに対する積極的な治療，抗菌薬を開始する．心電図モニターを行い，心拍数，血圧，不整脈の有無をチェックする．状態を安定させる治療とともに胃の減圧，整復にかかる．胃の減圧は通常，経口胃チューブによって行うが，あらかじめ胃までの距離を測定して印をつけたシリコンやゴム製のチューブを用いて，犬の口からゆっくりと食道・胃へ挿入する．胃チューブの挿入がうまくいかない時には，注射針を直接胃に穿刺して一時的に減圧してから再度試みる．状態が安定したら開腹して胃の整復，脾臓の摘出（血管の剥離や血栓，脾

消化器病学

146 第5章 胃の疾患

臓に重度の梗塞がある場合に限る），胃の壊死部位の切除，幽門固定術や胃壁固定術を行い，再発を予防する．術後しばらくは心電図モニターにより不整脈を監視し，不整脈が認められた時には，抗不整脈薬の投与とともに輸液剤および輸液量が適切かどうか考慮する必要がある．

　予後は，発症から診断，治療までの時間にもよるが，術後3日間生存し，再発がなければ比較的良好である．胃壁の壊死等組織傷害が強い場合には予後は要注意である．

3. 胃の腫瘍

【発生機序または病態生理】

　犬の胃に発生する腫瘍はまれであり，腺癌，リンパ腫をはじめ，平滑筋腫，平滑筋肉腫，肥満細胞腫等の発生がみられる．リンパ腫以外の消化管腫瘍は高齢の動物に発生する傾向にある．猫の胃の腫瘍はきわめてまれであり，そのほとんどはリンパ腫である．胃に発生するリンパ腫は，多くの場合び漫性の胃壁の肥厚として認められるが，まれに腫瘤を形成する．腺癌は腺上皮に由来し，胃壁内や粘膜下のリンパ管を経由し周囲の組織に浸潤する．小弯および幽門洞に発生することが多く，潰瘍や出血が認められることが多い．

【症　状】

　胃の腫瘍に特異的な症状はなく，進行するまで，ほとんど症状を示さないことが多い．犬も猫も進行した例では頻回の嘔吐，吐血，食欲不振を呈することが多い．そのほか，メレナ，慢性失血による非再生性貧血や低タンパク血症，脱水，体重減少，胃の運動障害を認めることもある．リンパ腫の場合は，胃穿孔が認められることがある．食道胃境界部（噴門部）に腫瘍がある場合，括約筋の異常に伴う食道逆流によって食道炎，吐出を起こすこともある．

【診　断】

　病歴，臨床徴候で慢性胃疾患の疑いがある場合，画像特に超音波検査で異常を評価し，内視鏡下や試験開腹下で生検を行い診断を下すことが多い．血液検査やX線検査ではほとんど胃腫瘍を疑診することはできない．猫では触診により肥厚した胃壁や胃の腫瘤病変を触知できることがある．腹部超音波検査では胃壁の形態，厚さ，胃壁の層構造の消失等を観察し，超音波ガイド下で細針吸引（FNA）を行って細胞診を行うことが可能で，リンパ腫であれば診断がつく場合がある．内視鏡検査では，多くの場合粘膜面の不整，腫瘤，潰瘍（時として大型）や出血，胃角の肥厚等の異常が認められる．内視鏡下で正しく，そして組織を多く採材すればほとんどの胃腫瘍は診断が可能であるが，不十分と判断される場合には，確定診断のために開腹手術における全層生検が必要となる．リンパ腫の場合には組織を用いたリンパ球クローナリティ検査も実施することが望ましい．

【治　療】

　リンパ腫以外の腫瘍に対して最も有効な治療法は外科的切除であるが，犬の腺癌ではほとんどの場合，診断時には病状が進行しており，完全な外科的切除は困難か不可能であることが多い．化学療法はリンパ以外の腫瘍にはほとんど効果が認められない．リンパ腫に対しては化学療法が行われることが多く，高悪性度か低悪性度かで使用する抗がん剤が異なる．腸穿孔している場合あるいは危険性が高い場合，腫瘍サイズが大きく腫瘍溶解に伴う合併症の危険性が高い場合，等では外科手術を先に行うこともある．

　腺癌やリンパ腫は早期に発見されない限り予後不良であり，平滑筋腫・平滑筋肉腫は早期に発見された場合，切除により完治することもある．リンパ腫の予後は低悪性度か高悪性度で大きく異なり，高悪性度（低分化型）では寛解率はきわめて低く，生存期間は短いのに対し，低悪性度（高分化型）のリン

パ腫では比較的生存期間は長いが，最終的には治療抵抗性となることがほとんどである．

《演習問題》（「正答と解説」は182頁）

問1. 犬や猫の胃の疾患の治療に関する以下の記述のうち，正しいものを選びなさい．

a．急性胃炎では，一時的な絶食で症状が緩解することがある．

b．慢性胃炎では，高繊維食の給与が一般的に推奨される．

c．胃内異物は，形状にかかわらず催吐させることが望ましい．

d．胃潰瘍では，副腎皮質ステロイド薬が一般的に用いられる．

e．胃腺癌は手術で完治することが多い．

第6章　腸の疾患【アドバンスト】

一般目標：犬と猫の腸疾患について病態生理，症状，診断法ならびに治療法を学ぶ．

6-1　感染性腸疾患

到達目標：感染性（ウイルス性，細菌性・寄生虫性）腸疾患の原因，病態，診断法および治療
法を説明できる．
キーワード：パルボウイルス，コロナウイルス，クロストリジウム，サルモネラ，カンピロバ
クター，組織球性潰瘍性結腸炎/肉芽腫性結腸炎，大腸菌，寄生虫性腸疾患，回虫，
条虫，鉤虫，鞭虫，糞線虫，ジアルジア，トリコモナス，コクシジウム

1．ウイルス性腸炎

1）パルボウイルス感染症
【病態および原因】
犬パルボウイルス（CPV）および猫パルボウイルス（FPV）の感染によって細胞分裂の盛んな骨髄，
腸粘膜上皮が傷害を受け，急性の下痢症状が引き起こされる疾患で，猫では猫汎白血球減少症とも呼ば
れる．感染動物は数日間糞便中に大量のウイルスを排泄し，経口感染で伝播する．
【症　状】
食欲不振，元気消失に始まり，その後急速に出血性腸炎と嘔吐を呈し，重度の場合には脱水や敗血症
へと進行する．
【診　断】
血液検査では好中球を主体とした重度の白血球減少症が認められ，回復期には白血球数も増加する．
糞便中のCPV抗原を検出する簡易キットが診断にはよく用いられ，症状，血液検査と合わせて診断する．
猫のFPVは糞便サンプルを用いたPCRで検出可能であり，犬でもPCRで他の感染症と一緒に判定する
ことがある．
【治　療】
犬と猫ともに対症療法および支持療法がきわめて重要であり，十分な輸液と抗菌薬，制吐薬，輸血等
を考慮する．インターフェロン製剤も用いられることがある．予防には若齢時の複数回のワクチン接種
が重要である．

2）猫コロナウイルス感染症
【病態および原因】
猫コロナウイルス（FCoV）は，軽度の腸炎を引き起こす猫腸コロナウイルス（FECV）と，猫伝染性
腹膜炎を引き起こすウイルス（FIPV）に分かれる．FECVは腸絨毛に感染して消化器症状を引き起こすが，
FIPVは全身で致死的な化膿性肉芽腫性炎症が進行する．

第6章　腸の疾患　149

【症　状】

　多くの感染猫は不顕性か軽度の下痢症状を呈するのみであるが，子猫では重度の下痢を呈することがある（FIP の症状については別項参照）．

【診　断】

　症状と血中の抗体検査が用いられるが，FECV と FIPV を区別することは困難である．最近は糞便中および血中の PCR が臨床応用されている．

【治　療】

　FECV 感染症は多くは無症状か無治療で回復するが，FIP は全身進行性で致死的である（他項参照）．

2.　細菌性腸炎

1）クロストリジウム症

【病態および原因】

　嫌気性菌で芽胞を形成する *Clostridium perfringens* から産生されるエンテロトキシンによって大腸性下痢が引き起こされる疾患である．*C. difficile* の病原性についての詳細は不明である．

【症　状】

　急性および慢性の粘血便，しぶり等の大腸性下痢が主症状である．

【診　断】

　大腸性下痢の動物で，糞便塗抹で大型の芽胞菌が多数観察されれば，本症が疑われる．最近は糞便のPCR にて毒素をもつ *C. perfringens* であることが確認可能であるが，全ての毒素型に対応していないことが問題である．

【治　療】

　抗菌薬として，アモキシシリン，メトロニダゾール，タイロシン等が一般的に用いられる．予後は良好である．

2）サルモネラ症

【病態および原因】

　病原性をもつサルモネラ菌が腸粘膜細胞に侵入して下痢等の症状を引き起こす．*Salmonella* Typhimurium は犬や猫の疾病に関与することが多い血清型の一つである．

【症　状】

　発熱，下痢，脱水が主な症状であり，若齢あるいは高齢動物では敗血症や突然死を引き起こすこともある．また，若齢動物では好中球減少症等パルボウイルス感染症と類似した症状を呈することがある．

【診　断】

　糞便を用いてサルモネラ選択培地で培養同定が可能であるが，糞便の PCR も利用可能である．

【治　療】

　感染動物は公衆衛生上の問題があるため，無症状になるまで隔離する必要がある．治療は主に輸液等の支持療法で，抗菌薬については効果が疑問視されているばかりかキャリアーを助長することにつながる可能性があるため，慎重に使用する．

3）カンピロバクター症

【病態および原因】

　微好気性菌のカンピロバクター属菌が原因であるが，ヒトの食中毒菌として知られている *Campylo-*

150 第6章 腸の疾患

bacter jejuni 等に汚染された食物や飲水によって経口的に感染して発病する.

【症　状】

不顕性であることが多いが，若齢動物では粘液性下痢，血様下痢，発熱，食欲不振等がみられることがある.

【診　断】

糞便塗抹での菌の検出や培養での分離同定等が可能であるが，PCR でのウイルス遺伝子検出も利用可能である.

【治　療】

カンピロバクター症と判断された場合にはエリスロマイシンを用いることが多い．無症状であってもヒトへの感染源となり得るので，消毒等注意が必要である.

4）組織球性潰瘍性結腸炎 / 肉芽腫性結腸炎

【病態および原因】

組織球性潰瘍性結腸炎 / 肉芽腫性結腸炎はマクロファージ主体の炎症性浸潤が結腸を中心に認められる潰瘍性大腸炎である．ボクサーに好発することが知られているが，フレンチ・ブルドッグ等他の犬種での発生も報告されている．結腸の粘膜固有層に多数の PAS 陽性組織球が浸潤していることを特徴とし，組織球内に多数の大腸菌がコロニー形成していること，エンロフロキサシンへ反応すること等から，細胞浸潤性の大腸菌が原因であることが判明している.

【症　状】

血液や粘液を伴う大腸性下痢が主症状であり，病気の進行に伴い体重減少と消耗が激しくなることが多い.

【診　断】

診断は一般的に好発品種における臨床徴候と生検材料を用いた病理組織所見に基づいて行われる．組織学的には粘膜下織におけるマクロファージ等の浸潤と細胞内の PAS 陽性物質が染色される.

【治　療】

ボクサーの組織球性潰瘍性大腸炎に対するエンロフロキサシンの有効性が報告されて以降，第一選択薬としてはエンロフロキサシンの投与が行われる．しかし，必ずしも著効するとは限らず，耐性菌の存在も指摘されている.

3. 寄生虫性腸疾患

（1）蠕虫類

【病態および原因】

犬や猫に消化器症状を引き起こす蠕虫類として，代表的なものには，回虫，条虫，鉤虫，鞭虫，糞線虫等があげられる．多くは経口感染であるが，犬回虫では胎盤感染や乳汁感染もみられ，糞線虫は主に皮膚から経皮的に感染する．いずれの蠕虫類も最終的には成虫が消化管内寄生することで症状に関与する.

【症　状】

少数寄生であれば無症状のことも多いが，多数寄生している場合には，発育不良 / 体重減少，下痢，嘔吐，血便，貧血等がみられることが多い.

第6章 腸の疾患　　151

【診　断】

　回虫症，条虫症，鉤虫症，鞭虫症では糞便検査における虫卵の検出が基本であり，それぞれに特徴的な虫卵の形態を判別する．条虫は糞便の肉眼検査で運動性のある片節が確認できることが多い．糞線虫は糞便検査で幼虫を検出し鑑別する必要がある．

【治　療】

　回虫，鉤虫，鞭虫，糞線虫等の線虫類では，パモ酸ピランテル，フェバンテル，イベルメクチン，ミルベマイシンオキシム等の線虫駆虫薬を用いる．条虫に対してはプラジクアンテルが一般的に用いられる．最近はこれらの合剤が広く普及している．

（2）原虫類

【病態および原因】

　犬や猫の主な原虫寄生による腸疾患には，ジアルジア症，トリコモナス症，コクシジウム症等があげられる．ジアルジア症はジアルジア属菌（*Giardia* spp.），トリコモナス症は *Tritrichomonas foetus*，コクシジウム症はイソスポラ属菌（*Isospora* spp.）が経口感染することで発症する．

【症　状】

　いずれも不顕性のことが多いが，多数寄生によって下痢，嘔吐，食欲不振等の症状を呈することがある．寄生部位によってジアルジアやコクシジウム症は小腸性下痢，トリコモナス症は大腸性下痢が主体となる．

【診　断】

　ジアルジアやトリコモナスでは，糞便中のトロフォゾイトを検出することで診断されることがあるが，検出感度は必ずしも高くない．ジアルジアについては簡易 ELISA キットも臨床応用されている．コクシジウムは糞便検査でのオーシストの検出が一般的な診断方法である．最近はいずれの原虫も糞便を用いた PCR にて診断が可能となっている．

【治　療】

　ジアルジア症やトリコモナス症ではメトロニダゾールが広く用いられるが，特にトリコモナスは一時的な効果しかないことが多い．ジアルジアはフェバンテルを含む総合駆虫薬を用いることで，効果的な駆虫が可能であることが報告されている．トリコモナスについては，ロニダゾールで長期的な駆虫が可能であったことが報告されており，海外では使用されることが多い．イソスポラについてはスルファジメトキシンやトルトラズリル等を用いて駆虫する．

6-2　吸収不良性，炎症性腸疾患

> 到達目標：吸収不良性，炎症性腸疾患の原因，病態，診断法および治療法を説明できる．
> キーワード：食餌反応性腸症，繊維反応性大腸性下痢，抗菌薬反応性腸症，炎症性腸疾患（IBD），
> 　　　　　　慢性腸症

1．食餌反応性腸症と繊維反応性大腸性下痢

【病態および原因】

　食餌反応性腸症（food-responsive enteropathy，FRE）とは嘔吐，下痢等の慢性消化器症状が餌の変

消化器病学

更によって改善する病態を指す症候群である．病因としては食物不耐症や食物アレルギー等が考えられるが，もとの餌に戻しても再発のない個体も少なくないことから，FRE という言葉が用いられることが多い．また，慢性特発性大腸性下痢では，繊維に反応して症状が改善する繊維反応性大腸性下痢が多いが，FRE とは区別されることが多い．

【症　状】

慢性的な嘔吐，下痢がみられる際に本症を疑うことになる．食物アレルギーが関与する場合には，アレルギー性皮膚炎に伴う瘙痒がみられることもある．

【診　断】

原因不明の慢性嘔吐や下痢を呈する症例で，他の明らかな原因を認めない場合に，試験的に餌の変更を行って反応した場合に本症を診断する．餌は通常，高消化性の低残渣食か，新奇蛋白食や加水分解食等の低アレルギー食が用いられ，通常 2 ～ 3 週間以内に反応が現れる．大腸性下痢が主症状である場合にはサイリウムなどの水溶性繊維を添加した繊維増強食も給与してみることが推奨される．

【治　療】

試験的治療で反応が認められる場合には，本症と診断するとともに，その餌を継続することが治療となる．変更した餌中のアレルゲンに対して反応するようになったと考えられる場合には，再び餌を変更する必要がある．餌に対する反応がないか不十分である場合，抗菌薬への反応も乏しいのであれば炎症性腸疾患等を疑診して内視鏡等の検査を実施する必要がある．

2. 抗菌薬反応性腸症

【病態および原因】

抗菌薬反応性腸症（antibiotic-responsive enteropathy，ARE）とは小腸内で細菌が過剰に増殖することによって消化器症状が引き起こされる症候群であり，かつては小腸内細菌過剰増殖（SIBO）と呼ばれていた．様々な基礎疾患に付随して起きるが，細菌増殖に伴う腸粘膜傷害や吸収不良がその病理発生であると考えられている．特定の原因菌はないが，一般的には嫌気性菌の増殖が問題視されることが多い．

【症　状】

慢性間歇的な小腸性下痢，嘔吐そして体重減少が一般的な症状である．

【診　断】

十二指腸液中の細菌数を評価することが本来は必要であるが，現実的には他疾患の除外と試験的な抗菌薬投与に対する反応性で評価することがほとんどである．小腸内の細菌増殖に起因する血清中の葉酸濃度の上昇とコバラミン濃度の低下も補助的に用いられることがある．

【治　療】

ARE が疑われる場合には抗菌薬の投与を試験的に開始して，その反応を観察する．使用される抗菌薬としては広域スペクトルをもち嫌気性菌にも有効な，メトロニダゾール，タイロシン，テトラサイクリン等が選択されることが多い．通常 2 ～ 3 週間以内に反応がみられるが，継続的な抗菌薬投与が必要になることが多い．低コバラミン血症に対しては非経口的なコバラミン投与も考慮される．

第6章 腸の疾患 153

3. 炎症性腸疾患

【病態および原因】

炎症性腸疾患（inflammatory bowel disease，IBD）は，小腸または大腸の粘膜固有層における炎症性浸潤によって特徴づけられる原因不明の慢性腸炎である．組織学的にはリンパ球形質細胞性腸炎の所見をとることが多い．病因は不明な点が多いが，最近は腸内細菌叢の異常や腸粘膜における自然免疫の異常が報告され，発症との関連性が注目されている．若齢での発症はまれである．腸粘膜における炎症の程度によって，粘膜透過性の亢進，吸収不良，腸の運動性障害等が起こり，症状を呈するようになると考えられている．

【症 状】

一般的症状は，慢性的な嘔吐，下痢，および体重減少である．十二指腸の病変が重度であれば嘔吐や小腸性下痢が主症状となり，結腸炎が重度である場合には大腸性の下痢を呈するが，両方の症状が認められることもある．その他，食欲不振または亢進，元気消失，腹鳴，腹痛等がみられることがある．猫のIBDでは慢性的な嘔吐がよく認められ，膵炎や胆管炎を併発する，「三臓器炎」の病態をとることもある．重度のIBDで蛋白喪失性腸症の症状（低蛋白血症に伴う胸・腹水貯留等）が認められることがある．

【診 断】

IBDの診断は，慢性持続性の臨床徴候と組織学的な慢性腸炎の存在，そして他の腸炎を引き起こす基礎疾患の除外に基づいて行われる．

臨床病理学的検査では特異的な所見が乏しい．アルブミンについては蛋白漏出性腸症となる場合には重度に低下する．糞便検査での感染性腸疾患の除外のほか，ACTH刺激試験，トリプシン様免疫活性（TLI），膵リパーゼ免疫活性（PLI），甲状腺ホルモン（猫）等が除外診断のために必要となる．X線検査や超音波検査等の画像検査も特異的な所見がない．

明らかな慢性消化器症状の原因が特定できない場合に慢性腸症と判断するが，試験的治療で食餌反応性腸症，抗菌薬反応性腸症を除外する．症状が改善しない場合に内視鏡下か開腹下での腸の生検を考慮する．ほとんどの場合，リンパ球形質細胞性腸炎の病理所見となるが，この際浸潤している炎症細胞の程度と組織構造の変化の両方を評価する必要がある．採取した組織を用いてリンパ球のクローナリティについてPCRを行うことも推奨される．

【治 療】

IBDと診断される場合には免疫抑制薬の投与を考慮する．プレドニゾロン等の副腎皮質ステロイド薬は，IBDに対する第一選択薬であり，免疫抑制量から開始して，その後症状の改善をみながら徐々に漸減していくことが多い．プレドニゾロンで効果が不十分な場合にシクロスポリン等の免疫抑制薬の併用を考慮する．プロバイオティクスやプレバイオティクスを用いることもあるが，効果についての検討は不十分である．

補助的な治療として，加水分解食等の低アレルギー食やメトロニダゾール等の抗菌薬を用いることも多い．リンパ管拡張による低アルブミン血症を伴っている場合には，低脂肪食も考慮される．

ほとんどの症例では長期間あるいは一生なんらかの形で治療が必要になる．治療抵抗性のため斃死あるいは安楽死される場合もある．免疫抑制療法に抵抗性を示すIBDがリンパ腫である可能性もあるため，治療反応性が悪い場合には診断を見直す必要がある．

消化器病学

154   第6章　腸の疾患

6-3　蛋白喪失性腸症

到達目標：蛋白喪失性腸症（PLE）の原因，病態，診断法および治療法を説明できる．
キーワード：蛋白喪失性腸症，腸リンパ管拡張症，炎症性腸疾患，消化器型リンパ腫

1.　蛋白喪失の原因疾患

　蛋白喪失性腸症（protein losing enteropathy，PLE）とは，血漿蛋白質が腸粘膜から腸管腔へ異常に喪失することによって起こる症候群である．蛋白の漏出が重度である場合には，低蛋白血症に伴って腹水，胸水，浮腫等の症状が引き起こされる．蛋白漏出性腸症は犬においてしばしば認められる病態であるが，猫においてはきわめてまれである．

　原因となる腸疾患としては，腸リンパ管拡張症のほか，重度の炎症性腸疾患（IBD）そして消化器型リンパ腫が多いが，このほか胃潰瘍やびらん，出血，重度の感染性あるいは寄生性腸疾患等でも蛋白の漏出は起こり得る．

2.　腸リンパ管拡張症

【病態および原因】

　腸リンパ管拡張症とは，リンパ管の通過障害によってPLEとなる疾患であり，犬で多く認められる病態である．腸リンパ管拡張症は大きく原発性と二次性に分けられ，二次性の場合はIBD等の慢性腸炎に付随して認められる．原発性の場合には，何かしらの理由によるリンパ管通過障害が原因と考えられるが，多くは特発性である．

　リンパ管が通過障害を起こす結果，腸絨毛のリンパ管の拡張と破壊が生じ，そのためリンパ管内容物（蛋白質，リンパ球，カイロミクロン）が粘膜下組織，粘膜固有層，腸管腔内に喪失する．腸壁内に漏出した場合には肉芽腫が形成され，リンパ管閉塞が悪化する．低蛋白血症によって血漿膠質浸透圧が低下し，腹水等の症状が引き起こされる．

【症　状】

　小腸性下痢と腹水が多く，そのほか浮腫，体重減少，胸水およびそれに伴う呼吸困難等が認められる場合がある．下痢については必ずしも認められないこともあり，健康診断で血液中のアルブミン値が低下していることで見つかる場合もある．

【診　断】

　低蛋白／低アルブミン血症を引き起こすような他の基礎疾患との鑑別が必要であり，特に重度肝疾患，蛋白漏出性腎症等との鑑別が重要である．貯留液がある場合には必ず採取して，漏出液であることを確認する．

　血液検査では，低蛋白血症，リンパ球減少症，低コレステロール血症，低カルシウム血症等が認められることが多い．尿検査では，特に尿蛋白／クレアチニン比を算出して，蛋白漏出性腎症の除外を行う．また，肝機能評価のため血清総胆汁酸の測定が必要となることがある．

　消化管の超音波検査は腸リンパ管拡張症の診断には非常に有用性が高く，小腸においてび漫性あるいは局所的に粘膜層における高エコー源性の筋（線）状パターンが認められる．確定診断には腸粘膜の組

第6章　腸の疾患　　155

織学的評価が必要であり，内視鏡あるいは試験開腹によって生検材料を採取する．

【治　療】

　脂肪によってリンパ灌流が増加してリンパ管の拡張が助長されるため，療法食か手作り食で低脂肪食を与えることが推奨される．脂溶性ビタミンが喪失していることが多いので，サプリメント等でこれらビタミンを補充することが望ましい．

　リンパ管通過障害の原因に脂肪肉芽腫等の炎症が関係している場合や，IBDに伴う二次的なリンパ管拡張症の場合にはプレドニゾロン等の副腎皮質ステロイド薬やシクロスポリン等の免疫抑制薬が有効である場合がある．腹水や浮腫に対する利尿薬の投与は慎重に行うべきである．また，PLEでは凝固亢進状態になることが多く，時として血栓症を併発することがあるが，抗血栓療法の意義については明確でない．予後は様々で注意が必要である．

6-4　閉塞性腸疾患

> 到達目標：閉塞性腸疾患（異物，腸閉塞，腸重積）の原因，病態，診断法および治療法を説明できる．
> キーワード：腸閉塞，異物，腸重積，機械的イレウス，機能的イレウス

1．腸閉塞

【病態および原因】

　腸閉塞（イレウス）とは何らかの原因で腸内容物の通過が障害された状態で，異物や器質的な病変により管腔が閉塞する機械的イレウスと，消化管運動性に障害が生じて内容物が停滞する機能的イレウスに大別される．機械的イレウスの原因としては異物が多いが，腫瘍，重積，ヘルニアによる絞扼等も原因となり得る．機能的イレウスは腹膜炎やび漫性腸疾患等が原因であることが多い．

【症　状】

　腸内容物の停滞に伴って嘔吐，食欲不振，元気消失が多くで認められるが，原因によっては下痢，腹痛や敗血性ショックを呈することもある．

【診　断】

　腹部の触診，単純X線検査，または超音波検査にて拡張した腸ループが確認されるが，機械的イレウスであれば拡張部の遠位端に異物や腫瘤による閉塞部位が確認される．機能的イレウスの場合には閉塞部位は確認できないが，腹水やび漫性の小腸壁の異常等が確認できることがある．機械的イレウスの閉塞部位が不明瞭な場合には造影X線検査を行う．閉塞部位が特定できた場合には，試験開腹術を考慮する．機能性イレウスの場合には腸炎，腹膜炎等の有無を確認する．

【治　療】

　機械的イレウスと判断された場合には，動物が安定化を図ったのちに，すぐに開腹術を行うべきである．異物，腫瘤等の原因を切除，摘除する．機能的イレウスの場合には，原因疾患の治療を行う必要がある．

消化器病学

2. 腸重積

【病態および原因】

腸重積とはある腸分節が隣接する分節に陥入することで，回腸が結腸に陥入する回腸結腸重積が最も多い．若齢動物の腸炎時に発生することが多い．

【症　状】

急性の回腸結腸重積では管腔が閉塞し，陥入部粘膜がうっ血することで，嘔吐，下痢，血便，腹痛等が認められる．慢性の重積では難治性の下痢や低アルブミン血症等がみられることが多い．

【診　断】

腹部触診で肥厚した腸ループが触知されることがあるが，腹部超音波検査が感度と特異度の高い検査である．通常，陥入部位では腸壁が五層構造をはるかに超えた同心円状に見える．回腸結腸重積では肛門からの内視鏡検査でも確認可能である．寄生虫疾患等の腸炎の原因追及も同時に行う必要がある．

【治　療】

急性の重積では外科的に整復する必要があるが，陥入部位の損傷が重度の場合や，慢性重積の場合には腸管切除術を行う必要がある．

3. 腸内異物（特に線状異物）

【病態および原因】

紐，糸，ストッキング，布等が消化管内で線状異物の原因となる．異物の一端が舌根部や幽門に絡まり，残りが腸内に入ることが多く，小腸は異物を進めようと襞状になる．線状異物によって小腸が切れて穿孔し，致死的な腹膜炎が起こることもある．

【症　状】

線状異物は犬よりも猫に多くみられる．嘔吐，食欲不振，元気消失が主な症状である．

【診　断】

身体検査で，舌根部に異物の一端が絡んでいるのを見つけることがある．X線検査および超音波検査で襞状になった腸管が確認できることがある．消化管X線造影検査で特徴的所見である襞状もしくは束状の腸管が認められれば診断的である．

【治　療】

舌根部に異物の一部が絡まっていれば切断し，改善がみられない場合は外科手術を行う．内視鏡を用いた線状異物除去は困難なことが多く，一般的には行われない．重篤な感染性腹膜炎の併発がなく，腸を広範囲に切除する必要がなければ，通常，予後は良好である．

6-5　腫瘍性腸疾患

> 到達目標：腫瘍性腸疾患の原因，病態，診断法および治療法を説明できる．
> キーワード：消化器型リンパ腫，消化管腫瘍，腸腺癌

1.　消化器型リンパ腫

【病態および原因】

　消化器型リンパ腫とはリンパ腫の中で病変部位が消化管，腸間膜リンパ節，肝臓等に限局しているものを指すが，犬と猫ともに発生頻度の高い消化管腫瘍である．猫の消化器型リンパ腫のほとんどは猫白血病ウイルス（FeLV）陰性であり，犬も猫も明らかな病因は不明である．細胞が未分化で生存期間の短い高悪性度リンパ腫と，分化した小リンパ球様形態で，生存期間も比較的長い低悪性度リンパ腫に分類され，猫では分化しているが悪性度のきわめて高い大顆粒リンパ球（LGL）のリンパ腫も存在している．

【症　状】

　慢性進行性の食欲不振，嘔吐，下痢，体重減少，発熱等が多く認められる．腹部触診にて肥厚した腸管や腫大したリンパ節，肝臓が触知される場合もある．蛋白喪失性腸症（PLE）の病態をとる場合や腹膜炎を併発している際には腹水貯留や腹痛が認められる場合がある．

【診　断】

　血液検査およびX線検査における所見は非特異的である．高悪性度リンパ腫の場合には腹部超音波検査は有用で，リンパ節，肝臓等の腫大やエコー源性の変化，腸管壁の肥厚や層構造の消失を伴うことが多く，超音波ガイド下による生検を行うこともできる．内視鏡検査でも肉眼的に異常所見（粘膜の不整，発赤，びらん等）を認めることが多いが，非特異的である．診断には，一般的に内視鏡下あるいは試験開腹下での腸の病理組織学的検査が必要であり，高悪性度リンパ腫やLGLリンパ腫では腫大したリンパ節や腸管，肝臓からの細針吸引（FNA）標本を用いた細胞診でも診断が可能である．PCRを用いたリンパ球クローナリティ検査も診断補助として用いられている．

【治　療】

　高悪性度の消化器型リンパ腫の治療は，多中心型リンパ腫の治療に準じて多剤併用化学療法が行われることが多いが，予後はきわめて不良であり，抗癌剤のプロトコールも十分に検討されていない．低悪性度リンパ腫の場合，コルチコステロイド剤とクロラムブシル等を用いたプロトコールで生存期間が比較的長いことが報告されている．LGLリンパ腫はきわめて予後が悪く，抗癌剤プロトコールもほとんど検討されていない．

2.　腸腺癌

【病態および原因】

　腸腺癌は，猫よりも犬で多く認められ，高齢動物の結腸～直腸付近に好発し，転移も多く認められる．

【症　状】

　腫瘍によって腸閉塞が起きると嘔吐や食欲不振，体重減少がみられる．そのほか粘膜の潰瘍がみられる場合にはメレナや血便，貧血を認めることがある．

158 第6章 腸の疾患

【診 断】

　画像診断（超音波，内視鏡，CT）で局所的な腸壁の肥厚や腫瘤が認められることが多い．確定診断は生検組織の組織診断に基づいて行われる．

【治療および予後】

　外科的に完全に切除できれば予後は良好であるが，診断時にすでに所属リンパ節に転移していることが多い．術後の補助的な化学療法の効果は期待できない．

6-6　便秘，直腸・肛門周囲疾患

到達目標：便秘，直腸・肛門周囲疾患の原因，病態，診断法および治療法を説明できる．
キーワード：便秘，巨大結腸症，直腸ポリープ，直腸脱，肛門周囲瘻，肛門周囲フィステル，
　　　　　　肛門嚢炎

1.　便秘と巨大結腸症

【病態および原因】

　排便が困難で排便回数が減少することを便秘と呼ぶが，医原性，環境要因（トイレの衛生状態等），排便姿勢がとれない，結直腸・肛門周囲の疾患，前立腺疾患，神経−筋疾患，骨盤の解剖学的異常および骨折，重度の脱水，不適切な餌（異物や過剰な線維等）等様々な原因が関連している．特発性の巨大結腸症は，主に猫で認められる重度の便秘であり，宿便によって結腸が重度に拡張している病態を指す．行動異常（排便拒否）や結腸の神経−筋の異常が関連している可能性がある．

【症 状】

　排便しない，排便回数が少ないという便秘症状のほか，元気消失，食欲低下等がみられることがある．基礎疾患がある場合には，その症状が付随することがある．

【診 断】

　腹部触診によって極度に拡張した結腸を触知できることがあるが，適切な触診が行えない場合には腹部X線検査にて宿便によって拡張した結腸が確認できる．原因の特定を行うが，明らかな原因がない場合には特発性と判断する．

【治 療】

　宿便は微温湯を用いた停留浣腸および洗浄浣腸を繰り返すことによってできるだけ取り除く．水分量と可溶性繊維の多い食物を食べさせるようにする．繊維としてはオオバコ種皮由来のサイリウム等をフードに添加することが一般的である．ラクツロース等の浸透圧性緩下薬を投与することもある．猫の特発性巨大結腸症で管理が困難な場合には結腸亜全摘術を考慮する．

2.　直腸ポリープ

【病態および原因】

　犬ではまれに直腸から結腸下部の領域にポリープが発生することがある．海外での報告では，犬の直腸ポリープの多くは，腺腫あるいは腺癌等の腫瘍が多いとされている．国内では近年ミニチュア・ダックスフンドにおいて，結直腸部の慢性炎症に伴う多発性の炎症性ポリープが好発することが報告されて

おり，免疫抑制治療に反応することから，免疫介在性の機序が示唆されている．

【症　状】

ポリープの位置等によって症状が異なるが，多くの症例で，血便，軟便，しぶり，排便困難等の大腸性下痢の症状が認められる．閉塞を起こすことは少ないが，重度の疼痛を伴うこともある．

【診　断】

症状から結腸あるいは結直腸部の疾患が疑われ，直腸検査においてポリープが触知されることが多い．ポリープは多発性のことも，単一性のこともあるが，炎症性の場合には直腸から結腸下部の領域に多発性ポリープを形成することが多い．下部内視鏡検査を行うことで，より診断が明確になり，ポリープの形状や病変の範囲が明瞭となる．ポリープが炎症性か腫瘍性かを鑑別するためには組織学的検査が必要であり，内視鏡下で鉗子生検あるいはポリペクトミーによって採取した組織を病理検査に依頼する．

【治　療】

単一性ポリープの場合には外科的あるいは内視鏡下での切除術を考慮するが，できるだけ術前に内視鏡検下でポリープの範囲を確認するとともに組織学的悪性度を調べておくことが望ましい．ミニチュア・ダックスフンドに多発する炎症性ポリープの場合，コルチコステロイド剤やシクロスポリン等の免疫抑制薬を用いた内科療法によって多くの症例では症状の消失やポリープの縮小が認められる．多発性ポリープの場合には，経肛門アプローチによる直腸全層あるいは粘膜のプルスルー法も検討される．最近では内視鏡下でポリペクトミーおよびアルゴンプラズマ凝固等によって粘膜表面の焼灼も行われる．

3. 直腸脱

【病態および原因】

直腸脱とは，いきみを伴うような大腸炎，便秘，肛門周囲疾患等に続発し，直腸粘膜あるいは直腸壁全層が肛門から脱出した状態を指す．若齢の犬や猫に多い．

【症　状】

肛門から直腸が数 mm ～数 cm 脱出しているのが観察される．原因疾患によっていきみ，下痢等様々な症状が付随する．脱出が持続すると粘膜が乾燥し，出血や壊死が起きることもある．

【診　断】

身体検査および直腸検査によって診断する．

【治　療】

脱出した直腸を生理食塩水や潤滑剤等を用いて用手的に整復するが，容易に脱出を繰り返す場合には，排便が可能な状態で肛門を巾着縫合して数日間保持する．整復困難な場合や，直腸の組織損傷が激しい場合には切除が必要になることがある．

4. 肛門周囲瘻（肛門周囲フィステル）

【病態および原因】

肛門周囲瘻は肛門周囲フィステルや肛門フルンケル症とも呼ばれ，犬の肛門周囲や肛門に多発性の潰瘍性の管腔を形成する慢性，進行性の疾患である．原因は不明であるが，細菌感染のほか，免疫反応の異常，環境要因，遺伝的素因等発症には複数の因子が関わっていることが示唆されている．免疫抑制薬に対する良好な治療成績から，免疫介在性機序が発症には重要であると考えられている．

160   第 6 章　腸の疾患

【症　状】

中年齢の大型犬での発生が多い．症状としては，肛門をなめたり，しぶり，排便困難，排便時の疼痛等が認められる．排膿によって肛門周囲は汚れて悪臭を呈していることが多い．

【診　断】

身体検査および直腸検査によって診断を行うが，疼痛を伴っているため鎮静や全身麻酔が必要になることも多い．カテーテルやゾンデ等を用いて瘻孔の数，位置や深さを確認するとともに，肛門および肛門嚢の触診と観察をていねいに行い，破裂した肛門嚢炎や肛門周囲の腫瘍との鑑別を行う．

【治　療】

以前は外科療法が第一選択であったが，現在は免疫抑制治療によって多くの罹患犬が治癒することが報告されている．免疫抑制薬としてはプレドニゾロン等のコルチコステロイド剤だけでなく，シクロスポリンを併用することで奏功率が向上している．内科療法で反応が乏しい場合には外科的手術を考慮するが，便失禁等の合併症が問題となることがある．

5．肛門嚢炎

【病態および原因】

肛門嚢炎とは肛門嚢内に分泌物が貯留して炎症を起こした状態であり，犬特に小型犬種では非常に多く認められる疾患である．細菌感染や導管の閉塞によって分泌物が貯留するが，持続すると肛門嚢が充満して，破裂，蜂窩織炎，瘻管形成等が引き起こされる．

【症　状】

肛門を気にして舐める，咬む，床にこすりつける等の症状が一般的であり，その他肛門周囲の腫脹，疼痛，しぶり，排便困難，出血，排膿等が認められる．

【診　断】

身体検査，直腸検査で肛門嚢を観察し，触診することで診断可能であり，内容物を絞って細胞診や細菌検査を行うことも可能である．

【治　療】

多くの軽症例では肛門嚢内の貯留物を絞り出し，カテーテル等で内部を洗浄し，抗菌薬やコルチコステロイド剤等を注入することで治療可能である．膿瘍形成している場合には，切開して排膿および洗浄等が必要になる場合がある．難治性の場合には肛門嚢の切除を考慮する．

《演習問題》（「正答と解説」は 182 頁）

問 1．犬のパルボウイルス性腸炎に関する以下の記述のうち，間違っているものを選びなさい．
　　a．罹患犬の多くは若齢である．
　　b．出血性下痢と嘔吐が主症状である．
　　c．白血球数が著明に増加することが多い．
　　d．糞便中のウイルス抗原を検出する簡易キットが普及している．
　　e．治療は十分な輸液や抗菌薬等の支持療法を行う．

問 2．慢性下痢を呈する症例で食餌反応性腸症等の慢性腸症を疑診した場合の療法食の選択として，不適切なものはどれか．

a．新奇蛋白食

b．加水分解食

c．繊維増強食

d．低蛋白食

e．低残渣食

問3. 蛋白喪失性腸症（PLE）に関する以下の記述のうち，正しいものを選びなさい．

a．犬よりも猫で多く認められる．

b．軽度の低アルブミン血症でも，腹水貯留を認めることが多い．

c．腸リンパ管拡張症は代表的な PLE の原因疾患である．

d．アルブミンを含む血漿輸血が治療の中心である．

e．高カロリーの高脂肪食が治療の補助となる．

問4. 線状異物に関する以下の記述のうち，正しいものを選びなさい．

a．猫よりも犬で多く認められる．

b．細い糸であれば，臨床上問題にならないことが多い．

c．X線検査で襞状になった消化管がみられることがある．

d．できるだけ内視鏡で異物除去することが勧められる．

e．小腸内に先端が進入している場合には，手術は困難のため行われない．

第 7 章　腹膜の疾患【アドバンスト】

一般目標：腹膜の疾患について病態生理，症状，診断法ならびに治療法を学ぶ．

到達目標：化膿性腹膜炎，癌性腹膜炎の原因，病態，診断法および治療法を説明できる．
キーワード：細菌性腹膜炎，消化管穿孔，腹水検査

　腹膜の疾患は，化膿性腹膜炎や癌性腹膜炎等の他に猫伝染性腹膜炎，腹膜中皮腫等もあげられるが，ここでは細菌性腹膜炎と癌性腹膜炎の病態生理，診断法および治療法を学ぶ．

7-1　化膿性腹膜炎

【病　態】

　消化管や腹腔内臓器が損傷を受けて感染性物質が腹腔内に播種すると腹膜で炎症が引き起こされ，血管透過性の亢進，フィブリンの産生等が引き起こされる．穿孔部位や損傷部位は大網や周囲組織が癒着し穿孔部位を塞ぐことが多い．腹腔内の炎症の程度によっては，症状は軽度なものから重度のものまである．重度の炎症を引き起こすと循環血液量の喪失や脱水，敗血症，播種性血管内凝固（DIC）等の合併症へと進行し，重篤な状態となることもある．

【原　因】

　化膿性腹膜炎は，主に消化管穿孔で引き起こされる．消化管穿孔の原因は様々であるが，異物，腫瘍，腸重積，術創の裂開，コルチコステロイドや非ステロイド系抗炎症薬等の薬物に伴う潰瘍形成等が考えられる．その他，子宮蓄膿症の子宮損傷や子宮破裂，細菌性膀胱炎の膀胱破裂，胆石症例の胆嚢破裂等で化膿性腹膜炎を引き起こすことがある．

【診　断】

　身体検査で腹水貯留や遊離ガスの貯留による腹囲膨満が認められることもあるが，腹水や遊離ガスが少量の場合，身体検査では明らかにならないことも多い．

　腹水や遊離ガスの貯留の確認には，超音波検査とX線検査が必要である．確定診断には，腹水の検査が必要である．腹水が少量の場合は，超音波ガイド下で採取することも可能である．また，腹水採取が困難である場合は，試験的に生理食塩水で腹腔洗浄を行い，洗浄液を採取する方法もある．腹水の性状は一般的に滲出液であることが多く，貯留液の細胞診検査で変性した好中球や白血球の細菌貪食像が確認できれば化膿性腹膜炎と診断できる．しかし，細菌が必ずしもみられるとは限らない場合もあるので細菌培養検査も併せて行うべきである．胆嚢破裂等を疑っている場合は，血清中のビリルビンと腹水中のビリルビンを比較することで胆汁漏出を確認することができる．

【治　療】

　消化管穿孔を引き起こしている場合は，一般状態を輸液等で安定化させた後に外科処置が必要になる．外科処置では，開腹後に穿孔部位を注意深く詮索し，必要に応じて穿孔部位の消化管を一部切除するか穿孔した穴を縫合する必要がある．そして，腹腔洗浄を行い，細菌数を減らす必要がある．腹膜炎が重

度の場合は，ドレナージを行う場合もある．

7-2　癌性腹膜炎

【病　態】

　癌細胞の播種により，腹膜に炎症や出血が引き起こされる．腹水が貯留し，元気や食欲等といった一般状態が悪化し，体重減少が認められることが多い．

【原　因】

　癌性腹膜炎は，腹膜から発生した癌や腹腔内臓器の癌が播種することで生じる．一般的に腹膜原発の癌はまれであり，消化管や膵臓の腺癌，リンパ腫，血管肉腫等の播種による転移性癌性腹膜炎が多い．

【診　断】

　腹水の貯留が認められたら腹水検査を実施する．腹水の細胞診検査で腫瘍細胞が認められた場合は，癌性腹膜炎と診断可能であるが，腹水だけでは確定診断をつけることが困難なこともある．腹腔内の全体的な探索を行ううえで，超音波検査やX線検査に加えてCT検査は有用な検査である．最終的な診断は，試験開腹に伴う生検が必要なことが多い．

【治　療】

　腫瘍が播種することにより腹膜炎を引き起こしている場合は，基本的に予後不良であるが，一部の腫瘍ではシスプラチンやカルボプラチンの腹腔内投与で一時的に症状の緩和が期待できる場合もある．

《演習問題》（「正答と解説」は183頁）

問1.　次の文章のうち正しいものはどれか．
　　a．細菌性腹膜炎の腹水は，漏出液であることが多い．
　　b．細菌性腹膜炎の診断には，腹水の検査が有効である．
　　c．細菌性腹膜炎の治療にシスプラチン等の抗癌剤を用いることがある．
　　d．癌性腹膜炎の治療は，腹腔内洗浄が最も有効な治療法である．
　　e．癌性腹膜炎は，比較的予後の良い疾患である．

第8章　肝・胆道系の疾患【アドバンスト】

一般目標：肝・胆道系疾患について病態生理，症状，診断法ならびに治療法を学ぶ．

8-1　肝炎およびその他の肝疾患

到達目標：肝炎およびその他の肝疾患の原因，病態，診断法および治療法を説明できる．
キーワード：急性肝炎，慢性肝炎，遺伝性銅中毒

犬と猫では肝疾患の病態が異なる．一般的に犬は肝細胞の障害を示すことが多く，猫は胆道系の障害を示すことが多い．犬の肝疾患は，慢性肝炎，肝線維症，肝硬変等があげられる．

1. 肝　炎

肝炎は，急性肝炎（急性中毒性肝症），慢性肝炎，反応性肝炎等に分けられる．

【病　態】

急性肝炎は，原因に曝露されると速やかに症状が発現し，元気消失や虚脱といった症状を呈することがある．血液検査では，肝酵素上昇を引き起こし，重症化すると急性肝不全を引き起こし死亡することもある．慢性肝炎は，肝臓の持続的な炎症によって肝細胞が壊死し，肝細胞の再生と線維化が引き起こされ，末期的には肝硬変となり小肝症を呈する．その結果，門脈高血圧が引き起こされ，腹水や多発性門脈体循環シャントが形成されることもある．

【原　因】

急性肝炎は，アデノウイルスⅠ型，レプトスピラ等の感染症，アフラトキシンや各種薬剤等で引き起こされることがある．慢性肝炎は，細菌・ウイルス感染，薬剤，毒物，銅，自己免疫等によって持続する肝細胞の壊死またはアポトーシスおよび炎症細胞の浸潤を特徴とした疾患である．また，慢性肝炎や肝硬変は犬では比較的多く認められるが，猫ではまれである．反応性肝炎は，原因疾患は肝臓ではなく，多臓器や全身状態の影響によって二次的に肝臓に障害が起こる疾患である．

【診　断】

急性肝炎の診断は，薬物あるいは毒物の摂取歴や曝露歴（あるいはその可能性）を飼い主から詳細に聴取することが重要である．また，レプトスピラ等の感染症では，地域での発生状況等も非常に重要である．検査所見としては，ALT と AST の上昇が認められることが多い．感染症を疑う場合は，抗体価，抗原検査，PCR 等を実施する．一般的に急性肝炎の診断で，肝臓の組織検査を実施可能なことは少ないが，肝生検が可能であれば行う．

慢性肝炎の診断は，肝臓の組織検査が非常に重要である．原因によって，抗生剤の使用やコルチコステロイドの投与等を考慮する．

【治　療】

急性肝炎の治療は，一般的に点滴や抗菌薬等の支持療法が中心である．疑われる薬剤や毒物がある場

第 8 章　肝・胆道系の疾患　　165

合は，速やかに摂取をやめさせる．特殊な拮抗薬がある場合等は，拮抗薬等を投与する．

　慢性肝炎の治療は，原因によって治療法を少し変えるが，食餌療法と薬物療法によって行われる．食餌療法も，原因と病期によって若干変更するが，肝性脳症を引き起こしている場合は低蛋白食を主体とした食餌療法となる．また，銅蓄積性肝炎では，低銅食やキレート剤を用いることもある．リンパ球形質細胞が主体の炎症であればコルチコステロイドまたは免疫抑制剤を用いた抗炎症療法が主体となる．

2. その他の肝疾患

　その他の肝疾患として，先天性代謝異常がある．代表的な先天性代謝異常は，遺伝性銅中毒としてベトリントン・テリアの銅蓄積性肝炎が知られている．この疾患は，COMMD1 遺伝子における広範囲な欠失が原因であると報告されている．また，その他の犬種でも銅関連性肝障害が報告されている．

　糖原病は，遺伝性炭水化物代謝異常症であるが，組織にグリコーゲンが異常蓄積する疾患である．家族性慢性肝炎として，わが国ではアメリカン・コッカー・スパニエルの慢性肝炎が報告されている．

8-2　胆管炎，胆嚢炎，胆石症，胆嚢粘液嚢腫

> 到達目標：胆管炎，胆嚢炎，胆石症，胆嚢粘液嚢腫の原因，病態，診断法および治療法を説明できる．
> キーワード：好中球性胆管炎，リンパ球性胆管炎，胆石，ムチン

1. 胆管炎

【病　態】

　元気および食欲の低下や発熱等といった非特異的症状を呈する．黄疸を呈することもある．

【原　因】

　胆管炎は犬と猫で一般的であり，主体をなしている浸潤細胞の種類によって大きく好中球性とリンパ球性に分類され，さらに珍しいパターンとして破壊性胆管炎および肝吸虫に関連した胆管炎がある．胆管周囲の炎症が肝実質まで波及すると胆管肝炎となる．好中球性胆管炎は，小腸に由来する細菌が上行性に感染していると考えられている．リンパ球性胆管炎は，免疫介在性疾患と考える研究者もいるが免疫抑制剤で必ずしも改善しない等，不明な点もあり，はっきりとした原因は不明である．

【診　断】

　複数の肝葉から得た肝生検による病理組織学的検査と胆汁もしくは肝実質の細菌培養検査によって総合的に診断する．

【治　療】

　好中球性胆管炎であれば，培養検査や感受性検査の結果に基づいて抗菌薬を 4 〜 6 週間投与する．リンパ球性胆管炎であれば，コルチコステロイドの免疫抑制治療を行うことがある．その他にウルソデオキシコール酸が用いられることもある．

消化器病学

166   第8章　肝・胆道系の疾患

2. 胆嚢炎

【病　態】

　胆管炎と同様である.

【原　因】

　胆嚢炎の原因も様々であるが, 急性, 慢性, 壊死性, 気腫性等に分類される. 細菌感染を伴う好中球性の胆嚢炎は胆管炎に続発する場合もある. リンパ球性の胆嚢炎も認められるが, 原因は不明である. また, 胆石等の物理的刺激によっても胆嚢炎が認められる.

【診　断】

　超音波検査で, 胆嚢壁の肥厚が認められたら胆嚢炎と暫定診断する. 胆嚢炎の原因を追及するために, 胆泥症や胆石症の併発の有無を超音波検査で確認する.

【治　療】

　胆石等が原因であれば胆嚢摘出術を考慮する. 胆汁感染が認められたら, 適切な抗菌薬を投与する.

3. 胆石症

【病　態】

　胆石が胆嚢内に存在していても無症状から嘔吐, 発熱, 上腹部痛を示す症例まで様々である. 胆石の刺激によって胆嚢炎を引き起こすこともある. 胆石が総胆管に閉塞すると, 閉塞性黄疸を示し, 症状は顕著に悪化する.

【原　因】

　医学領域とは異なりコレステロール系の胆石は多くなく, ビリルビンカルシウムや炭酸カルシウムの胆石が多い. 胆石は, 胆汁組成の変化, 胆汁うっ滞, 感染, 炎症等が引き金となって胆汁に含まれる成分が析出することによって生じる.

【治　療】

　閉塞性黄疸が認められた場合は, 内科的に管理することは難しく外科的に胆嚢摘出術と総胆管の疎通性を確認し閉塞を解除する.

4. 胆嚢粘液嚢腫

【病　態】

　胆嚢内にゼリー状の物質が充満していても無症状のこともあるが, 過剰に充満すると胆嚢壁を圧迫し, 胆嚢動脈が圧迫されることによって胆嚢動脈の梗塞が引き起こされ, 胆嚢壁が壊死し, 胆嚢壁の破裂等を引き起こすことがある. 胆嚢が破裂すると, 胆汁性腹膜炎を起こすこともある. また, 胆嚢壁の壊死が認められる前に, 胆嚢内容物が総胆管に閉塞すると, 閉塞性黄疸を示す.

【原　因】

　胆嚢壁からムチンを豊富に含んだ胆汁が過剰に分泌され, 胆嚢内にゼリー状の物質が充満する疾患である. 過剰なムチン分泌の原因は不明である.

【治　療】

　一般的には外科療法が選択され, 胆嚢摘出術と総胆管の疎通性の確認を行う.

第8章　肝・胆道系の疾患　　167

8-3　先天性および後天性門脈体循環シャント

> 到達目標：先天性および後天性門脈体循環シャントの原因，病態，診断法および治療法を説明
> 　　　　　できる.
> キーワード：高アンモニア血症，高胆汁酸血症，門脈高血圧，腹水

1. 先天性門脈体循環シャント

【病　態】

　門脈血が肝臓に入らずに全身循環に流れるために，肝臓が発達せず小肝症となり，発育不良となる.
また，消化管で発生したアンモニア等の毒素が肝臓で解毒されずに全身循環に回るために高アンモニア
血症を引き起こす.

【原　因】

　先天性門脈体循環シャント（CPSS）は門脈系と全身大静脈系（大静脈あるいは奇静脈）との間に異
常なシャント（短絡）血管が形成された先天性疾患である. 異常短絡血管の発生部位によって，肝内シャ
ントと肝外シャントに分けられる. CPSS のシャント血管は，通常単一の太い異常血管である.

【診　断】

　嘔吐や下痢等，非特異的症状を呈する. 沈うつ，徘徊，痙攣発作等，神経症状が認められた場合は，
肝性脳症の発現を疑う必要がある. 血液検査で，高アンモニア血症と高胆汁酸血症が認められた場合は
CPSS を疑う. 一般的な血液検査では，低蛋白血症（TP と Alb の低値），血中尿素窒素（BUN）の低値，
低コレステロール血症，低血糖等の肝機能低下を示唆する所見が認められることが多い. X 線検査では
小肝症が認められ，超音波検査では肝内門脈枝の狭小化と肝内外にシャント血管を描出することも可能
である. 確定診断は，CT 検査による門脈造影検査か開腹手術による門脈造影検査で行う.

【治　療】

　CPSS の治療は，内科療法と外科療法があげられるが，内科療法は根本的な治療にはならず，症状の
改善を目指す治療である. 一方，外科療法はシャント血管の閉鎖であり，結紮方法は縫合糸や血管クリッ
プにより完全閉鎖する方法とアメロイドコンストリクター，セロハン，縫合糸等を用いた部分結紮が用
いられる.

2. 後天性門脈体循環シャント

【病　態】

　CPSS と後天性門脈体循環シャント（APSS）の決定的違いは，CPSS は門脈低血圧であることに対し，
APSS は門脈高血圧を示すことである. したがって，CPSS では腹水はほとんど認められないのに対して，
APSS では門脈高血圧が引き起こされることによって，腹水が認められることがある. ただし，シャン
ト血管が完成すると門脈圧はある程度低下するため，腹水が認められなくなることも多い. したがって，
腹水が認められないからといって血液検査所見だけで CPSS と APSS を鑑別することはできない. シャ
ント血管が形成されてしまえば，検査所見等はほとんど CPSS に準じる.

消化器病学

168　　第 8 章　肝・胆道系の疾患

【原　因】

　APSS の原因は，肝硬変，肝線維症，慢性肝炎，原発性門脈低形成，門脈血栓症等の理由により門脈高血圧が引き起こされ，主に後大静脈に複数のシャント血管を二次的に形成することにより起こる.

【診　断】

　APSS の臨床検査所見は，CPSS と類似する. 一般的に CPSS では肝酵素の顕著な増加は認められないが，APSS では慢性肝炎や肝硬変等といった肝障害を引き起こしている肝疾患が原疾患になっていることがあるため，肝酵素の顕著な上昇が認められることがある. その他のアンモニアや胆汁酸の検査値等は CPSS に準じる. 確定診断は，開腹あるいは腹腔鏡下での門脈造影検査と多発性シャントの肉眼的確認である. CT 検査では，シャント血管が細すぎて描出できないことも多く，血液検査所見で門脈体循環シャントを疑った場合に CT 検査で明らかなシャント血管が認められない場合は，後天性の多発性シャントを疑うべきである.

【治　療】

　門脈高血圧を引き起こす原因疾患（主に肝疾患）の治療を優先的に行う. 外科的な治療はほとんど行われていないことから，高アンモニア血症や低蛋白血症等に対する対症療法を実施する.

8-4　猫の肝リピドーシス

> 到達目標：猫の肝リピドーシスの原因，病態，診断法および治療法を説明できる.
> キーワード：ALP，肝腫大

【病　態】

　猫の肝リピドーシスは，様々な原因により脂質代謝が障害され，主に体の脂肪組織から運搬されてきた脂肪が肝臓に過剰に蓄積し，肝内胆汁うっ滞および肝機能障害を来す疾患である.

　肝リピドーシスの病態は様々であるが，肥満，食欲不振，栄養素の不均衡，毒性物質の摂取，カルニチン欠乏，ミトコンドリアおよびペルオキシソームの機能異常，先天性代謝異常等が報告されている. 肥満の猫はインスリン抵抗性となり脂肪組織から放出される脂肪酸の量が抑制されずに増加する. その結果，肝臓に取り込まれる脂肪酸の量が増加する. 2 週間以上の食欲不振や慢性的な栄養失調は肝臓のトリグリセリドの増加を招き，食欲不振に伴い蛋白質やコリン摂取量が低下するためリポ蛋白質の合成が低下し，脂肪酸が蓄積する. 栄養素の不均衡とは，リポ蛋白合成に必要であるコリン，メチオニン，ミオイノシトール，ビタミン B_{12} の不足等によって VLDL を肝臓外へ輩出することができないことが原因となる. カルニチンは肝細胞内の脂肪酸の輸送および酸化に不可欠な物質であり，カルニチンの欠乏が肝リピドーシスに関与していると考えられている.

【原　因】

　肝リピドーシスは，肥満，代謝やホルモンの異常，栄養障害，薬物や毒物，肝臓の低酸素血症等，様々な原因で発症する. 基礎疾患が認められない場合は特発性肝リピドーシスと呼ばれる.

【診　断】

　ALT や AST と比較して ALP が顕著に上昇していることが多く，GGT は ALP に比較して上昇率が低いことが多い. また，ほとんどの症例で高ビリルビン血症がみられる. 胆汁酸も高値を示すことが多い. 肝腫大が X 線と超音波検査で確認できる. 確定診断は，病理学的検査であるが通常は肝臓の針吸引生

検で診断されることが多い.

【治 療】

初期治療として，脱水の改善と電解質の是正は必要であり，二次的な肝リピドーシスであれば原発疾患の治療が最優先である．しかし，肝リピドーシスで最も重要な治療は，強制給餌による十分なカロリー投与である．肝性脳症が認められない限り十分な蛋白質を投与することを心がける．その他，アルギニンやタウリン，L-カルニチン等も投与することがある．症状として嘔吐が認められることがあるので，嘔吐が認められたら制吐剤や消化管運動促進剤を使用することもある．

8-5 肝臓腫瘍，結節性過形成

到達目標：肝臓腫瘍，結節性過形成の原因，病態，診断法および治療法を説明できる．
キーワード：肝細胞癌，結節性過形成

1. 肝臓腫瘍

肝臓に発生する腫瘍は，原発性肝臓腫瘍と転移性肝臓腫瘍がある．原発性肝臓腫瘍は，**肝細胞癌**，肝細胞腺腫，胆管癌，神経内分泌腫瘍，血管肉腫，リンパ腫等が報告されている．

【病 態】

犬および猫の肝臓腫瘍の発生率はそれほど高くなく，症状が非特異的なことが多い．早期発見が困難なことが多く，非常に大きくなってから発見されることが多い．症状は多様であるが，食欲不振，元気消失，嘔吐等が認められることが多い．肝臓腫瘍は，腫瘤型，結節型，び漫型に分けられ，腫瘤型は非常に大きくなってから発見されることが多い．通常，腫瘤型は孤立性であり大型の腫瘤を形成しやすく肝酵素の上昇等は認められるが，腫瘍が発生している肝葉以外の肝葉は通常正常な機能を有しているので肝機能の低下を示すことはほとんどない．

【原 因】

ヒトでは，B型肝炎やC型肝炎等の肝炎ウイルスが危険因子として知られているが，犬や猫でははっきりとした原因は不明である．

【診 断】

血液検査では，ALPの高値等，肝酵素の上昇を伴うことが多い．ビリルビンの上昇や高アンモニア血症といった肝機能低下を示唆する検査所見は一般的に得られない．X線検査では，腫瘍が大きければ上腹部腫瘤陰影を認める．超音波検査でも腫瘍の位置と血流等を確認することができる．CT検査は，腫瘤を形成している場合は非常に有効である．腫瘍の確定診断は，肝臓の生検もしくは腫瘤を摘出した後の病理検査結果で行う．

【治 療】

腫瘍の種類によって治療法は異なるが，一般的に孤立性の肝細胞癌は手術で摘出できれば予後は良好である．肝細胞癌に対する効果的な化学療法の報告はほとんどない．放射線治療等に関しては，獣医学領域ではまとまった報告はほとんどされていないので不明である．

170   第8章　肝・胆道系の疾患

2. 結節性過形成

　肝臓の結節性過形成は，比較的高齢の犬に認められる良性病変で臨床的に問題になることはないが，腫瘍や肝硬変の再生性結節と誤診される可能性がある．罹患率は，加齢に伴って増加し，14歳齢以上では70～100％の症例で顕微鏡的あるいは肉眼的病変が認められる．

【病　態】

　ALPの上昇が認められることが多い．孤立性のこともあるが，複数個発生することもある．特定の肝葉に孤立性に肝細胞癌ができており，その他の肝葉に結節性過形成が発生していることもあるので，肝細胞癌や肝細胞腺腫との鑑別が重要である．

【原　因】

　加齢性の病変であり，悪性所見はない．

【診　断】

　超音波検査で結節が認められるが，確定診断は肝生検である．肝生検は，ある程度大きな組織量を必要とするので，生検方法は重要である．

【治　療】

　治療の必要はない．

《演習問題》（「正答と解説」は183頁）

問1.　次の文章のうち正しいものはどれか．
　a．猫の急性肝炎の原因として，アデノウイルスⅠ型が関与することがある．
　b．慢性肝炎によって腹水が引き起こされることはない．
　c．犬の先天的代謝異常として，銅蓄積性肝炎が知られている．
　d．慢性肝炎の治療にコルチコステロイドは禁忌である．
　e．慢性肝炎や肝硬変は，猫で一般的に認められる肝疾患である．

問2.　次の文章のうち正しいものはどれか．
　a．犬および猫の胆石は，コレステロール胆石が一般的である．
　b．胆嚢粘液嚢腫の治療法は，抗菌薬等の内科療法が効果的である．
　c．好中球性胆管炎の治療は，ステロイド等の免疫抑制療法が効果的である．
　d．胆石が総胆管に閉塞した場合は，外科療法が行われる．
　e．胆嚢粘液嚢腫の原因は，色素系胆石の充満である．

問3.　次の文章のうち正しいものはどれか．
　a．先天性門脈体循環シャントは，肝内性と肝外性に分けられる．
　b．先天性門脈体循環シャントは，腹水が認められることが多い．
　c．先天性門脈体循環シャントは，外科療法は困難である．
　d．後天性門脈体循環シャントは，通常肝外に1本の太いシャント血管が形成される．
　e．後天性門脈体循環シャントの診断は，CT検査が最適である．

第 8 章　肝・胆道系の疾患　171

問 4. 次の猫の肝リピドーシスの記述で正しいものはどれか.

　a．痩せている猫での発症率が高い.

　b．多食が原因で発症することが多い.

　c．ALT の上昇が顕著であり，ALP はほとんど上昇しない.

　d．黄疸が認められることはほとんどない.

　e．診断は，肝臓の針吸引生検で行われることが多い.

問 5. 下記の記述で正しいものはどれか.

　a．犬の肝臓の結節性過形成は，非常にまれな疾患である.

　b．犬の肝細胞癌の原因は，ウイルス性肝炎のことが多い.

　c．犬の肝細胞癌の治療は，化学療法が第一選択である.

　d．犬の肝細胞癌は外科的切除ができれば，比較的予後は良い.

　e．犬の肝臓の結節性過形成は，黄疸が出ることが多い.

消化器病学

第9章 膵外分泌の疾患【アドバンスト】

一般目標：膵外分泌疾患について病態生理，症状，診断法ならびに治療法を学ぶ．

9-1 膵 炎

到達目標：犬と猫の膵炎の原因，病態，診断法および治療法を説明できる．
キーワード：膵炎，急性膵炎，播種性血管内凝固（DIC），嘔吐，下痢，腹痛，膵リパーゼ免疫
活性（PLI）

【病態および原因】

　さまざまな疾患，薬剤，病態等が犬の膵炎の危険因子としてあげられている．その中でも高脂血症や高脂肪食は犬の膵炎に関与している可能性がかなり高いと考えられている．このほか糖尿病，副腎皮質機能亢進症，胃腸・胆道系疾患，外傷・術後，高カルシウム血症等も危険因子として示唆されている．猫の膵炎の直接的な原因は明らかではないが，胆管炎や腸炎等とともに発病する三臓器炎の考え方があり，相互に発症が関連している可能性がある．

　原因の如何にかかわらず，急性膵炎は膵臓内におけるチモーゲン（酵素前駆体）の不適切な活性化と，これに起因する膵臓組織の自己消化の結果として起こると考えられている．膵臓内での膵酵素の活性化に続いて，膵臓の炎症および壊死が起こり，腹腔内や脈管内に膵臓の消化酵素が漏出する．その後広範囲に炎症が進行し，重症例では播種性血管内凝固（DIC），ショックおよび多臓器不全が引き起こされる．

【症 状】

　犬の膵炎の主な臨床徴候としては食欲不振，嘔吐，衰弱，下痢等が多く，半数以上では腹痛もみられる．一方，猫では犬に比較して嘔吐や腹痛等が少なく，元気消失，食欲不振，脱水等の非特異的な症状が多い．また，犬では膵炎による肝外胆管閉塞が多いため，黄疸の頻度も少なくない．膵炎は併発・基礎疾患が存在することも多いので，症状は必ずしも典型的でない可能性もある．

【診 断】

　血液一般検査は非特異的で，生化学検査では肝酵素値やビリルビン，BUN の上昇が認められることが多く，肝疾患との鑑別が重要となる．犬や猫では従来の血中のアミラーゼやリパーゼ活性は膵臓に対する特異度が低いため，現在はあまり用いられていない．膵リパーゼ免疫活性（PLI）は抗体を用いた免疫学的手法で膵臓のリパーゼだけを測定するように開発された検査法であり，最も信頼性の高い検査とされている．生化学的にリパーゼ活性を測定する方法についても，基質を検討することによって膵リパーゼに対する特異性を向上させた新しい活性測定法が開発され臨床応用されている．

　X 線検査では膵炎の診断は困難であるが，超音波検査は膵炎の診断補助として有用なことが多い．重度膵炎の場合には，膵臓は腫大し低エコー源性を呈すること，辺縁が不整になること，膵臓周囲の脂肪が高エコー源性を呈すること，等の特徴的な所見が見られる．

　組織学的に膵炎を検出，診断することが確実と考えられるが，病変が局在していることも多く，膵臓

第9章　膵外分泌の疾患　　173

の一部を生検することでは膵炎を診断することが困難なことから，実際には膵生検は行われないことも
多い．

【治療】

犬の膵炎の治療は，基本的に支持療法であり，①十分な輸液，②鎮痛薬を用いた疼痛管理，③制吐薬
の投与，等があげられる．鎮痛薬としてブプレノルフィンやフェンタニル等の使用が考慮され，制吐
薬としてはその強い制吐作用から近年はマロピタントが用いられることが多い．犬の膵炎は細菌感染が原
因である可能性がほとんどないことから，抗菌薬の意義が明らかではない．猫の膵炎でも犬と同様の薬
物治療が考慮されるが，鎮痛薬は用いられないことも多い．

以前は犬の膵炎は絶食絶水が指示されることが多かったが，近年は少なくとも絶食を長期間継続する
ことは望ましくなく，生命の危険がなければなるべく早期に経口給餌を開始することが望ましいと考え
られている．この際，犬は低脂肪食が望ましいが，猫では脂肪と膵炎との関連性が指摘されておらず，
維持食で十分との考え方が主流である．

このほか，副腎皮質ステロイド薬，膵酵素を抑制するための蛋白分解酵素阻害薬，血漿輸血，膵炎時
の DIC の治療および予防のためのヘパリン製剤，等の効果については十分検討されておらず，個々の
獣医師の判断に委ねられる．

9-2　膵外分泌不全症

到達目標：膵外分泌不全症の原因，病態，診断法および治療法を説明できる．
キーワード：膵外分泌不全症（EPI），慢性膵炎，体重減少，脂肪便，トリプシン様免疫活性（TLI），
　　　　　消化不良，膵消化酵素製剤

【病態および原因】

膵外分泌不全症（exocrine pancreatic insufficiency，EPI）は膵臓から消化管へ分泌される消化酵素が
減少することで生じる，消化吸収不良性疾患である．中年齢の犬で多く見られ，膵臓の膵腺房細胞が萎
縮することによる消化酵素の不足が主な病因とされているが，犬および猫ともに慢性膵炎に続発するこ
とも知られている．膵臓腫瘍も原因となり得るがきわめてまれである．

【症　状】

典型的な症状は，削痩，体重減少および小腸性下痢であり，元気はあり，食欲は亢進していることが
多い．糞便は脂肪便で色味の薄い酸臭を呈することが多く，動物が糞食や異嗜を示すこともある．

【診　断】

消化あるいは吸収不良を呈する可能性のある消化管内寄生虫，慢性腸炎等のほか糖尿病や猫の甲状腺
機能亢進症が鑑別としてあげられる．糞便の未消化物検査では脂肪滴やでんぷん顆粒等が見られること
がある．膵外分泌不全の際には，膵臓の消化酵素の産生が低下するが，血中のトリプシン様免疫活性（TLI）
は EPI の診断に対して感度・特異度の高い検査である．

【治　療】

膵臓の消化酵素分泌の低下が消化不良の原因であることから，食餌とともに経口的に膵消化酵素製剤
を投与することが治療の中心となる．高力価の豚由来の膵消化酵素製剤（パンクレリパーゼ）や微生物
由来の消化酵素を混ぜた合剤等が利用可能である．膵外分泌不全ではコバラミン不足や小腸内細菌過剰

消化器病学

174　　第 9 章　膵外分泌の疾患

増殖を併発することがあるため，治療初期にコバラミンを非経口的に補給したり，メトロニダゾール等の抗菌薬を投与する等の補助療法が必要となる場合がある．治療は生涯にわたって消化酵素の補給が必要となるが，体重が維持できれば多くの場合予後は良好である．

《演習問題》（「正答と解説」は 184 頁）

問 1. 犬と猫の膵炎に関する以下の記述のうち，正しいものを選びなさい．

　ａ．犬も猫もほとんどの症例で嘔吐や腹痛が認められる．

　ｂ．血液化学検査では，肝酵素値やビリルビンの上昇が見られることが多い．

　ｃ．膵アミラーゼ免疫活性は従来のアミラーゼやリパーゼ活性よりも感度・特異度に優れている．

　ｄ．膵臓の超音波検査は犬猫ともに実施困難で，有用ではない．

　ｅ．積極的な抗菌薬投与以外が最も有効である．

問 2. 膵外分泌不全に関する以下の記述のうち，誤っているものを選びなさい．

　ａ．食欲はあるものの，体重減少，削痩が主な症状である．

　ｂ．糞便はやや白味がかっており，未消化物が多い．

　ｃ．血中のトリプシン様免疫活性を測定することで，診断が可能である．

　ｄ．食餌とともに膵消化酵素製剤を投与することが治療の中心である．

　ｅ．多くは削痩が改善せず，予後は不良である．

参考図書

1. 日本獣医内科学アカデミー編（2014）：獣医内科学 第2版, 文永堂出版.

2. Bonagura,J.D.（2014）：Kirk's Current Veterinary Therapy XV, Samll Animal Practice, Elsevier.

3. Cohn,L. et al.（2019）：Clinical Veterinary Advisor: Dogs and Cats, 4th .ed., Elsevier.

4. Ettinger,S.J. et al.（2016）：Textbook of Veterinary Internal Medicine, 8th ed., Elsevier.

5. Fossum,T.W.（2013）：Small Animal Surgery, 4th ed., Elsevier.

6. Greene,C.E.（2012）：Infectious Diseases of the Dog and Cat, 4th ed., Elsevier.

7. Hermanson,J.W. et al.（2019）：Miller's Anatomy of the Dog, 5th ed., Elsevier.

8. Tilley,L.P. et al.（2015）：Blackwell's Five-Minute Veterinary Consult: Canine and Feline, 6th ed., Wiley-Blackwell

9. Nelson,R.W. et al.（2014）：Small Animal Internal Medicine, 5th ed., Elsvier.

10. Plumb,D.C.（2018）：Plumb's Veterinary Drug Handbook, 9th ed., Wiley-Blackwell

11. Tams,T.R.（2003）：Handbook of Small Animal Gastroenterology, 2nd ed., Elsevier.

12. Washabau,R.J. et al.（2013）：Canine & Feline Gastoroenterology, Elsevier.

13. Withrow,S.J. et al.（2012）：Small Animal Clinical Oncology, 5th ed., Elsevier.

正答と解説

内科学総論

第1章

問1：e
  a．飼い主に理解できるように説明する．
  b．デメリットもていねいに説明する必要がある．
  c．男女差，年齢差を考慮して，それぞれに適合した説明を行う．
  d．病院の経営状況は無関係．

問2：d
  プライバシーの保護は重要であるが，獣医師の説明と飼育者の同意が基本であるので，プライバシー保護はインフォームド・コンセントの概念とは直接関係がない．適切な説明と情報提供，選択肢の提示，理解と納得，必要経費の説明等はインフォームド・コンセントの基本事項である．

問3：e
  a．診療内容に関するていねいな説明．
  b．診療内容の記録と保管．
  c．獣医師自身の健康管理は必要かつ適切な事項である．
  d．とe．あくまでも診療者と飼育者が合意のうえで診療を進めるべきであるが，獣医療においては飼育者の意思が優先されるべきである．

第2章

問1：d
  a．それぞれの記録簿を作成する．
  b．それぞれの個体識別が必要．
  c．家族性の疾患を疑う場合等，血縁動物に関する情報が必要．
  e．馬の場合に用いられる．

問2：c
  a．複数のこともある．
  b．重要である．
  d．寄生虫の予防歴や細菌に対する予防歴も必要である．
  e．内分泌疾患等による皮膚の症状もあるので，皮膚以外の症状の有無や性周期に関する情報も重要である．

第3章

問1：a
  水和状態の重要な臨床所見は，皮膚の弾力性，皮温，毛細血管再充満時間，眼球陥没の状態，口腔粘膜等の湿潤度である．可視粘膜の色調は，貧血，赤血球増加症，チアノーゼ，黄疸の診断に有用である．

178　　正答と解説

問2：e

創傷性心膜炎では，心膜腔内に炎症性滲出液が貯留（心タンポナーゼ）し，心臓が拡張障害に陥るため，うっ血が生じ，頚静脈の怒張および拍動が発現する．

問3：d

牛，馬，豚には腸骨下リンパ節が存在するが，犬や猫等の肉食類では欠く．

第4章

問1：c

第5章

問1：d

無菌的に採尿できるため．

呼吸循環器病学

第1章

問1：c

Ⅱ型肺胞上皮細胞は表面活性剤を分泌して表面張力を低下させ，肺胞の拡張に関与している．呼吸細気管支の移行部にあるクララ細胞も界面活性物質を分泌する．

問2：a

動脈血二酸化炭素分圧の増加，動脈血酸素分圧の低下，アシドーシス，発熱および運動は換気を促進する．

問3：e

咳受容体は気管・気管支，咽喉頭，鼻腔・副鼻腔，胸膜，心膜，縦隔，横隔膜に存在するが，呼吸細気管支と肺実質には咳受容体がない．

問4：b

　a．振盪音
　c．乾性ラッセル
　d．捻髪音
　e．胸膜摩擦音

第2章

問1：c

　a．猫ヘルペスウイルスも原因ウイルスである．
　b．粘液性あるいは膿性の鼻汁である．
　d．伝染性気管気管支炎により急性喉頭炎が生じる．
　e．本症は原因不明の非感染性疾患である．

問2：d

　a．猫でも発症する．
　b．無色透明な水様性の鼻汁である．

c．猫の鼻腔内腫瘍では悪性リンパ腫の発生率が最も高い．

e．歯牙疾患により鼻炎が生じ出血することがある．

第3章

問1：d

血中の好酸球増加症はみられないこともある．

問2：c

頚部気管虚脱では吸気相に虚脱を認め，呼気相では拡張がみられる．胸部気管虚脱では吸気相は正常様の気管であり，呼気相で気管または気管支虚脱が認められる．

第4章

問1：c

a．呼吸器に分布のよい抗菌薬はテトラサイクリン系，マクロライド系，キノロン系である．

b．細菌性肺炎と同じ治療を行う．

d．再発を繰り返すため基礎疾患の治療が必要である．

e．まれに非心原性の肺水腫となる．

問2：d

a．上部気道疾患や神経疾患等によっても生じることがある．

b．血漿様の淡赤色ないしピンク色の液体である．

c．努力呼吸または呼吸困難となる．

e．低酸素血症となる．

第5章

問1：e

乳白色または桃色を帯びた乳白色を呈し，総蛋白量 2.5 g/dL 以上，有核細胞数 6,000 〜 7,000/μL 程度であり，変性漏出液に類似する．初期にはリンパ球が主体であり，その後は持続的なリンパ球の喪失にかわって，好中球が主体となる．乳びの診断の追加検査として，胸膜液と血清のトリグリセリドおよびコレステロール濃度，胸膜液の脂肪滴確認（スダンⅢ染色）とエーテルクリアランス試験等がある．乳びの場合，トリグリセリド濃度は血清より胸膜液の方が高い．

問2：c

最も多い縦隔腫瘍はリンパ腫である．

第6章

問1：d

a．駆出期は動脈弁が開いてから閉鎖するまでである．

b．等容弛緩期は動脈弁が閉鎖し房室弁が開放するまでである．

c．正常な心臓では前負荷の増大に伴い心拍出量も増加する．

e．収縮能が低下した心臓でも前負荷の増大によりわずかであるが心拍出量も増加する．

問2：c

a．肺水腫に伴う気管支浮腫により発咳が誘発される．

b．心不全では呼吸困難を示すことが多い．

d．中心性チアノーゼは肺への血行障害，肺でのガス交換異常および動脈血と静脈血の混合が原因となる．

e．心不全や不整脈により重度の心拍出量の低下が起こると失神を示すことがある．

第7章

問1：c

a．p 波－心房収縮

b．QRS －心室収縮

d．僧帽性 P 波－左心房拡大

e．第Ⅰ度房室ブロック－ PR 間隔の延長

問2：b

僧帽弁閉鎖不全の胸部 X 線画像．右心室拡大，左心房（心耳）拡張，左心室拡大が認められる．

第8章

問1：d

d 以外は心不全の定義に当てはまらない．

問2：c

交感神経系は活性化しているため，心拍数は上昇していることが多い．

第9章

問1：a

犬における第3度房室ブロックでは突然死がよくみられる．薬物にも反応がないことが多い．

問2：b

b は抗コリン薬．

第10章

問1：a

肺高血圧を呈するので，右室肥大が生じる．

問2：a

右房圧は重度で上昇．b の記載は逆．c は収縮期逆流性ではなく拡張期性雑音．主病変の心雑音は収縮期駆出性雑音．主肺動脈は狭窄後部拡張．

第11章

問1：d

a．僧帽弁閉鎖不全症では重度な病態になるまで収縮性の低下は起こらない．

b．左房のコンプライアンスが低下すると左房圧は上昇する．

c．逆流量の増加に伴い前負荷は増大する．

正答と解説　181

　　e．心房細動を発症すると心房のブースターポンプ機能がなくなるため心拍出量は減少する．

問2：c

　　a．僧帽弁逆流に伴い全収縮期雑音が聴取される．

　　b．心拍出量の減少に伴い大腿動脈の脈圧は減弱する．

　　d．心電図のP波の増高は右房拡大所見であり，僧帽弁閉鎖不全症では左房拡大を示唆するP波の
　　　持続時間の延長がみられることが多い．

　　e．心エコー図検査ではカラードプラ法等により逆流の程度の評価が可能である．

第12章

問1：e

　　a．拡張型心筋症は左室の収縮不全と拡張が特徴である．

　　b．拡張型心筋症は大型犬の純血種に多い．

　　c．肥大型心筋症は左室の肥大と内腔の狭小化が特徴である．

　　d．肥大型心筋症では動脈血栓塞栓症を起こすことがある．

問2：b

　　a．少量であっても急激に心膜液が貯留すると心膜腔内圧が上昇し心タンポナーデを引き起こす．

　　c．QRS群の低電位化や電気的交互脈がみられることがある．

　　d．心拍出量の低下のため失神や虚脱を起こすことがある．

　　e．心拍出量の低下により血圧は低下する．

第13章

問1：b

　　犬糸状虫第1期子虫は蚊の体内で第3期子虫（感染子虫）に発育するので，蚊は中間宿主となる．

問2：e

　　肝臓酵素活性は病勢診断に用いられる．胸部X線検査は，犬糸状虫寄生を直接診断できないが，寄
　　生を推定できる．

消化器病学

第1章

問1：e

　　メレナは上部消化管における比較的多い量の出血によって生じ，大腸からの出血ではメレナにはな
　　らない．

第2章

問1：e

　　a．胆管閉塞等により胆汁が消化管内に排泄されていないと便は白色になる．

　　b．便中に脂肪が多く含まれていると，便自体の色が淡い感じとなり，黄色を呈することがある．

　　c．消化管の運動が亢進している場合，緑色の便が観察されることがある．

　　d．健常の便は茶色～茶褐色を呈する．

182   正答と解説

問2：d

　超音波検査で消化管は，内腔側から粘膜面，粘膜，粘膜下織，筋層，漿膜の5層が観察される．

第3章

問1：a

　　b．歯肉炎から歯周炎に進行する．

　　c．大きな歯の抜歯時には，歯肉粘膜フラップ形成術が必要となることがある．

　　d．乳歯晩期残存は犬歯に多くみられる．

　　e．内胚葉ではなく外胚葉由来である．

問2：e

　　a．穿刺だけでは治癒は期待できない．

　　b．ステロイド剤の投与は浮腫の軽減に有効かもしれないが，完治には至らないため外科的介入が必要である．

　　c．口蓋裂は6～8週齢時に外科的に治療する．

　　d．猫ではまれで，犬に多い．

第4章

問1：c

　食道炎は麻酔中の逆流によるものが多く，加熱した食物はまれである．狭窄部は造影しないと描出できないことが多い．犬の巨大食道症は特発性が最も多い．食道裂孔ヘルニアは無症状あるいは間歇的症状であることが多く，緊急手術になることが少ない．

第5章

問1：a

　線維含有量が多いと，消化率が下がり，胃排泄遅延になりやすい．異物の形状によっては催吐困難な場合や催吐が危険なこともある．胃潰瘍の治療において，悪化要因である副腎皮質ステロイド薬の使用は好ましくない．胃腺癌は完全切除できることは少なく，予後不良のことが多い．

第6章

問1：c

　パルボウイルス性腸炎では，白血球数が著明に減少することが一般的である．

問2：d

　食餌反応性腸症の試験的治療としては，新奇蛋白食や加水分解食等の低アレルギー食や，大腸性下痢では高繊維食も考慮される．このほか使用されていなければ，高消化性の低残渣食が用いられることもある．低蛋白食については慢性腎臓病や肝性脳症の時に考慮されるが，慢性腸症では使用されることはない．

問3：c

　　a．PLEは猫よりも圧倒的に犬に多い病態である．

　　b．軽度の低アルブミン血症は低栄養をはじめとするさまざまな疾患で認められるが，腹水貯留を引

き起こすことはほとんどない.

 d．低アルブミンに対する輸血等の補充療法は効果が不十分で，一般的には行われない.

 e．特にリンパ管拡張症では高脂肪食を避ける必要があり，一般的に PLE に高脂肪食が処方されない.

問4：c

 a．犬よりも猫に多く認められる.

 b．細い糸が腸穿孔をしばしば引き起こし，重篤な腹膜炎につながる場合がある.

 d．内視鏡では線状異物を完全に除去することは困難であり，穿孔の併発もあるため，一般的には手術が実施される.

 e．先端が小腸内に進入している場合には手術以外の選択肢はない.

第7章

問1：b

a．細菌性腹膜炎の腹水は滲出液であることが多い.

c．癌性腹膜炎では，シスプラチン等の抗癌剤を用いるが，細菌性腹膜炎では用いない.

d．癌性腹膜炎の治療で腹膜洗浄はほとんど意味がない．細菌性腹膜炎の治療では用いられる.

e．癌性腹膜炎は，予後不良の疾患である.

第8章

問1：c

 a．アデノウイルスⅠ型は，犬の伝染性肝炎の原因ウイルスである.

 b．慢性肝炎によって門脈高血圧が引き起こされることがあるので，腹水は比較的よく認められる.

 d．コルチコステロイドは，一般的によく用いられる薬剤である.

 e．慢性肝炎は，犬で認められる肝疾患であり，猫ではまれである.

問2：d

 a．コレステロール胆石ではなく色素系胆石が多く認められる.

 b．胆嚢粘液嚢腫の治療は，内科療法ではほとんど効果がなく，外科療法が行われる.

 c．好中球性胆管炎の治療は，抗菌薬が主体である.

 e．胆嚢粘液嚢腫は，ムチンの過剰分泌による胆嚢内の蓄積が原因である.

問3：a

 b．先天性門脈体循環シャントでは，通常腹水は認められない.

 c．外科療法が一般的に行われる.

 d．後天性門脈体循環シャントは，多発性の細いシャント血管を形成する.

 e．後天性門脈体循環シャントの診断に CT 検査は最適ではない.

問4：e

 a．肥満傾向の猫での発症が多い.

 b．2週間以上持続する食欲不振が原因になることが多い.

 c．ALT の上昇より ALP の上昇が顕著である.

 d．黄疸（高ビリルビン血症）が認められることは多い.

問5：d

a．結節性過形成は，老齢犬では高率に認められる．

b．ヒトと違い，原因は不明である．

c．化学療法は，ほとんど効果的ではない．

e．一般的に肝機能は低下しないので黄疸（高ビリルビン血症）が認められることはない．

第9章

問1：b

a．猫では嘔吐や腹痛はあまり認められない．

c．膵リパーゼ免疫活性が現在最も感度・特異度に優れている．

d．膵臓の超音波検査は診断補助として用いられている．

e．犬や猫の膵炎に対する抗菌薬の効果については疑問視されている．

問2：e

膵外分泌不全は，消化酵素製剤を十分に投与していれば，多くの場合，速やかに体重増加し予後も良好であることが多い．

索　引

外国語索引（アルファベット順）

A

ACE　39
ACVIM　81
ADH　78
AECC　56
ALI/ARDS　56
antibiotic-responsive
　　enteropathy　152
APSS　167
ARE　152
auscultation　20

B

bacterial pneumonia　53
BCS　16

C

Campylobacter jejuni　149
caval syndrome　113
CBC　27
Clostridium perfringens　149
CPSS　167
CPV　149

D

DIC　172
Dirofilaria immitis　112
dirofilariasis　112

E

EBM　3
EPI　173
Evidence-based medicine　3
exocrine pancreatic
　　insufficiency　173

F

FCoV　148
FCV　43
FECV　148
feline viral upper respiratory
　　disease　43
FHV　43
FIPV　148
FNA　29，131
food-responsive enteropathy
　　151
FPV　148
FRE　151
FRV　43

G

GDV　145
general condition　14

I

IBD　153
inflammatory bowel disease
　　153
inspection　14

L

LMN　23

M

mental status　22

P

palpation　19
PCO$_2$　37
percussion　20

PLE

PLE　154
PLI　172
POMR　25
posture　22
PRAA　137
problem-oriented medical
　　record　25
protein losing enteropathy
　　154
pulmonary edema　56
pulmonary emphysema　57
pulmonary heartworm disease
　　113
pulmonary thromboembolism
　　58

R

RAS　79
Reversed PDA　92

S

Salmonella Typhimurium　149
secreted material　17
SOAP　26
spinal reflexes　23

T

TLI　173

U

UMN　23

V

viral pneumonia　53
visible mucous membrane　17
vital sign　14

日本語索引（五十音順）

あ

アイゼンメンガー症候群　92, 96, 98
アダムス・ストークス症候群　69
圧迫排尿　27
アレルギー性疾患　50
アレルギー性肺炎　53, 54
アレルギー性鼻炎　45
アンジオテンシン変換酵素　39

い

胃　21, 120
　－の腫瘍　146
　－のびらん　143
胃潰瘍　143
胃拡張　145
胃拡張捻転症候群　145
意識状態　22
異常呼吸　40
異所性刺激生成異常　84
一般性状検査　29
胃底腺　120
遺伝子検査　30
遺伝性銅中毒　165
胃内異物　144
犬
　－の鼻腔内アスペルギルス症　44
　－の慢性気管支炎　49
犬糸状虫　112
犬糸状虫症　112
犬伝染性気管気管支炎　49
胃排出障害　143
異物　156
イベルメクチン　115
イレウス　155
陰茎　22
咽頭　33
咽頭炎　133
咽頭嚥下障害　134
陰嚢　22
インフォームド・コンセント　3

う

ウイルス性腸炎　148

ウイルス性肺炎　53, 54
右－左短絡　37
右心不全　68, 78
うっ血性心不全　101
Wolff-Parkinson-White 症候群　89
運動器　12
運動不耐性　68

え

X 線検査　130
エナメル質低形成　133
エマージェンシー　14
M モード法　77
嚥下困難　123
炎症性腸疾患　153, 154

お

黄疸　127
嘔吐　124
往復雑音　72
オカルト感染　113

か

外陰部　22
下位運動ニューロン　23
咳嗽反射　40
回虫　150
回腸　120
外部生殖器　22
科学的根拠　3
拡張型心筋症　105
拡張期　66
拡張期雑音　72
可視粘膜　17
過剰心音　71
ガス交換　36
家族歴　9
カテーテル採尿　27
カテーテル治療　93
カテーテル法　95
化膿性腹膜炎　162
加湿機能　38
下部食道括約筋　136
カラードプラ法　77
カルテ　25
肝炎　164
換気調節　37
換気量　36

き

肝細胞癌　169
肝性脳症　123
癌性腹膜炎　163
乾性ラッセル　41
関節　22
肝臓　21, 121
肝臓腫瘍　169
カンピロバクター症　149
肝リピドーシス　168

既往歴　9
期外収縮　85
機械的イレウス　155
気管　34
気管・気管支炎　49
気管虚脱　18, 51
気管支　34
気管支拡張症　52
気管支呼吸音　41
気管支循環　35
気胸　61
寄生虫性腸疾患　150
気道径　39
機能的イレウス　155
脚ブロック　89
ギャロップリズム　71
QRS 群　73
吸引性肺炎　53, 55
吸収　121
給水　8
急性胃炎　141
急性肝炎　164
急性心不全　78, 80
急性膵炎　172
急性中毒性肝症　164
QT 時間　73
胸式呼吸　40
胸水　60
胸水貯留　60, 68
胸部　20
胸部 X 線検査　74, 103
胸部打診　41
胸膜腔　34
胸膜滲出　60
胸膜摩擦音　41
巨大結腸症　158
巨大食道症　138
筋　22

く

空腸　120
クロストリジウム症　149

け

頚静脈怒張　56
頚静脈の拍動　19
頚部　18
血液ガス分圧　38
血液供給　121
血液検査　27, 130
血液生化学検査　27
血管輪異常　98, 137
血胸　60
結節性過形成　170
血便　125
血様下痢　125
下痢　124
腱索断裂　100
原虫類　151
原発性肝臓腫瘍　169
顕微鏡検査　28
現病歴　10

こ

コアニードル生検　30
高アンモニア血症　167
口蓋裂　134
交感神経系　78
抗菌薬反応性腸症　152
口腔　18, 119
口腔内腫瘍　134
口腔鼻腔瘻　132
抗原検出　30
拘束型心筋症　107
抗体検出　30
鉤虫　150
好中球性胆管炎　165
後天性門脈体循環シャント
　　167
喉頭　34
行動　22
喉頭麻痺　47
咬耗　133
肛門周囲フィステル　159
肛門周囲瘻　159
肛門嚢炎　160
誤嚥性肺炎　138
呼吸運動　36
呼吸音　20
呼吸器　11

―の機能　36
―の構造　33
呼吸困難　41, 67, 138
呼吸数　15, 40
呼吸性アシドーシス　37
呼吸性アルカローシス　37
呼吸中枢　37
呼吸様式　40
呼吸リズム　37
コクシジウム症　151
個体識別　7
鼓腸　126
骨格　22
根尖周囲病巣　132
コントラストエコー法　98
コンプライアンス　100

さ

サーファクタント　39
細気管支　35
細菌性下痢　129
細菌性腸炎　149
細菌性肺炎　53
細菌性鼻炎　43
細菌性腹膜炎　162
細針吸引　29
細針吸引生検　131
採尿方法　27
細胞診　29
左心不全　78
左側第四肋間開胸法　92
左−右短絡　98
サルモネラ症　149
三尖弁異形成　97
酸素　38

し

ジアルジア症　151
飼育環境　8
C 線維　39
子宮　21
シグナルメント　7
刺激伝導系　65
歯原性嚢胞　133
歯質吸収病巣　133
歯周炎　132
視診　14
歯髄炎　132
姿勢　22
姿勢反応　23
歯石除去　132
自然排尿　27

舌　119
失神　69
湿性ラッセル　41
歯肉炎　132
歯肉口内炎　133
しぶり　125, 126
脂肪便　173
シャント　37
縦隔　34
縦隔気腫　63
縦隔腫瘍　62
収縮期　66
収縮期雑音　72
十二指腸　120
主訴　6, 10
循環器　11
　　―の機能　65
　　―の構造　65
上位運動ニューロン　9
消化管
　　―の機能　119
　　―の構造　119
消化管腫瘍　157
消化管穿孔　162
消化管内寄生虫　129
消化管内原虫　129
消化器　11
消化器型リンパ腫　154, 157
上室頻拍　86
条虫　150
小腸　21, 120
小腸性下痢　124
上部気道　43
食餌反応性腸症　151
触診　19, 23
食道　119
食道炎　136
食道狭窄　137
食道筋層　120
食道平滑筋　120
食道裂孔ヘルニア　139
食物　8
食欲不振　122
除塵機能　39
自律神経　38
自律神経活動　66
心エコー図検査　103
心音　70
心音異常　70
心音図　73
心カテーテル検査　73
心機能曲線　67, 79

心胸郭比　76
心筋炎　108
心筋細胞　65
心筋症　105
真菌性肺炎　53
真菌性鼻炎　44
神経系　12, 22
心雑音　70, 72
心室期外収縮　86
心室細動　88
心室早期興奮症候群　89
心室粗動　88
心室中隔欠損　95
心室頻拍　87
心周期　66
滲出液　61, 127
滲出液貯留疾患　60
滲出物　53
心臓　65
腎臓　21
心臓のサイズ　76
心臓リモデリング　81
心濁音界　20
心タンポナーデ　109
心電図　73
心内圧　73
心拍数　14
心不全　78
心不全分類　81
心房期外収縮　86
心房細動　73, 101
心房粗動　87
心房中隔欠損　96
心膜液貯留　109
診療記録　25
診療の流れ　6

す

膵液　122
膵炎　172
膵外分泌不全　122
膵外分泌不全症　173
水胸　60
膵消化酵素製剤　173
膵臓　121
膵リパーゼ免疫活性　172
水和状態　15
スタンプ　29

せ

生検　131
正常心電図　73

正常洞調律　84
精巣　22
成虫駆除　114
成虫抗原検出　113
咳　40, 67
脊髄反射　23
赤血球増加症　65
説明と同意　3
セラメクチン　115
繊維反応性大腸性下痢　152
腺癌　146
全血球算定　27
全収縮期雑音　102
全身状態　14
蠕虫類　150
先天性心疾患　91
先天性門脈体循環シャント
　　167
蠕動運動　121
前立腺　21

そ

僧帽弁異形成　98
僧帽弁逆流　100
僧帽弁閉鎖不全　100
組織球性潰瘍性結腸炎　150

た

体温　14
体腔液の検査　130
代謝性アシドーシス　37
代謝性アルカローシス　37
体重　16
代償性心肥大　80
大静脈症候群　113
大腸　121
大腸菌　150
大腸性下痢　124
大動脈狭窄　94
体表リンパ節　19
唾液腺囊胞　133
唾液粘液囊胞　133
唾液粘液瘤　133
多食　122
打診　20
多頭飼育　8
胆管炎　165
胆汁　121
胆石症　166
断層心エコー図検査　77
短頭種気道症候群　45
胆囊　121

胆囊炎　166
胆囊粘液囊腫　166
タンパク喪失性腸症　127
蛋白喪失性腸症　154
短絡率　74

ち

チアノーゼ　68, 97
知覚検査　23
知性　22
超音波検査　131
腸管の蠕動音　21
腸重積　156
聴診　20, 21, 70
腸腺癌　157
腸閉塞　155
腸リンパ管拡張症　154
直腸脱　159
直腸ポリープ　158
治療計画　3, 4
治療方針　4

つ

椎骨心臓スケール　76

て

低アルブミン血症　127
T波　73
デルタ波　90
転移性肝臓腫瘍　169
電気的除細動　87

と

頭頚部　10
洞調律　84
洞頻脈　84
頭部　17
洞不全症候群　90
洞房結節　84
洞房ブロック　88
動脈管開存　91
動脈血血液ガス　37
特発性巨大食道症　139
吐出　123
ドプラ法　77
トリコモナス症　151
トリプシン様免疫活性　173

な

内視鏡下生検　131
内視鏡検査　131
ナトリウム利尿ペプチド　79

軟口蓋過長症　134

に

肉芽腫性結腸炎　150
二酸化炭素　38
二酸化炭素分圧　37
二次性心筋疾患　108
乳歯遺残　132
乳歯晩期残存　132
乳び胸　60，61
尿検査　27，130
尿沈渣　28

ね

猫
　　―のウイルス性上部気道感染
　　　症　43
猫カリシウイルス　43
猫コロナウイルス感染症　148
猫喘息　50
猫腸コロナウイルス　148
猫伝染性鼻気管炎ウイルス
　　43
猫伝染性腹膜炎　148
猫ヘルペスウイルス　43
熱交換機能　38
粘液腫様変性　101

の

膿胸　60，61
脳神経機能検査　23
ノッチ　90
呑気　127

は

肺　34
　　―の免疫機構　39
肺炎　53
肺音　41
肺気腫　57
肺血栓塞栓症　58
肺コンプライアンス　36
肺循環　35
肺水腫　56，100
バイタルサイン　14
肺動脈寄生症　113
肺動脈狭窄　92
排尿機能　24
肺表面活性物質　39
排便困難　126
肺胞　35
肺胞気　37

肺胞性呼吸音　41
肺胞内圧　36
肺容積　36
破歯細胞性吸収病巣　133
播種性血管内凝固　172
バソプレシン　78
抜歯　132
鼻　18
バルーン拡張術　137
パルボウイルス感染症　141，
　　148
反応性肝炎　164

ひ

P-R（Q）時間　73
P 波　73
B モード法　77
鼻炎　46
皮下　20
鼻腔　33
鼻腔内異物　46
鼻腔内腫瘍　46
鼻腔　34
微生物検査　30
脾臓　21
肥大型心筋症　106
泌尿生殖器　11
皮膚　12，20
病歴　10
ビリルビン濃度　127
鼻漏　39
頻呼吸　67

ふ

ファロー四徴症　93，97
腹囲膨満　145
副雑音　41
腹式呼吸　40
腹水　127
腹水検査　163
腹水貯留　68
腹部　21
腹部膨満　21，127
腹膜炎　127
腹鳴　126
不随意運動　23
不整脈　84，90
不整脈原性右室心筋症　108
フランク - スターリング機構
　　78
フランク - スターリングの法則
　　67

ブロック法　94
糞線虫　150
分泌物　17
糞便検査　28，129
噴門腺　120

へ

平均電気軸　73
ペットフード　8
ヘパリン　27
便失禁　126
鞭虫　150
便秘　125，158

ほ

膀胱　21
膀胱穿刺　27
房室ブロック　89
包皮　22
補充収縮　84
補充調律　84
発疹　20
ボディコンディションスコア
　　15，16
歩様　23
奔馬調律　71

ま

膜性糸球体腎炎　113
慢性胃炎　142
慢性肝炎　164
慢性心不全　78，81
慢性膵炎　173
慢性腸症　153

み

右第四大動脈弓遺残　137
ミクロフィラリア　112，113
ミクロフィラリア駆除　115
ミルベマイシン　115

む

ムチン　166

め

眼　17
メラルソミン　115
メレナ　125

も

モキシデクチン　115
問診　6，7

問題志向型システム　25
問題志向型診療記録　25
門脈高血圧　167

ゆ

誘導法　73
幽門腺　120

よ

予防歴　9

ら

ラッセル音　41

り

理学的検査　28
流涎　123
輪状咽頭アカラシア　134
リンパ球性胆管炎　165
リンパ腫　157
リンパ節　19

れ

レニン・アンジオテンシン・ア
　ルドステロン系　78
連続性雑音　72, 92

ろ

漏出液　61
漏出液貯留　127

わ

ワクチン　9

コアカリ 獣医内科学 I　　　　　　　　　　定価（本体 3,500 円＋税）

2019 年 9 月 20 日　初版 第 1 刷発行	＜検印省略＞
2021 年 8 月 12 日　初版 第 2 刷発行	

編　集　コアカリ獣医内科学編集委員会
発行者　福　　　　　毅
印　刷　株 式 会 社 平 河 工 業 社
製　本　株 式 会 社 新 里 製 本 所
発　行　文 永 堂 出 版 株 式 会 社
〒 113-0033　東京都文京区本郷 2 丁目 27 番 18 号
TEL 03-3814-3321　FAX 03-3814-9407
URL https://buneido-shuppan.com

© 2019　コアカリ獣医内科学編集委員会

ISBN　978-4-8300-3275-2 C3061

コアカリ 獣医臨床繁殖学

獣医繁殖学教育協議会 編
B5 判，200 頁
定価（本体 3,800 円＋税）
共用試験に対する準備として必要な基本的項目に記述を絞りつつ、必要に応じて今の獣医学生や臨床家が知っておくべき最新の情報も掲載。カラー口絵付き。

コアカリ 獣医臨床腫瘍学

廉澤　剛、伊藤　博 編
B5 判、184 頁
定価（本体 3,800 円＋税）
臨床腫瘍学を体系的に学べるように編集。「読破し理解していただければ、臨床で腫瘍を診るための基礎を十分に身につけることができます（序文より）。」

コアカリ 産業動物臨床学

コアカリ獣医内科学
（産業動物臨床学）編集委員会 編
B5 判，176 頁
定価（本体 3,300 円＋税）
産業動物臨床において必要不可欠なことをコンパクトにまとめました。基礎から学ぶに最適の 1 冊です。

コアカリ 動物衛生学

獣医衛生学教育研修協議会 編
B5 判，151 頁
定価（本体 3,100 円＋税）
動物衛生学の最新の情報が簡明にまとめられており，基本的な知識を学ぶのに最適な 1 冊です。

コアカリ 獣医微生物学

公益社団法人日本獣医学会
微生物学分科会 編
B5 判、263 頁
定価（本体 3,800 円＋税）
獣医微生物学の必要不可欠な情報がコンパクトにまとめられています。

コアカリ 野生動物学

日本野生動物医学会 編
B5 判，212 頁
定価（本体 3,500 円＋税）
「獣医学・応用動物科学系学生のための野生動物学」を元により理解しやすく整理し直し，なおかつコンパクトにした 1 冊。野生動物学を学ぶ際，まず手に取るべき書。

獣医関連ニュースは、文永堂出版のホームページで。無料で閲覧できます。

●ご注文は最寄の書店，取り扱い店または直接弊社へ　　文永堂出版　検索　click!

 文永堂出版　〒113-0033　東京都文京区本郷 2-27-18　TEL 03-3814-3321　FAX 03-3814-9407

動物病理学各論 第3版
日本獣医病理学専門家協会 編　2021年3月刊

B5判，528頁　定価（本体10,000円＋税）

大学のテキストとして活用されている本書の最新版。48名のエキスパートにより最新の情報を網羅して解説してあります。執筆者，編集者が培った病理医としての「診断センス」がまとめられた獣医師必携の1冊です。

書き込んで理解する動物の寄生虫病学実習ノート
浅川満彦 編　2020年1月刊

B5判，173頁　定価（本体4,200円＋税）

「動物の寄生虫病学」の実習に必要不可欠な情報をコンパクトにまとめた獣医学，動物看護学を学ぶ学生向けの実習書であり，自由に書き込めるスペースをとりました。原則として1検査法を1頁で見やすくまとめ，最新の情報，実験法を記載。学生のみならず現場で働く獣医師とその補助者にも十分活用できる内容となっています。構成は獣医学教育モデル・コア・カリキュラムの「寄生虫病学」の実習項目に沿っています。

コアカリ 獣医内科学Ⅲ　神経病学・血液免疫病学・皮膚病学
コアカリ獣医内科学編集委員会 編　2019年11月刊

B5判，184頁　定価（本体3,500円＋税）

獣医学教育モデル・コア・カリキュラムに沿った獣医内科学のテキスト。「コアカリ獣医内科学」は3つに分かれており，Ⅲでは神経病学，血液免疫病学，皮膚病学を簡明に解説している。このシリーズは獣医内科学の予習・復習に最適な1冊である。

獣医微生物学 第4版
公益社団法人 日本獣医学会 微生物学分科会 編　2018年6月刊

B5判，528頁　定価（本体11,500円＋税）

2011年に発行した『獣医微生物学第3版』の項目を見直し，細菌学，ウイルス学，真菌学の記載をより充実させています。獣医学モデル・コア・カリキュラムにも準拠した構成となっています。また細菌，ウイルス，真菌，いずれでも分類体系の大きな変革と整備がなされてきましたが，本書は，この点を考慮し，特に各論においては，最新の分類にできるだけ準拠するよう努め，各論の構成や掲載される順番も最新の分類を参考にしています。

動物衛生学
獣医衛生学教育研修協議会 編　2018年4月刊

B5判，448頁　定価（本体9,800円＋税）

獣医学教育モデル・コア・カリキュラムに準拠した動物衛生学の最新の教科書です。モデル・コア・カリキュラムの必須項目とアドバンスを色分けし，学習しやすいように工夫されています。また，国家試験対策にも最適です。時代に則した実践的な内容となっており，家畜衛生の現場でも活用できる1冊となっています。カラー口絵には「衛生動物としてのダニ・昆虫」，「動物に中毒を起こす植物」，「乳房炎原因菌の目視同定」のほか，文献に乏しいミツバチの衛生に関する写真も多数収載されています。巻末には，学習の助けとなる演習問題を多数掲載しています。

動物病理カラーアトラス 第2版
日本獣医病理学専門家協会 編　2018年1月刊

B5判，340頁　定価（本体17,000円＋税）

確実に学ぶべき基本的な病変については前版を踏襲し，近年新たに問題となった感染症や品種特異的疾病などについては新しく項目を設け書き下ろしています。60名のエキスパートが執筆し，約1,160点の肉眼および組織写真を掲載。獣医師国家試験，JCVP会員資格試験に必携の1冊です。

獣医公衆衛生学 I

獣医公衆衛生学教育研修協議会 編　2014 年 4 月刊

B5 判, 352 頁　定価（本体 4,800 円＋税）

獣医公衆衛生学 II

獣医公衆衛生学教育研修協議会 編　2014 年 4 月刊

B5 判, 352 頁　定価（本体 4,800 円＋税）

獣医公衆衛生学 I では「公衆衛生学総論」,「食品衛生学」を, 獣医公衆衛生学 II では「人獣共通感染症学」,「環境衛生」をエキスパートが解説。獣医公衆衛生学の最新の知見をもとにしたコアカリテキスト。

動物病理学総論 第 3 版

日本獣医病理学専門家協会 編　2013 年 4 月刊

B5 判, 320 頁　定価（本体 8,000 円＋税）

『動物病理学総論 第 2 版』(2001 年刊) を全面改訂。関連諸科学領域の情報を積極的に取り入れ, さらにコアカリに準拠するよう編集した動物病理学のテキスト。進歩しつつある学問分野の理解に必携の書です。

獣医繁殖学 第 4 版

中尾敏彦, 津曲茂久, 片桐成二 編　2012 年 3 月刊

B5 判, 592 頁　定価（本体 10,000 円＋税）

生殖器の解剖学, 内分泌学, 繁殖生理学, 受精・着床・妊娠・分娩と系統的に記載。胚移植, 体外受精, 人工授精など最新の情報を網羅したテキスト。第 3 版の内容を踏襲しつつ, 新たな執筆陣を加え, 最新の情報を盛り込んであります。教科書として編纂されており, これから繁殖学を学ぶ方々には最適の書となっています。

犬と猫の日常診療のための抗菌薬治療ガイドブック

原田和記　2020 年 2 月刊

B5 判, 200 頁　定価（本体 8,000 円＋税）

抗菌薬を頻繁に使用する現場, すなわち日常診療（一次診療）での抗菌薬治療に対する意識の向上と知識の普及のために編集されました。抗菌薬の適正使用や薬剤耐性菌の制御につながる内容となっています。主要な細菌感染症の診断から治療, 特に抗菌薬治療に特化した内容となっている 1 冊です。

小動物の治療薬 第 3 版

桃井康行 著　2020 年 10 月刊

B5 判, 448 頁　定価（本体 15,000 円＋税）

第 2 版発行から 8 年。その間に使用されなくなった薬の削除, より実用性の高い薬の情報への変更, 新たに販売された薬の追加などにより, 第 3 版では 1500 以上の薬を掲載しています。そのうち約 590 が第 2 版には掲載されていなかった薬で, 大幅に内容が刷新されています。著者は論文に紹介された最新の投薬情報を盛り込んでおり, 第 2 版から掲載が継続している薬についても必要に応じて情報が更新されています。また薬の分類をより細かく表示し, 配列を整理しなおすことなどにより, さらに使いやすくなっています。小動物分野のベストセラー, 処方書の決定版, 待望の改訂版です。

文永堂出版　検索　click!

飛田雄一
阪神淡路大震災、そのとき、外国人は？

目次

●地中の怪獣が私の足を！（『むくげ通信』一四八・一四九号合併号、一九九五・三）　02
●阪神大震災と外国人
　　　　　　　―オーバーステイ外国人の治療費・弔慰金をめぐって―（同通信）　03
●続・阪神大震災と外国人
　　　―災害弔慰金支払い問題を中心に―（同通信一五〇号、一九九五・五）　09
●続々・阪神大震災と外国人（同通信一五一号、一九九五・七）　12
●阪神大震災を思う
　　　―地震以前のことが地震以後に起こっている（『GLOBE』五号、一九九六春）　14
●外国人の支援はどう行なわれたか（『月刊自治研』四三七号、一九九六・二）　15
●外国人グループ―阪神大震災地元NGO連絡会議・外国人救援ネットのとりくみ―
　　　『いのちを守る安心システム～阪神淡路大震災から学ぶ～』一九九六・一一）　21
●阪神・淡路大震災から2年
　　　―地震以前のことが地震以後に起こってる（『地球市民』二八号、一九九七・二）　26
●阪神大震災と外国人―留学生・就学生の被害とオーバーステイ外国人の治療費―
　　　　（『奪われた居住の権利―阪神大震災と国際人権規約』一九九七・四）　28
●阪神淡路大震災から一〇年をへて―震災と外国人の関わりから、
　　　多文化共生社会を展望する―（『季刊民俗学』第一一一号、二〇〇五・一）　39
●NGO神戸外国人救援ネットのこれまでの歩み―ダイジェスト版―
　　　　（『NGO神戸外国人救援ネット一〇周年記念誌』二〇〇五・二）　42
●被災外国人の治療費、弔慰金問題（同記念誌）　45
●行政とNGO神戸外国人救援ネット―GONGOの歴史（同記念誌）　49
●この世の中、捨てたもんじゃない―阪神大震災で被災した留学生・就学生の支援活動
　　　　　　（神戸学生青年センター『センターニュース』二七号、一九九五・四）　52
●震災後八カ月、センターは元気にやっています―セミナーも再開し、
　　　新たに奨学金、日本語サロンも―（同ニュース二八号、一九九五・九）　54
●いよいよ発足「六甲奨学基金」一九六年四月から毎月五万円の奨学金を支給します
　　　　　　　　　　　　　　　　　（同ニュース二九号、一九九五・一二）　55
●阪神大震災・六甲奨学基金から古本市へ（同ニュース三六号、一九九八・四）　56